AUGSBURGER GEOGRAPHISCHE HEFTE

Schriftenreihe des Lehrstuhls für Physische Geographie der Universität Augsburg

Herausgegeben von K. Fischer

HEFT NR. 10

Christoph Preu

ZUR KÜSTENENTWICKLUNG SRI LANKAS IM QUARTÄR

Untersuchung der Steuerungsmechanismen und ihrer Dynamik im Quartär zur Ableitung eines Modells der polygenetischen Küstenentwicklung einer Insel in den wechselfeuchten Tropen.

Meinem Freund und Kollegen Horst mit freundlichen Grüßen

Christoph

Augsburg 1991

Im Selbstverlag des Lehrstuhls für Physische Geographie der Universität Augsburg

AUGSBURGER GEOGRAPHISCHE HEFTE NR. 10

Als Habilitationsschrift im Dezember 1988 angenommen von der Naturwissenschaftlichen Fakultät der Universität Augsburg.

Alle Rechte vorbehalten

ISBN 3-922481-09-4
ISSN 0938-2437

Bezug: Lehrstuhl für Physische Geographie
der Universität Augsburg
Universitätsstr. 10, D-8900 Augsburg

VORWORT

Die vorliegende Arbeit entspricht der gleichlautenden Habilitationsschrift, die im Dezember 1988 von der Naturwissenschaftlichen Fakultät der Universität Augsburg angenommen wurde. Die von den Gutachtern, den Herren Prof. Dr. K. FISCHER, Lehrstuhl für Physische Geographie der Universität Augsburg, Prof. Dr. D. KELLETAT, Institut für Physiogeographie der Universität Essen, und Prof. Dr. H. KLUG, Geographisches Institut der Universität Kiel, empfohlenen redaktionellen Veränderungen und inhaltlichen Ergänzungen, für die sich der Autor an dieser Stelle sehr herzlich bedanken möchte, wurden dort berücksichtigt, wo sie zum Verständnis und zur Verdeutlichung wissenschaftlicher Inhalte und Aussagen beitragen. Auf großmaßstäbige Karten und Abbildungen mußte jedoch aus finanziellen Gründen verzichtet werden. Danken möchte ich Herrn Prof. Dr. K. FISCHER für die Aufnahme der Arbeit in die Reihe "AUGSBURGER GEOGRAPHISCHE HEFTE".

Die vorliegende Arbeit ist das Ergebnis von sieben, z.T. mehrmonatigen Reisen nach Sri Lanka in den Jahren 1983 bis 1987, die jedoch durch unruhige politische Verhältnisse im E und N des Landes getrübt wurden. Im nachhinein lassen aber der Charme und die große Gastfreundlichkeit der srilankischen Bevölkerung so manche unangenehme Erfahrung und Verzögerung der Geländearbeiten vergessen. Stellvertretend für viele srilankische Freunde möchte ich hier Herrn Jeff Azeez danken, der mir bei der Überwindung oft nicht enden wollender bürokratischer Schwierigkeiten behilflich war. Mein Dank gilt auch Herrn Dr. PFEIFFER, Botschafter der Bundesrepublik Deutschland in Sri Lanka, und seinen Mitarbeitern, die zu jeder Zeit hilfreiche Ansprechpartner waren.

Mein besonderer Dank gilt auch Herrn Prof. Dr. K. FISCHER, der mich 1982 an seinen Lehrstuhl holte und mir die Möglichkeit wissenschaftlichen Arbeitens gab. Für seine Anregungen bin ich ihm sehr dankbar. Danken möchte ich auch meinen Kollegen in Augsburg, den Herrn Prof. Dr. G. VORNDRAN und PD. Dr. J. JACOBEIT, die mit großem Interesse den Fortgang meiner Arbeit verfolgten und mich in sehr unterschiedlicher Weise wissenschaftlich anregten und unterstützten.

Danken möchte ich auch der Deutschen Forschungsgemeinschaft für ihre finanzielle Unterstützung bei der Durchführung von zwei Forschungsreisen nach Sri Lanka.

Jede wissenschaftliche Arbeit gewinnt durch die Diskussion mit Fachkollegen. Mein Dank gilt vor allem den Kollegen im ARBEITSKREIS GEOGRAPHIE DER MEERE UND KÜSTEN, besonders den Herrn Prof. Dr. D. KELLETAT (Institut für Physiogeographie der Universität Essen), Herrn Prof. Dr. H. KLUG (Geographisches Institut der Universität Kiel) und Herrn Prof. Dr. F. VOSS (Geographisches Institut der TU Berlin), für ihre allzeitige Diskussionsbereitschaft und zahlreichen Anregungen, die ich in all den Jahren nicht nur während der Tagungen des Arbeitskreises, sondern auch bei vielen anderen Gelegenheiten erfahren habe. Besonders erwähnen möchte ich Herrn Prof. Dr. F. WIENEKE (Geographisches Institut der Universität München), der mich nicht nur für einige Wochen im Gelände begleitete, sondern mir in zahlreichen Diskussionen ein wertvoller Gesprächspartner war. Danken möchte ich auch meinem Freund Herrn Dr. W. ERDELEN (Lehrstuhl für Biogeographie der Universität des Saarlandes) für seine wissenschaftlichen Anregungen und "interdisziplinären" Diskussionen, die ich in der Bundesrepublik Deutschland und während gemeinsamer Reisen nach Sri Lanka und Taiwan schätzenlernte.

Nicht minder gebührt mein Dank den srilankischen Kollegen Prof. Dr. C.M. MADDUMA BANDARA und Prof. Dr. P.W. VITANAGE (University of Peradeniya, Sri Lanka) und Dr. U. WEERAKKODY (University of Matara, Sri Lanka). Danken möchte ich auch Dr. H. JAYAWARDENE, Chairman der National Aquatic Resources Agency (NARA), Herrn S.R. AMARASINGHE, Chairman des Lanka Hydraulic Institute (LHI) und ehemaliger Direktor des Coast Conservation Department (CCD), und Herrn H.J.M. WICKREMERATNE, Managing Director des Lanka Hydraulic Institute (LHI), die meiner Arbeit großes Interesse entgegenbrachten und mir die Möglichkeit wissenschaftlicher Zusammenarbeit gaben.

Mein Dank gilt auch den Kollegen Prof. Dr. K. ITTEN und Dr. P. SCHMID (Geographisches Institut der Universität Zürich-Irchel), die mir den Zugang zu aktuellen Luft- und Satellitenbildern ermöglichten.

Den ehemaligen studentischen Mitarbeitern am Lehrstuhl für Physische Geographie der Universität Augsburg, den Herren K. Brand, M. Freter und W. Schönwolf, die mich während einer Forschungsreise nach Sri Lanka begleiteten, möchte ich für ihre tatkräftige Unterstützung danken. Mein Dank gilt auch den Herrn C. Engelbrecht, Diplomand am Lehrstuhl für Physische Geographie der Universität Augsburg, und Dr. P. Thomas, wissenschaftlicher Mitarbeiter am Lehrstuhl für Physische Geographie der Universität Augsburg, die in unterschiedlicher Form an der Durchführung der Geländearbeiten und der Auswertung von Datenmaterial mitgewirkt haben.

Die Reinzeichnungen wurden von Frau Elli Wahnsiedler und Herrn T. Richtmann, Kartograph am Lehrstuhl für Physische Geographie der Universität Augsburg, angefertigt, wofür ich ihnen recht herzlich danken möchte.

Die Durchführung der Geländearbeiten, die Auswertung der Daten und die schriftliche Niederlegung der Ergebnisse haben mir sehr viel Spaß und Freude gemacht und mir so manche neue Lebenserfahrung vermittelt. Dennoch konnte diese Arbeit nur dadurch zustande kommen, daß mich meine Familie tatkräftig unterstützte. Dafür sei ihr von ganzem Herzen gedankt.

Augsburg, Oktober 1991   Christoph Preu

INHALT

		Seite
VORWORT	....	I
Inhalt	....	III
Verzeichnis der Abbildungen	....	VI
Verzeichnis der Tabellen	....	VIII

1		EINLEITUNG	1
1.1		Problemstellung	1
1.2		Zielsetzung	6
1.3		Forschungsstand	7
1.4		Arbeitsmethoden	17
1.4.1		Allgemein	17
1.4.2		Ballon-Fotoeinrichtung	18
2		PHYSISCH-GEOGRAPHISCHE UND GEOLOGISCHE GRUNDLAGEN	20
2.1		Lage	20
2.2		Morphographische Verhältnisse	21
2.3		Geologische und geotektonische Verhältnisse	29
2.4		Klimatische Verhältnisse	35
3		STEUERUNGSFAKTOREN DER REZENTEN KÜSTENDYNAMIK	38
3.1		Allgemein	38
3.2		Natürliche Steuerungsfaktoren	40
3.2.1		Terrestrische Steuerungsfaktoren	41
3.2.1.1		Gewässernetz	41
3.2.1.2		Abflußverhalten der Flüsse	41
3.2.1.3		Materialtransport der Flüsse	52
3.2.1.4		Sonderfall Mahaweli Ganga	55
3.2.1.5		Geologische und geomorphologische Einflußfaktoren	60

3.2.2	Atmosphärische Steuerungsfaktoren	67
3.2.2.1	Windsysteme	67
3.2.2.2	Tropische Tiefdruckgebiete und Wirbelstürme	71
3.2.3	Marin-litorale Steuerungsfaktoren	72
3.2.3.1	Meeresoberflächenströmungen	72
3.2.3.2	Küstennahe Strömungsverhältnisse	75
3.2.3.3	Wasserstandsschwankungen	79
3.2.3.4	Rezente Meeresspiegelschwankungen	81
3.2.3.5	Wellenklimate	82
3.3	Humaninfluenz	96
3.3.1	Allgemein	96
3.3.2	Humaninfluenz auf terrestrische Steuerungsdynamik	98
3.3.3	Humaninfluenz auf marin-litorale Steuerungsdynamik	103
4	**KÜSTENTYPEN UND IHRE REZENTE MORPHODYNAMIK**	110
4.1	Küstentypen	110
4.2	Küstentypisierung auf der Grundlage der rezenten Steuerungs- und Morphodynamik	116
4.3	Einordnung in andere Küstenklassifikationen	127
5	**DARSTELLUNG DER GELÄNDEBEFUNDE ZUR ENTWICKLUNG DER KÜSTEN SRI LANKAS IM QUARTÄR**	131
5.1	NW-Küste	131
5.1.1	Küste der Hauptinsel Sri Lanka	132
5.1.2	Insel Mannar	136
5.1.3	Schelfgebiet einschließlich der "Adam's Brücke"	138
5.2	W-Küste	140
5.2.1	Lagunen von Puttalam und Chilaw	140
5.2.2	Küste von Negombo	149
5.2.3	Flußterrassen	156
5.3	SW-Küste	164
5.3.1	Küste von Colombo	165
5.3.2	Küste von Hikkaduwa	176
5.3.3	Küste zwischen Matara und Dondra Head	184
5.4	S-Küste	188
5.4.1	Küste zwischen Tangalle und Kahandamodara .	189
5.4.2	Küste von Hambantota	194
5.4.3	Küste zwischen Kirindi Oya und "Uda Point"	200

5.4.3	Küste zwischen Kirindi Oya und "Uda Point"	200
5.5	E-Küste	204
5.5.1	Küste der Bucht von "Arugam Bay"	205
5.5.2	Küste von Batticaloa	208
5.5.3	Küste der "Vandaloos Bay"	212
5.6	NE-Küste	216
5.6.1	Küste der "Koddiyar Bay"	217
5.6.2	Küste von Nilaveli	221
5.7	N-Küste	224
6	**MORPHODYNAMIK DER KÜSTEN SRI LANKAS IM QUARTÄR**	227
6.1	Klimatische Verhältnisse im Quartär	228
6.2	Dynamik der marin-litoralen Steuerungsfaktoren	241
6.3	Dynamik der terrestrischen Steuerungsfaktoren	261
6.4	Verknüpfung der Zeitreihen von marin-litoraler und terrestrischer Morphodynamik im Quartär	268
6.5	Palk Straße	276
7	**MODELL DER POLYGENETISCHEN KÜSTENENTWICKLUNG EINER INSEL IN DEN WECHSELFEUCHTEN TROPEN**	281
7.1	Modell	281
7.2	Ausblick	286
8	**ZUSAMMENFASSUNG (SUMMARY)**	288
9	**LITERATURVERZEICHNIS**	296
10	**ANHANG**	321

VERZEICHNIS DER ABBILDUNGEN

	Seite
Abb. 1: Aufbau und Funktionsweise der Ballon-Fotoeinrichtung	19
Abb. 2: Lageverhältnisse der Insel Sri Lanka	21
Abb. 3: Morphographische Verhältnisse und hygroklimatische Zonierung der Insel Sri Lanka	22
Abb. 4: Querprofile des Schelfs der Insel Sri Lanka	24
Abb. 5: Geologisch-tektonische Verhältnisse in Sri Lanka und S-Indien	30
Abb. 6: Geologisch-tektonisches NW-SE-Profil Sri Lankas (schematisch)	31
Abb. 7: Steuerungsfaktoren der rezenten Morphodynamik an den Küsten der Insel Sri Lanka	39
Abb. 8: Gewässernetz der Insel Sri Lanka	42
Abb. 9: Mittlere monatliche Abflußverhältnisse in den neun "Drainage Basins" der Insel Sri Lanka	45
Abb. 10: Regionale Differenzierung und Periodizität von Niederschlagsschwankungen in Sri Lanka	51
Abb. 11: Mittlerer monatlicher Abfluß der Mahaweli Ganga an ausgewählten Pegelstationen	56
Abb. 12: Saisonale Differenzierung von Sedimentfahnen der Mahaweli Ganga in der "Koddiyar Bay"	57
Abb. 13: Aktualmorphodynamik einer beachrockgesäumten Küste S-lich Negombo (SW-Küste)	64
Abb. 14: Verteilung der Windgeschwindigkeiten im SW-Monsun und NE-Monsun	69
Abb. 15: Meeresoberflächenströmungs- und Windverhältnisse im Seegebiet um Sri Lanka	73
Abb. 16: Saisonale Meeresspiegelschwankungen in den Küstengewässern Sri Lankas	80
Abb. 17: Saisonale Differenzierung vorherrschender Wellenauflaufrichtungen in den Küstengewässern Sri Lankas	85
Abb. 18: Potentiell signifikante Windwellenhöhen (H_s) in den Küstengewässern Sri Lankas	93
Abb. 19: Historische Entwicklung und rezente Morphodynamik der Küste von Hikkaduwa (SW-Küste)	105
Abb. 20: Aktualmorphodynamik einer Lockersedimentküste N-lich Hikkaduwa (SW-Küste)	109
Abb. 21: Küstentypen der Insel Sri Lanka	111
Abb. 22: Genetisch-dynamischer Sedimentkreislauf an den Küsten der Insel Sri Lanka	117
Abb. 23: Saisonale Strömungverhältnisse an den Küsten und im Seeraum um Sri Lanka	119
Abb. 24: Rezente Veränderungen der Küsten Sri Lankas	123
Abb. 25: Geomorphologische Karte der NW-Küste Sri Lankas	133
Abb. 26: Geomorphologische Karte der W-Küste Sri Lankas zwischen den Lagunen von Puttalam und Chilaw	141
Abb. 27: Geomorphologische Karte der Küste von Negombo (W-Küste Sri Lankas)	151

Abb. 28: Schematisches Querprofil durch das Tal der Maha Oya bei Halpe im Hinterland der W-Küste Sri Lankas 157

Abb. 29: Geomorphologische Karte der Küste von Colombo (SW-Küste Sri Lankas) 167

Abb. 30: Terrassenniveaus der Kelani Ganga im Hinterland der Küste von Colombo (SW-Küste Sri Lankas) 171

Abb. 31: Geomorphologische Karte der Küste von Hikkaduwa (SW-Küste Sri Lankas) 177

Abb. 32: Geomorphologische Karte der Küste von Matara (SW-Küste Sri Lankas) 185

Abb. 33: Geomorphologische Karte der Küste zwischen Tangalle und Kahandamodara (S-Küste Sri Lankas) 191

Abb. 34: Geomorphologische Karte der Küste von Hambantota (S-Küste Sri Lankas) 195

Abb. 35: Geomorphologische Karte der Küste von "Uda Point" (S-Küste Sri Lankas) 201

Abb. 36: Geomorphologische Karte der Küste von "Arugam Bay" (E-Küste Sri Lankas) 207

Abb. 37: Geomorphologische Karte der Küste von Batticaloa (E-Küste Sri Lankas) 209

Abb. 38: Geomorphologische Karte der Küste der "Vandaloos Bay" (E-Küste Sri Lankas) 213

Abb. 39: Reliefoberfläche des kristallinen Untergrunds an der Küste der inneren "Koddiyar Bay" ("Clappenburg Bay") (NE-Küste Sri Lankas) ... 219

Abb. 40: Geomorphologische Karte der Küste von Nilaveli (NE-Küste Sri Lankas) 223

Abb. 41: Geomorphologische Karte der Halbinsel Jaffna (N-Küste Sri Lankas) 225

Abb. 42: Veränderung der klimatischen Verhältnisse und des glazial-eustatischen Meeresspiegelniveaus für den letzten "Interglazial-Glazial-Interglazial-Zyklus" der Insel Sri Lanka 235

Abb. 43: Morphodynamisch-stratigraphische Differenzierung eines "Interglazial-Glazial-Interglazial-Zyklus" im Quartär der Insel Sri Lanka . 263

Abb. 44: Morphodynamik der Küsten Sri Lankas im Quartär 277

Abb. 45: Hypothetisch-qualitatives Modell für einen "Interglazial-Glazial-Interglazial-Zyklus" in der Palk Straße 280

Abb. 46: Generalisiertes hypothetisches Modell für die Veränderungen der küstendynamischen Steuerungsfaktoren im Quartär tropisch-wechselfeuchter Inseln 283

VERZEICHNIS DER TABELLEN

Seite

Tab. 1: Submarine Canyons des Schelfs von Sri Lanka . 27
Tab. 2: Niederschlags-, Verdunstungs- und Abflußkennwerte der neun "Drainage Basins" Sri Lankas . 44
Tab. 3: Periodizität und Hauptoszillationsfaktoren von Niederschlagsschwankungen in Sri Lanka .. 50
Tab. 4: Hydrologische und sedimentologische Charakteristika der "Drainage Basins" der Insel Sri Lanka 53
Tab. 5: Monatliche Verteilung der Hauptwindrichtungen der wichtigsten Küstenklimastationen Sri Lankas 68
Tab. 6: Monatliche Verteilung vorherrschender Setzrichtungen winderzeugter Strömungsverhältnisse an der Küste Sri Lankas und im umgebenden Seegebiet 77
Tab. 7: Setzgeschwindigkeiten küstennaher Strömungen in den Küstengewässern Sri Lankas 77
Tab. 8: Gezeiten der Küsten Sri Lankas 80
Tab. 9: Faktoren der Humaninfluenz und ihre Bedeutung für die rezente Morphodynamik der Küsten Sri Lankas 99
Tab. 10: Distanz zwischen der Tidehochwasserlinie und den Hotelfronten an der Küste von Negombo (W-Küste) 108

1 EINLEITUNG

1.1 Problemstellung

Die tropisch-wechselfeuchte Insel Sri Lanka im SSE des Indischen Subkontinents besitzt trotz relativ geringer flächenmäßiger Ausdehnung von 65.610km^2 eine Küstenlänge von über 1.920km mit einer Vielzahl sehr unterschiedlicher Küstentypen und -konfigurationen, die ein sehr differenziertes räumliches Muster erkennen lassen und sich deutlich in Genese, Dynamik, rezenter Formung und den sie steuernden marin-litoralen und terrestrischen Einflußfaktoren voneinander unterscheiden. Aus diesem Grunde können globale Küstenklassifikationssysteme, z. B. nach VALENTIN (1952, 1979) oder DAVIES, J.L. (1964), die zudem nur vorwiegend eindimensionale Zuordnungskriterien wie Küstenform oder einwirkende Wellensysteme verwenden, nur sehr bedingt angewandt werden.

Küsten sind labile Grenzsäume, deren Lage, Formung und innere Differenzierung durch das Zusammenspiel und Gefüge der marin-litoralen und terrestrischen Einflußfaktoren mit einer deutlichen klimatischen Steuerung bestimmt werden. Jedoch zeigen die Küsten der Erde - auch bei gleicher Breitenlage und klimazonaler Zuordnung - eine sehr hohe Individualität ihrer quartären Morphodynamik, da sie nicht nur durch globale Einflußfaktoren und deren qualitative und quantitative Veränderungen im Laufe des Quartär, wie z. B. Meeresspiegelschwankungen, gesteuert waren und sind, sondern vor allem auch lokal und regional sehr unterschiedlichen Rahmenbedingungen und Steuerungsfaktoren ausgesetzt waren und sind, die vor allem den Grad der Individualität von Küsten bestimmen. Wie die Untersuchungen von ZEUNER (1952), VALENTIN (1952), FAIRBRIDGE (1961) u.v.a. belegen, wird den quartären Meeresspiegelschwankungen ein deutliches Übergewicht bei der Formung und Dynamik von Küsten beigemessen - und vielfach auch das historisch wie rezent weltweit (vgl. BIRD, 1985) belegte Phänomen negativer Strandverschiebungen vorwiegend auf das Ansteigen des Meeresspiegels zurückgeführt (vgl. BRUUN, 1962 und BRUUN and SCHWARTZ, 1985).

Vornehmlich ausgehend vom vermeintlich geologisch stabilen Mittelmeerraum, wurden für das Quartär Höhenlagen mariner Terrassen erarbeitet und in Form eines "altimetrischen Transfers" auf andere Küstengebiete übertragen, wo sie z.T. ergänzt oder weiter differenziert wurden. Dies gilt auch für die Küsten des S-asiatischen Raumes: CHATTERJEE, S.P. (1961) postuliert für die Küsten S-Indiens einen quartären Meeresspiegelhöchststand von 150 - 180m; BREMER (1981) und FAIRBRIDGE (1961a) gehen für die Küsten Sri Lankas davon aus, daß zu Beginn des Quartärs der Meeresspiegel ca. 100m über dem rezenten gelegen haben muß, hingegen nimmt SWAN (1964) für den gleichen Zeitraum nur Werte von 70 - 80m als gesichert an. Demgegenüber werden in der modernen küstenmorphologischen Literatur, erwähnt seien hier u.a. die Arbeiten von BENDER et al. (1979) und CHAPPEL (1983), weltweit interglaziale Meeresspiegelhöchststände - zumindest für den Zeitraum der letzten ca. 700.000 Jahre - postuliert, die nur wenige Meter über dem gegenwärtigen Meeresspiegel gelegen haben sollen bzw. immer in vergleichbarer Höhenlage zu ihm anzusetzen seien. Diese überaus konträren Vorstellungen über die Höhenlage positiver Meeresspiegelstände und -schwankungen während des Quartärs machen es notwendig, die bisherige deduktive Vorgehensweise endgültig zu verlassen und "individuelle" Meeresspiegelschwankungskurven für einzelne Küsten zu erarbeiten (vgl. RADTKE et al., 1987).

Neben den sehr unterschiedlichen Auffassungen über Höhenlagen und Schwankungsbeträge quartärer Meeresspiegelstände stellen vor allem die Veränderungen der klimatischen Verhältnisse und Meeresspiegelstände und ihre beidseitige zeitliche Abfolge - nicht nur im Laufe des gesamten Quartärs, sondern vor allem im Wechsel von Glazial-Interglazial-Glazial - ein herausragendes Problem dar, da durch diesen zeitlichen Ablauf nicht nur die marin-litoralen Einflußfaktoren von Küsten gesteuert werden, sondern vor allem die terrestrischen Einflußkomponenten ihre besondere qualitative wie quantitative Bedeutung für die Formung und Dynamik von Küsten erhalten. Wie schon RHODENBURG (1970) gezeigt hat, vollziehen sich im terrestrischen Bereich alle bedeutsamen morphodynamischen Prozesse in komplexen Vorgängen während sog. klimatischer "Umbruchphasen". In der Übertragung auf das morphodynamische Geschehen an Küsten muß deshalb davon ausgegangen und konstatiert werden, daß in derartigen "Grenzräumen", d.h. morphodynamischen Räumen mit einem vermehrten Steuerungskomponenteneinfluß, eine noch höhere Komplexität nicht nur in der zeitlichen, sondern auch in der räumlichen Abfolge der morphodynamischen Aktivitätsphasen und ihrer Teilprozesse zu erwarten ist und vorliegt. Laufen Abtragungs-, Verlagerungs- und Akkumulationsprozesse in einem terrestrischen Relief, z.B. an Hängen, im wesentlichen nur in einem Zweifaktorensystem, d.h. durch Klima und Relief gesteuert, ab, werden alle morphodynamischen Prozesse an und von Küsten - abgesehen von geologisch-tektonischen Vorgängen - von einer Vielzahl sehr unterschiedlicher marin-litoraler und terrestrischer Steuerungsfaktoren beeinflußt, die ihrerseits sowohl (1) lokal, z.B. Petrographie, Reliefverhältnisse und morphodynamische Bedingungen im Küstenhinterland sowie Reliefverhältnisse im Vorstrand- und Schelfbereich, wie (2) regional, z.B. klimatische Verhältnisse sowie ihre Differenzierung und küstennahe Strömungsbedingungen, und (3) global, z.B. Meeresströmungen und großklimatische Verhältnisse, beeinflußt und geprägt sind.

Da sich die Insel Sri Lanka, die "seit dem Miozän weitgehend stabil ist" (BREMER, 1981), durch sehr unterschiedliche und differenzierte geologisch-petrographische, hypsometrische und klimatologisch-meteorologische Verhältnisse auszeichnet, kann an ihren Küsten in hervorragender Weise untersucht werden, (1) welche Bedeutung einzelne Einflußfaktoren für die Formung der unterschiedlich exponierten Küstenabschnitte haben und (2) wie sich das Gesamtgefüge der unterschiedlichen marin-litoralen und terrestrischen Steuerungsfaktoren auf Genese und Morphodynamik dieser Küstenabschnitte wie der Gesamtküste auswirkt. Dies gilt nicht nur für die rezente Morphodynamik - wobei hier auch die Auswirkungen anthropogener Einflüsse zu berücksichtigen sind -, sondern in gleichem Maße für den Zeitraum des gesamten Quartärs mit seinen wiederholten eustatischen Meeresspiegelschwankungen und klimatischen Veränderungen, die - als Einzelphänomen wie in ihrer Gesamtheit - für die Formung und Morphodynamik der Küsten Sri Lankas zu einschneidenden und markanten Veränderungen in der qualitativen wie quantitativen Bedeutung und Wertigkeit einzelner Einflußfaktoren wie der Gesamtheit der Steuerungsmechanismen geführt haben. Da sich zudem unter Berücksichtigung der räumlich differenzierten ozeanographischen und klimatischen Verhältnisse im Raum Sri Lankas bzw. an seinen Küsten sowie der "hygroklimatischen" Zonierung (vgl. DOMRÖS, 1974) der Insel mit ihrer Bedeutung für die Morphodynamik der Küsten - diese Einflußgrößen sind unter Berücksichtigung qualitativer wie quantitativer Veränderungen und räumlicher Verschiebungen und Differenzierungen für das Gesamtquartär als konstant anzunehmen (vgl. BREMER, 1981, CULLEN, 1981, DUPLESSY, 1982 und WYRTKI, 1973) - die Küsten der Insel sektoral in homogene Abschnitte gleichen Formeninventars sowie vergleichbarer quartärer Morphodynamik untergliedern lassen, können hier "quartärmorphodynamische Formungsreihen" erstellt werden, die nicht nur die Auswirkungen der sich ändernden Wertigkeit der Steuerungsmechanismen während der verschiedenen Glazial-Interglazial-Glazial-Phasen und der rezenten Formung erkennen lassen, sondern auf Grund ihres Modellcharakters auch auf andere Küsten - mit vergleichbarer Qualität der Steuerungsmechanismen - in den wechselfeuchten Tropen übertragen werden können.

Umfangreiche Literaturstudien haben ergeben, daß die Küsten Sri Lankas bisher nur sehr bedingt im fachwissenschaftlichen Interesse gestanden haben. Zum einen finden sich "Hinweise" zu den Küsten Sri Lankas in Untersuchungen der unterschiedlichsten Wissenschaftsdisziplinen, z.B. Archäologie, Lagerstättenkunde, Hydrogeologie und Biologie, und bei den unterschiedlichsten staatlichen Stellen und Entwicklungsorganisationen in Studien, die jedoch meist nur Einzelaspekte der rezenten Küstendynamik behandeln. Darüberhinaus wird in einer Vielzahl geomorphologischer Untersuchungen zur Reliefgenese und -dynamik Sri Lankas (vgl. BREMER, 1981) sowie in - überwiegend allgemeinen - Arbeiten zu Geologie und Petrographie des Landes (vgl. COORAY, 1967) die Problematik der Küstengenese und -dynamik aufgeworfen, bleibt insgesamt aber nur randlich berücksichtigt. Die nur wenigen und eher deskriptiven Arbeiten zur räumlichen Differenzierung des aktuellen Küstenreliefs und seiner rezenten Formung beschränken sich ebenso fast auschließlich auf die SW-Küste der Insel wie die bisher einzige, das Gesamtquartär umfassende küstenmorphologische Arbeit von SWAN (1964), der jedoch im wesentlichen die FAIRBRIDGE'schen (1961a) Vorstellungen quartärer Meeresspiegelstände und -schwankungen für die SW-Küste des Landes nachzuvollziehen sucht.

Zusammenfassend läßt sich damit sagen, daß für Sri Lanka
(1) zwar Ansätze zur Erarbeitung der quartären Küstengenese sowie -morphodynamik und der Klimageschichte vorhanden sind, jedoch der bisweilen stark spekulative Anteil in der Rekonstruktion und Bewertung küstenmorphologischer Prozesse und der quartären Meeresspiegelschwankungen - (a) in der Regel auf den Zeitraum des Letztglazials und Holozäns beschränkt und (b) häufig noch bis in die 50er Jahre als Auswirkungen tektonischer Vorgänge erklärt (vgl. WADIA, 1941b, DERANIYAGALA, 1958) - zur Postulation verschiedenster und z.T. sehr widersprüchlicher Modelle zur quartären Küstengenese geführt hat.
(2) bisher für die gesamte Insel detaillierte Untersuchungen zur Problematik der Küstengenese und -morphodynamik und der Veränderungen der marin-litoralen wie terrestrischen Steuerungsfaktoren im Quartär fehlen.

1.2 Zielsetzung

Ziel dieser Arbeit ist es, die (1) die Ursachen und Prozesse der rezenten Morphodynamik der Küsten Sri Lankas und ihrer Steuerungsfaktoren aufzuzeigen und (2) die geomorphologische Entwicklung und Morphodynamik dieser Küsten sowie die Bedeutung und Veränderungen der klimatisch gesteuerten küstendynamischen Steuerungsfaktoren zu untersuchen. Da jedoch zum einen nicht alle Küstenabschnitte der Insel für eine derart umfassende und detaillierte Untersuchung geeignet sind, und zum zweiten die Küsten auf Grund ihrer Länge und flächenmäßigen Ausdehnung nicht in ihrer Gesamtheit erfaßt werden können, kann dieses Ziel nur an ausgewählten, repräsentativen Küstenabschnitten verfolgt werden.

Im einzelnen wird
(1) auf der Grundlage einer Analyse und Untersuchung der natürlichen und anthropogenen Steuerungsfaktoren der rezenten Küstendynamik eine sektorale Untergliederung des aktuellen Küstenreliefs vorgenommen;
(2) innerhalb abgegrenzter Küstensektoren an ausgewählten und repräsentativen Küstensequenzen das vorhandene Formeninventar und seine Vergesellschaftungen aufgezeigt, analysiert und stratigraphisch differenziert;
(3) die quartäre Küstengenese und -morphodynamik sowie die quartäre Reliefentwicklung des Küstenhinterlandes in räumlich und zeitlich differenzierter Abfolge rekonstruiert und unter Berücksichtigung von Untersuchungsergebnissen aus verwandten Räumen diskutiert;
(4) auf der Grundlage der erzielten Ergebnisse ein "Modell der polygenetischen Küstenentwicklung einer Insel in den wechselfeuchten Tropen" abgeleitet, das als Arbeitshypothese für vergleichbare Untersuchungen an anderen tropischen Küsten verstanden werden soll.

Mit dieser Zielsetzung wird versucht, den "genetisch-geochronologischen" und den "systemorientiert-prozessualen" Arbeitsansatz (vgl. KLUG, 1984) zu verbinden, da sich beide in einer Art "Rückkopplung" gegenseitig ergänzen und nur selten voneinander trennen lassen.

1.3   Forschungsstand

Mit dem Beginn des 19.Jahrhunderts (1815 wird Sri Lanka britische Kronkolonie) setzt zwar das geowissenschaftliche Interesse an Sri Lanka ein, konzentriert sich aber - neben der Prospektion von Edelsteinlagerstätten - vor allem auf geologisch-petrographische Fragestellungen. Diese Untersuchungen, die in COOMARASWAMY (1906a) zusammengefaßt sind, berücksichtigen die geomorphologische Entwicklung der Insel nur sehr oberflächlich und untergliedern die Insel morphographisch in das Küstengebiet und das zentrale "Altiplano" (vgl. MELZI, 1897), dessen Entstehung entweder durch das Aufdringen von Intrusivgesteinen (vgl. MELZI, 1897) oder durch tektonische Heraushebung der Gesamtinsel (vgl. MODDER, 1897) erklärt wird. Die Küstengebiete der Insel finden dabei nur randliche Berücksichtigung.

In WAYLAND (1919) finden die Küsten Sri Lankas zum ersten Mal eine ausführlichere Berücksichtigung. WAYLAND (1919) differenziert das Relief der Insel in drei "Periplanes" (Rumpfflächen) und ordnet den Küstenraum als Untereinheit der tiefstgelegenen Rumpffläche ("Lowland") zu, ohne jedoch in unterschiedliche Küstenkonfigurationen und -typen zu untergliedern und deren Genese zu klären. Im Schelf Sri Lankas sieht SOMMERVILLE (1908) ein viertes Flächenstockwerk ("submerged plateau"), das die Insel in durchschnittlich 72m unter dem gegenwärtigen Meeresspiegel umgibt und im N und NW in den Schelf von Indien übergeht. ADAMS (1929), der die bis dahin bekannten Untersuchungen zusammenträgt, kommt deshalb zu dem Postulat, daß die Reliefverhältnisse der Insel Sri Lanka das Ergebnis von vier großen geotektonischen Hebungsphasen seien, die lediglich durch kleinere Senkungsphasen unterbrochen wurden. Die einzelnen Flächenstockwerke sollen dabei das Ergebnis mariner Abrasion gewesen sein. Mit nur wenigen Worten geht ADAMS (1929, S. 443) auch auf marine Quartärsedimente ein, deren unterschiedliche Höhenlagen er ebenfalls mit tektonischen Bewegungen erklärt. Jedoch hat bereits zum Ende des letzten Jahrhunderts WALTHER (1891) auf Grund stratigraphischer Untersuchungen im Bereich der Adam's Brücke vermutet, daß über dem gegenwärtigen Meeresspiegel liegende marine Sedimente nicht (nur) als Ergebnis geotektonischer Bewegungen diese Höhenlage erreicht haben, und rät, die Worte "Senkung" und "Hebung" zu vermeiden, "denn sie enthalten ein spekulatives Element, das die Klarheit der Erörterung zu stören geneigt ist. Das worauf es ankommt, ist: die Veränderung des Abstandes zwischen Meeresgrund und Meeresoberfläche".

COATES, J.S. (1935) ist der erste Geowissenschaftler, der nicht nur "auffällige" Küstenformen Sri Lankas beschreibt und kartiert, sondern sie auch - wenn auch nur ansatzweise - petrographisch-sedimentologisch zu erfassen versucht. Die Problematik der Küstengenese und -dynamik und die Veränderungen von Meeresspiegel und klimatischen Verhältnissen im Quartär bleiben jedoch unberücksichtigt. Dies trifft auch auf TIMMERMANN (1935) zu, der ausschließlich deskriptiv die Küsten Sri Lankas und den Schelfbereich erörtert.

Mit WADIA (1941a, 1941b, 1941c) setzt die Ära detaillierter quartärmorphologischer und -sedimentologischer Untersuchungen einzelner Küstenabschnitte ein, die jedoch vorwiegend auf die SW-Küste der Insel beschränkt bleiben und weiterhin die Ursache für unterschiedliche Höhenlagen mariner Sedimente vor allem in geotektonischen Bewegungen suchen. In der Folge entstehen durch srilankische Geologen eine Vielzahl weiterer lokaler "Studien" zum Formeninventar einzelner Küstenabschnitte, bis dann mit DERANIYAGALA (1958) eine erste umfassendere Untersuchung zur Entwicklung eines größeren zusammenhängenden Teils der Küste Sri Lankas erfolgt, die sowohl die geomorphologische Entwicklung des angrenzenden Küstenhinterlandes miteinschließt, als auch die Veränderungen der klimatischen Verhältnisse im Quartär berücksichtigt. Auf der Basis archäologischer Befunde und der Interpretation von Fossilien in den untersuchten Grabungsstätten aus den Hinterländern der SW-Küste (Raum um Ratnapura) und entlang der S- und W-Küste - postuliert DERANIYAGALA (1958) sehr unterschiedliche klimatische Verhältnisse für das Jungpleistozän und Holozän und kommt zu dem Schluß, daß in diesem Zeitraum der Meeresspiegel nicht konstant geblieben sein kann. Jedoch führt DERANIYAGALA (1958) - wie in allen vorangegangenen Untersuchungen - Meeresspiegelschwankungen vor allem auf geotektonische Ursachen zurück. Auch COORAY (1967) bleibt noch weitgehend in dieser Vorstellung verhaftet, unterscheidet jedoch bereits zwischen bedeutenden Hebungsphasen bis zum Ende des Miozän und geotektonischen "Oszillationen" von 15m bis 30m (50 - 100ft), die die Entwicklung der Küsten im Laufe des Quartär geprägt haben sollen. Er schließt sich zudem den Vorstellungen DERANIYAGALA's (1958) über unterschiedliche Klimaphasen im Quartär ausdrücklich an, fügt jedoch hinzu, daß bis zu diesem Zeitpunkt keine Untersuchungen und Ergebnisse über die W-, SW- und einige Teile der S-Küste hinaus vorlägen.

Die Abkehr von überwiegend tektonischen Mechanismen zugeschriebenen quartären Meeresspiegelveränderungen und ihren Auswirkungen für die Formung der Küsten Sri Lankas erfolgt erst durch SWAN (1964), der für die pleistozäne und holozäne Entwicklung der SW-Küste der Insel mehrere eustatische Meeresspiegelschwankungen nachweist. In der Folge entstehen Arbeiten, die (1) einzelne Abschnitte der W- und S-Küste sedimentologisch "inventarisieren" (vgl. KATZ, 1975 und KATZ et al., 1975,), (2) sich auf die Küstenveränderungen im Holozän - vorwiegend der W- und S-Küste - beschränken (vgl. WEERAKKODY, 1985b und 1986) oder nur randlich die Problematik der Größenordnungen eustatischer Meeresspiegelschwankungen im Quartär und ihrer Beziehungen zur allgemeinen Reliefgenese Sri Lankas (vgl. BREMER, 1981) diskutieren. Erst durch PREU (1985) wird zum ersten Mal der Versuch unternommen, die Genese und Morphodynamik der Gesamtküste Sri Lankas im Quartär aufzugreifen und nicht nur die Problematik eustatischer Meeresspiegelschwankungen und klimatischer Veränderungen zu untersuchen, sondern auch die sich im Laufe des Quartärs qualitativ wie quantitativ verändernde Wertigkeit der Steuerungsfaktoren der Küstenentwicklung und -dynamik unter Berücksichtigung der "hygroklimatischen" (DOMRÖS, 1974) Differenzierung der Insel zu erfassen.

Wie dieser kurze historische Rückblick gezeigt hat, wird das Interesse an der Verfolgung quartärmorphologischer Untersuchungen der Küsten Sri Lankas erst relativ spät entdeckt und beschränkt sich zudem vornehmlich auf den W, SW und S der Insel. Dennoch liegen zu Genese und Dynamik der Küsten dieser Insel in einer Reihe allgemeiner geologischer, geomorphologischer wie sedimentologischer Arbeiten und durch vereinzelte küstenmorphologische Detailuntersuchungen Ergebnisse und Befunde vor, die für das Quartär nicht nur zu den marinen wie terrestrischen Formungsanteilen dieser Küsten Aussagen treffen, sondern sich auch mit der Problematik eustatischer Meeresspiegelschwankungen und klimatischer Veränderungen im Quartär auseinandersetzen.

In ihrer Untersuchung zur Prozeßdynamik und Reliefentwicklung Sri Lankas diskutiert BREMER (1981) auch die Problematik eustatischer Meeresspiegelschwankungen und die Bedeutung quartärer Meeresspiegelstände für die Reliefformung des Küstenhinterlandes und geht dabei von einer "mindestens seit dem Miozän ... recht stabilen" Insel aus, die jedoch tektonische Bewegungen erfahren habe, "die keine 100m betragen haben". Da dieser Betrag aber sowohl dem vermutlichen quartären Meeresspiegeltiefststand wie dem durch BREMER (1981) von FAIRBRIDGE (1961a) übernommenen Wertes eines plio-pleistozänen Meeresspiegelstandes entspricht, ist er für die

Verfolgung küstenmorphologischer Fragestellungen nur wenig hilfreich. Im Laufe des Quartär seien dann die interglazialen Meeresspiegelhochstände wie die "Tiefstände, (die) weniger lang andauerten als die Hochstände der Warmzeiten", abgesunken und haben zu einer Umgestaltung der bereits prämiozän angelegten "jüngsten Fläche des unteren Flächenstockwerkes" geführt. Im Gegensatz zu den Gebieten der Trokkenzone, in denen die quartären Meeresspiegelschwankungen "durch die Tendenz zur traditionellen Flächenweiterbildung und die geringe Abtragungsgeschwindigkeit" von nur geringer morphologischer Bedeutung (Bildung von Spülflächen) gewesen seien, habe in der Feuchtzone zwar während der glazialen Meeresspiegeltiefststände auf Grund ihrer kurzen Dauer keine bedeutende morphologische Formung im Küstenhinterland stattgefunden, sei es aber während der Interglaziale zur Neuanlage von "Flächenstreifen und Verebnungen entlang der Flüsse" gekommen, die auf höhere Meeresspiegelstände ausgerichtet gewesen seien, ohne jedoch weitere Angaben über die zeitlichen und altimetrischen Größenordnungen der verschiedenen Transgressions- und auch Regressionsphasen zu machen. Zum einen ist die Anlage dieser Flächen nur schwer vorstellbar, wenn es nach BREMER (1981) infolge der interglazialen Meersspiegelanstiege und -höchststände in den Flußunterläufen zu einem Rückstau von Sedimenten gekommen sein soll, der eher zu einer Verschüttung bzw. "Plombierung" des Ausgangsreliefs als zur Neubildung von Flächenniveaus geführt haben würde. Zum zweiten widersprechen der BREMER'schen (1981) Annahme die ca. 15m mächtigen Kaolinvorkommen im Raum Colombo und Mitiyagoda (N-lich von Galle), die nach HERATH, J.W. (1975) eine in-situ-Verwitterungsbildung darstellen und in ca. 17m unter dem rezenten Meeresspiegel (DERANIYAGALA, 1958) dem kristallinen Untergrund aufsitzen. Dieses Niveau, das auch die quartären Sedimente in den unmittelbar benachbarten Talsystemen der beiden größten Flüsse im SW Sri Lankas (Kelani Ganga und Gin Ganga) aufweisen, geht in das differenzierte, rezent jedoch verschüttete Flächen- und Inselbergrelief des Schelf über, zu dessen Bildung eine langanhaltende subaerische Formung während einer oder mehrerer Regressionsphasen - in Verbindung mit entsprechenden klimatischen Verhältnissen - geherrscht haben muß, was für die Phasen glazialer Meeresspiegeltiefststände im Quartär auszuschließen ist. Daraus muß geschlossen werden, daß (1) die Formung des Flächen- und Inselbergreliefs des Küstenhinterlandes wie des Schelfs bereits präquartär weitgehend erfolgt sein muß und zu Beginn des Quartärs weitgehend abgeschlossen war, (2) die Bildung der Kaolinvorkommen voraussichtlich ebenfalls ins Präquartär (oder Altquartär) zu stellen ist und (3) im Küstenhinterland der Feuchtzone Sri Lankas während des Quartär keine Neuanlage von Flächen erfolgt sein kann, die auf interglaziale Meeresspiegelhochstände ausgerichtet gewesen sind. Zudem hat bereits LOUIS (1959 und 1964) nachgewiesen, daß die Entstehung und Weiterbildung von Rumpfflächen unabhängig von Meereshöhe und unterschiedlichen Meeresspiegelständen erfolgen kann.

Im Umkreis der Puttalam Lagune hat COORAY (1968b) unter Anwendung eines morphographischen Ansatzes eine morphogenetische Gliederung der NW-Küste und seines Hinterlandes erarbeitet und untergliedert - ohne Angaben einer differenzierten stratigraphischen Zuordnung der ausgegliederten morphographischen Einheiten - diesen Raum in (1) ein älteres und jüngeres Strandniveau, (2) das sich landseitig anschließende Schwemmlandgebiet ("alluvial flood plains") und (3) die im E anstehende Rumpffläche mit vereinzelten Erosionsresten eisenhaltiger Schotter- und Kiesablagerungen, die im gesamten Raum zwischen Negombo und der Insel Mannar zu beobachten seien. Diese Sedimente, die kaolinitisiertem Gneis oder Kalk aufsitzen und von roten Sanden überlagert sind, können nach COORAY (1967) sowohl als "marine beach deposits" als auch als fluviative Ablagerungen interpretiert werden und lassen sich ohne nähere zeitliche Eingrenzung stratigraphisch nur in eine "younger group" und eine "older group" untergliedern. Zwar fehlen für die "younger group"-Sedimente bisher nähere Untersuchungen über ihre stratigraphische Stellung, jedoch ist für Teile der "older group"-Sedimente, die "Erunwela Gravel", durch SPÄTH (1981b) auf Grund pedologischer Untersuchungen eine zeitliche Zuordnung erfolgt, die diese Sedimente mit "Altlateriten" E-lich von Negombo zeitlich gleichstellt und beide als "präholozän, wahrscheinlich jungquartär" ansieht.

Die Sedimente der "Red-Earth-Formation" bilden nach COORAY (1968b) die zweite Untereinheit der "older group" im NW Sri Lankas. Zwischen Negombo und Kudremalai bilden die Sedimente der "Red-Earth-Formation" im Küstenhinterland langgezogene küstenparallele und teilweise hintereinander gestaffelte Rücken, die sich nach SENEVIRATNE, L.K. et al. (1964) vor allem aus bis zu 30m mächtigen roten Sanden, Tonen und Lehmen zusammensetzen. Nach WAYLAND (1919) sollen diese Sedimente äolische Ablagerungen darstellen. COORAY (1968b) vermutet jedoch in der "Red-Earth-Formation" ein "older beach plain", ohne jedoch zu erklären, wie diese über 50m von E nach W teilweise bis gegen die Küste abdachenden Sedimentkörper in das Konzept einer marinen Genese eingepaßt werden könnten. Auch KATZ (1975), der zwar die Problematik der Bildung der Gesamtsedimentkörper unberücksichtigt läßt, geht bei der "Red-Earth-Formation" auf Grund von zwei Muschelhorizonten - jedoch ohne Angaben zu ihren Höhenlagen - von einer marinen Terrasse aus. Unter Annahme einer ausschließlich marinen Genese dieser Sedimentkörper erhebt sich dann jedoch die Frage, warum diese über eine große Höhendistanz relativ gleichmäßig abdachende Reliefeinheit bei einem Meeresspiegelanstieg - der nach KATZ (1975) zumindest zweimal erfolgt sein muß - in dieser Form erhalten geblieben ist, da ein ansteigender Meeresspiegel in Lockersedimenten doch eher zu Abtragungs- als zu Akkumulationsprozessen führt. Vielmehr scheint sich in den Sedimenten der "Red-Earth-Formation" eine mehrphasige Entwicklung widerzuspiegeln, die sich im Kontaktbereich zwischen marin-litoralen und terrestrischen Formungseinflüssen vollzog und während unterschiedlicher Meeresspiegelstände und Klimaphasen im Laufe des Quartärs erfolgt ist.

Mit SWAN's (1964) Untersuchung zu den Auswirkungen eustatischer Meeresspiegelschwankungen an der SW-Küste Sri Lankas liegt die bisher einzige quartärmorphologische Arbeit über die Küstengenese und -dynamik der Insel vor, in der eine Vielzahl eustatischer Meeresspiegelschwankungen postuliert werden, deren Amplituden im Laufe des Quartär abgenommen haben sollen. Meeresspiegelhochstände, die für das Altquartär bei "mindestens 70m" über dem gegenwärtigen Meeresspiegel anzusetzen seien und ca. 1m über diesem Niveau während der holozänen "Hochs" gelegen haben sollen, kann SWAN (1964) durch den Nachweis mariner Sedimente und Beachrockvorkommen jedoch nur für die jüngeren Transgressionsphasen mit Strandniveaus zwischen 1m und 5m belegen. Höhenangaben für ältere Transgressionsphasen mit Meeresspiegelhochständen von über 5m versucht er mit Hilfe der FRIEDMAN'schen (1961) Analyse von Sedimenten in "hanging valleys" zu ermitteln, die für den Übergang vom zentralen Bergland in das Küstenhinterland typisch sind. Da nach SWAN (1964) die Skewnesskurven von Sedimenten verschiedener "hanging valleys" unterschiedlicher Höhenlagen ein marines Formungsmilieu belegen, werden die Basen dieser Täler als marine Abrasionsformen gedeutet, die durch das Eindringen des Meeres während der verschiedenen Transgressionsphasen entstanden seien. Nach einer altimetrischen Gruppierung werden dann die Niveaus dieser Täler - von oben nach unten - jeweils jüngeren quartären Meeresspiegelständen zugeordnet und mit den unterschiedlichen Höhenlagen von Inselbergen des Küstenhinterlandes korreliert, da sie die Niveaus ehemaliger Abrasionsflächen darstellten und sich mit den Basen der "hanging valleys" verbinden ließen. Diese Annahme aber würde bedeuten, daß erst im Quartär während der wiederholten marinen Regressionsphasen die gesamte morphologische Entwicklung des Hinterlandes der SW-Küste erfolgt sei und eine äußerst umfangreiche Reliefumgestaltung mit intensiver Tal- und Flächenbildung stattgefunden haben muß, die jedoch - wie bereits oben diskutiert - für diesen Raum wie für andere vergleichbare Gebiete auszuschließen ist - zumal in dem von SWAN (1964) angenommenen Umfang. Vielmehr zeigt sich die Anwendung der FRIEDMAN'schen (1961) Sedimentanalyse als alleinige Methode zur faziellen Bestimmung der Sedimente in den "hanging valleys" als nicht geeignet, so daß die von SWAN (1964) postulierten Höhenlagen quartärer Meeresspiegelhochstände, die unter Verwendung dieser Methode erarbeitet wurden - und danach sogar eustatische Meeresspiegelhöchststände bis in Höhen von ca. 250m (!) belegen sollen -, keine weitere Berücksichtigung finden können.

Für die zeitliche Zuordnung der quartären Transgressionsphasen stützt sich SWAN (1964) ebenso auf das altimetrisch-stratigraphische Gliederungsschema von FAIRBRIDGE (1961a) wie bei den Angaben zu den verschiedenen Regressionsphasen, deren negative Meeresspiegelstände SWAN (1964) auf der Basis der Interpretation von Seekarten, Niveaus von Beachrockvorkommen und der Auswertung von Bohrungen in den Flußunterläufen von Kelani Ganga und Gin Ganga rekonstruiert. Kann SWAN (1964) für quartäre Meeresspiegelabsenkungen bis zu ca. -20m noch sedimentologische Befunde anführen, basieren seine Angaben zu tiefer gelegenen eustatisch bedingten Meeresspiegeltiefstständen, die bis zu maximal -73m bis -91m gereicht haben sollen, auf einer morphographischen Untergliederung des Schelfs und sollen auch nur als "approximations and good guesses" verstanden werden.

Räumlich umfassendere Detailuntersuchungen zur rezenten Morphodynamik der Küsten Sri Lankas fehlen bisher weitestgehend und/oder beschränken sich auf Einzelaspekte der rezenten Küstenentwicklung im SW der Insel. Im wesentlichen werden in diesen Arbeiten Intensität und Steuerungsmechanismen der rezenten Küstenentwicklung vor allem durch geologisch-tektonische Ursachen (WADIA, 1941b), die Exposition zu den auflaufenden Wellen (DASSENAIKE, 1928; ZEPER, 1960; EATON, 1961) und die Küstenformen selbst (SWAN, 1964) erklärt oder werden allen drei Einwirkungsfaktorenkomplexen (SWAN, 1974a) zugeschrieben. Nur durch SWAN (1975) liegt zur Untersuchung dieser Problematik an der SW-Küste ein differenziertes modellhaftes Konzept vor, in dem er diese Küste in einzelne Segmente untergliedert, innerhalb derer er alle an den rezenten Küstenprozessen beteiligten Einflußfaktoren in (1) "force variables", d.h. vor allem die klimatisch-meteorologischen Verhältnisse, die marin-litoralen Steuerungsfaktoren und die verschiedenen anthropogenen Eingriffe, und (2) "resistance variables", d.h. die lithologischen wie morphologischen Verhältnisse der Küste, Küstenform wie -typ und die sedimentologischen Verhältnisse in den Flußunterläufen des Küstenhinterlandes und an den Stränden, gruppiert. Da nur die beteiligten "resistance variables" einfach zu erfassen und zu quantifizieren seien, sollen die "force variables" weitgehend unberücksichtigt bleiben oder gehen nur als "black box" in das Modell ein. Aus diesem Grunde ist mit diesem zweigegliederten Faktorensystem zwar die Untersuchung einzelner Küstenabschnitte mit weitgehend homogener Ausstattung der "force variables" möglich, läßt jedoch weder den Vergleich von Küstenabschnitten mit unterschiedlicher Qualität der "force variables" zu, noch wird die Bewertung der rezent-dynamischen Küstenprozesse in Abhängigkeit unterschiedlicher klimatisch-meteorologischer wie marin-litoraler und terrestrischer Steuerungsfaktoren ermöglicht. Vor allem aber bleiben in diesem Modell die anthropogenen Eingriffe und ihre qualitative wie quantitative Bedeutung unberücksichtigt, die zumindest lokal eine nicht unwesentliche Rolle für die rezente Küstenformung Sri Lankas spielen.

Wie diese kurze Literaturreplik gezeigt hat, beschränken sich die bisherigen Untersuchungen zu Genese und Dynamik der Küsten Sri Lankas im Quartär im wesentlichen auf räumlich begrenzte Einzelbefunde, die zudem häufig isoliert nebeneinanderstehen, oder setzen sich nur randlich mit dieser Problematik auseinander. Zusammenfassend läßt sich somit das Fazit ziehen, daß bisher für die Küsten Sri Lankas eine Untersuchung fehlt, die (1) die Küsten der Insel in ihrer Gesamtheit berücksichtigt, (2) ihr morphologisch wie morphodynamisch verantwortliches Faktorengefüge der marin-litoralen und terrestrischen Steuerungskomponenten erfaßt, (3) die räumlich wie zeitlich differenzierten Veränderungen dieser Steuerungskomponenten mit ihren Auswirkungen auf Genese und Morphodynamik dieser Küsten im Laufe des Quartär analysiert und bewertet und (4) diese morphodynamischen Veränderungen nicht nur mit der Problematik eustatischer Meeresspiegelschwankungen, sondern auch mit der Reliefentwicklung des Küstentieflandes und des Schelfs verbindet und zu korrellieren versucht.

1.4   Arbeitsmethoden

1.4.1   Allgemein

Mit wenigen Ausnahmen stehen für Sri Lanka nur topographische Karten des SURVEY DEPARTMENT (Sri Lanka) im Maßstab 1inch-1mile (1:63 300) zur Verfügung, die in den 40er Jahren erstellt und nur teilweise in den 60er Jahren überarbeitet worden sind. Topographie und Reliefverhältnisse der Küste sowie des Küstenhinterlandes sind in diesen Karten nur sehr unzureichend wiedergegeben, was vor allem auf die Isohypsen-Äquidistanz von nur 100ft (=30,48m) zurückzuführen ist.

Seekarten der British Admirality (HYDROGRAPHIC DEPARTMENT) liegen für den gesamten Schelf der Insel in unterschiedlichen Maßstäben vor, sind jedoch im Bereich der E- und NE-Küste - mit Ausnahme der Koddiyar Bay - Nachdrucke von Seekarten aus dem Jahre 1888 und weisen keine Isobathen auf. Sieben räumlich eng begrenzte Schelfabschnitte vor der SW- und S-Küste sind durch Echolotaufnahmen abgedeckt, die in den 70er und 80er Jahren von NATIONAL AQUATIC RESEARCH AGENCY (NARA) (Sri Lanka) und COAST CONSERVATION DEPARTMENT

(CCD) (Sri Lanka) erstellt worden sind.

Die in dieser Untersuchung verwendeten sedimentologischen und pedologischen Aussagen beruhen auf einem umfangreichen Meßprogramm, das in den Vorstrandbereichen und des Schelfs nur mit Hilfe eines Preßluft-Tauchgerätes (PTG) durchgeführt werden konnte. Die Beprobung der Sedimente erfolgte im Labor des Lehrstuhls für Physische Geographie, Universität Augsburg. Zusätzlich sind in den für diese Untersuchung ausgewählten Küstensequenzen eine Vielzahl von Strandprofilen eingemessen worden. Zur Erfassung historischer und rezenter Küstenveränderungen sind sowohl historische Karten (1838 bis 1860), als auch Luftbilder im Maßstab von ca. 1:40 000 aus den Jahren 1956, 1972, 1980 und 1986 und LANDSAT I-II Aufnahmen verwendet worden.

1.4.2 Ballon-Fotoeinrichtung

Ein Problem besonderer Qualität hat die Untersuchung der rezenten Morphodynamik an den Küsten Sri Lankas dargestellt, da nicht nur ihre sedimentologischen Verhältnisse, sondern vor allem auch ihr morphologisches Formeninventar wie die auf sie einwirkenden natürlichen marin-litoralen und terrestrischen Steuerungsfaktoren räumlich sehr markante Unterschiede mit häufig abrupten Wechseln aufweisen. Zudem differieren an den Küsten der Insel die anthropogenen Einflüsse selbst wie ihre Auswirkungen qualitativ wie quantitativ sehr deutlich. Die vorhandenen Luftbildserien sind aus Maßstabsgründen - auch nach einer entsprechenden Vergrößerung - für eine derartige Untersuchung nicht geeignet und sind zudem nicht immer zum Zeitpunkt günstigster Beleuchtungsverhältnisse aufgenommen. Aus diesen Gründen wurde eine Ballon-Fotoeinrichtung entwickelt (siehe Abb. 1), die es erlaubt, aus geringen Höhen (100-200 m) und ohne übermäßigen technischen wie finanziellen Aufwand großmaßstäbige Fotoaufnahmen zu

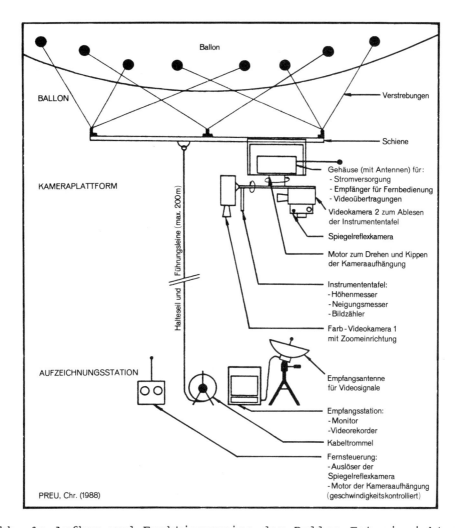

Abb. 1: Aufbau und Funktionsweise der Ballon-Fotoeinrichtung

erstellen, mit denen eine detaillierte Analyse des Formeninventars und der strukturellen wie texturellen Verhältnisse eines abgebildeten Geländeausschnittes möglich ist und sogar die Erfassung - und damit Überwachung - prozessualer Abläufe erlaubt (PREU et al., 1987a und 1988). In Anlehnung an die Termini "Ultra High Altitude Photography" (UHAP) (Aufnahmehöhe über 20km) und "High Altitude Photography" (HAP) (Aufnahmehöhe bis 13km) (GIERLOFF-EMDEN et al., 1983) wird diese Fernerkundungsmethode als "Low Altitude Photography" (LAP) (siehe PREU et al., 1987a) bezeichnet.

Die Ballon-Fotoeinrichtung, die in den letzten Jahren nicht nur an vielen Abschnitten der W- und S-Küste Sri Lankas, sondern auch in der Bundesrepublik Deutschland zum Einsatz gekommen ist (PREU et al. 1988), setzt sich aus den Baueinheiten (1) Trägersystem, (2) Kameraplattform mit weiteren Aufnahmeeinrichtungen und (3) Aufzeichnungsstation (siehe Abb. 1) zusammen. Als Trägersystem, das über ein 200m langes Halteseil gesteuert werden kann, wird ein ca. 26m^3 großer zeppelin-förmiger Ballon verwendet, unter dem die Aufnahmeeinrichtung schwingungsfrei aufgehängt ist. Auf der Kameraplattform sind nicht nur Spiegelreflexkamera und Videokamera 1 angebracht, sondern befinden sich auch die elektronischen Einrichtungen für die Bedienung dieser Kameras sowie der gesamten Kameraplattform und die Videokamera 2, über die von einer Instrumententafel alle spezifischen Daten (Höhe, Neigung usw.) jeder Aufnahme abgelesen werden können. Vor dem Ballonstart müssen Spiegelreflexkamera und Videokamera 1 so justiert werden, daß beide denselben Geländeausschnitt erfassen. Über Antennen werden die Signale beider Videokameras zum Boden auf den Monitor der Aufzeichnungsstation übertragen und dort mit einem Videorecorder aufgezeichnet. Da die gesamte Kameraplattform ferngesteuert sowohl horizontal gedreht wie vertikal gekippt werden kann, ist die exakte Positionierung der Ballon-Fotoeinrichtung und Erfassung jedes gewünschten Geländeausschnittes möglich.

2   PHYSISCH-GEOGRAPHISCHE UND GEOLOGISCHE GRUNDLAGEN

2.1   Lage

Die 65.610km^2 große Insel Sri Lanka (siehe Abb. 2), die im N-lichen Indischen Ozean liegt und sich zwischen 5°54'N bis 9°52'N und 79°39'E bis 81°53'E im SSE des Indischen Subkontinentes erstreckt, erreicht zwischen Point Pedro und Dondra Head eine N-S-Erstreckung von 434km und zwischen Colombo und

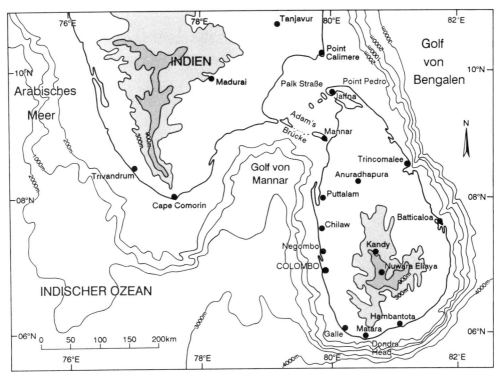

Abb. 2: Lageverhältnisse der Insel Sri Lanka

Sangamankanda Point eine W-E-Erstreckung von 235km. Sri Lanka ist von einem Schelf sehr unterschiedlicher Breite umgeben, über den die Insel im Bereich der nur bis zu 15m tiefen Palk Straße, die eine Verbindung zwischen dem Golf von Bengalen im E und dem Golf von Mannar im W bildet, mit dem Indischen Subkontinent verbunden ist.

2.2   Morphographische Verhältnisse

Das Relief der Insel Sri Lanka, das auf Grund ihrer geotektonischen Entwicklung und geomorphologischen Formung deutlich asymmetrische Züge aufweist (siehe Abb. 3 und Abb. 6), läßt sich nach BREMER (1981), DISSANAYAKE, C.B. (1980), FERNANDO, A.D.N. (1982) und VITANAGE (1972) - jedoch unter An-

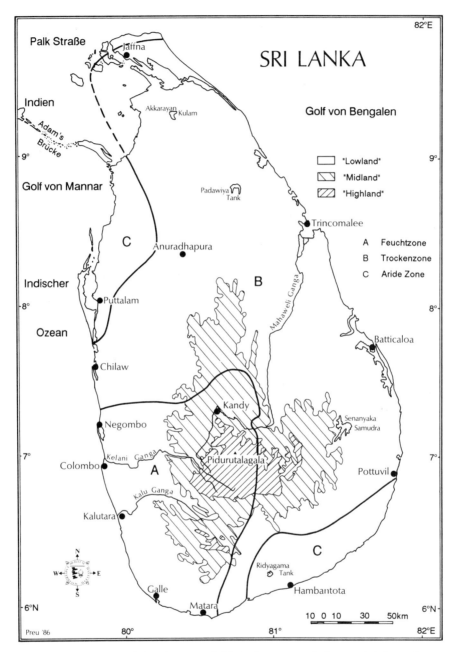

Abb. 3: Morphographische Verhältnisse und hygroklimatische Zonierung der Insel Sri Lanka

wendung verschiedener altimetrischer Abgrenzungen - in drei Flächenstockwerke unterschiedlichen Alters gliedern. Eine von TIMMERMANN (1935) und COORAY (1967) postulierte Vierfachuntergliederung wird in diesen Untersuchungen abgelehnt. Das untere Flächenstockwerk, auch "Lowland" genannt, umfaßt alle Reliefeinheiten zwischen dem Meersspiegel und einer Höhe von ca. 300m - einschließlich einiger bis zu ca. 670m aufragender Inselberge im E - und weist die flächenmäßig größte Ausdehnung aller Flächenstockwerke auf. Das "Lowland" nimmt im N die Insel auf ihrer gesamten Breite ein und umrahmt - nach S an Breite abnehmend - im W, SW, S, SE und E bandförmig das zentrale Bergland. In Küstenferne zeichnet es sich durch Inselberge sehr unterschiedlicher Höhen sowie einer teilweisen Latosol- oder Lateritauflage und durch zwischengeschaltete Talsysteme sehr unterschiedlicher Prägung aus. Küstenwärts schließt sich daran das Küstenhinterland ("coastal plain") mit seinen weiten Alluvialbereichen, Terrassensystemen der Flußunterläufe, den Strandseen und Lagunen sowie Inselbergen mit Höhen bis zu ca. 30m an, bis dann die Küsten sehr unterschiedlicher Genese und Form folgen. Im südlichen Drittel der Insel erhebt sich das zentrale Bergland mit Höhen über 2000m (Pidurutalagala 2524m), das in das zweite Flächenstockwerk, das "Midland" mit Höhen bis zu durchschnittlich 1500m, und das höchstgelegene dritte Flächenstockwerk, das "Upland", untergliedert wird. Dacht nach N und NE - hier jedoch unter Einschaltung des Knuckles-Massivs (2035m) - das zentrale Bergland mit einer deutlichen Ausprägung des zweiten Flächenstockwerkes auf das "Lowland" ab, fällt es nach S und SE und nur teilweise von einem schmalen "Midland"-Saum abgesetzt in Steilabfällen von bis zu 1000m ("Little World's End" und "Great World's End") oder steilen Hängen gegen das "Lowland" ab, über dem sich im SW und vom zentralen Bergland durch die tief eingeschnittenen Täler der Flußoberläufe von Mahaweli Ganga und Kelani Ganga abgetrennt das Sabagaramuwa Massiv (1490m) erhebt. Im Gegensatz zu dieser N-S-Asymmetrie dacht das zentrale Bergland nach W und E gleichförmig über die unterschiedlichen Zwischenniveaus der verschiedenen Flächenstockwerke gegen das "Lowland" ab, wobei sich vor allem nach E dieser Übergang in einer stärker getreppten Form mit mehreren Steilstufen voll-

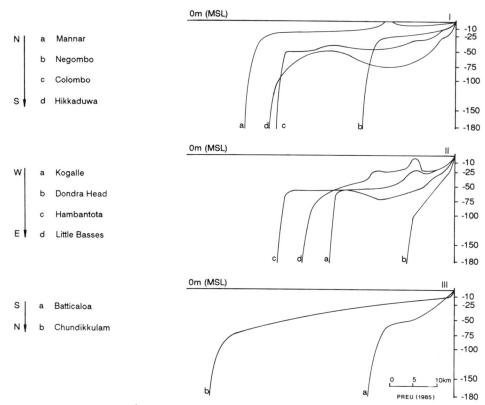

Abb. 4: Querprofile des Schelfs der Insel Sri Lanka
(I: W-Küste, II:S-Küste; III: E-Küste)

zieht, deren Verlauf mit einem N-S- bis NNW-SSE-Streichen geologischer Strukturlinien übereinstimmt (VITANAGE, 1972).

Sri Lanka umgibt ein durchschnittlich 27km breiter Schelf, über den die Insel im N auf einer Breite von 235km mit dem Indischen Subkontinent verbunden ist. Horizontale Erstreckung, Neigung und Oberflächengestaltung des Schelf sowie die Ansatztiefe des Kontinentalabhanges zeigen dabei sehr deutliche regionale Unterschiede (siehe Abb. 4). Im W der Insel erreicht der Schelf eine durchschnittliche Breite von 18km und dacht insgesamt von N nach S ab, so daß der Kontinentalabhang vor der NW-Küste bei Mannar bereits in einer Tiefe von ca. 35m, an der W-Küste zwischen Negombo und Colombo in ca. 50m und vor der SW-Küste im Raum Hikkaduwa erst in einer Tiefe von ca. 100m einsetzt. Zeigt der Schelf vor der NW-

Küste ein homogenes und nur leicht konvexes Querprofil, das nur im Bereich der Adam's Brücke durch aufsitzende Korallen- und Beachrockriffe unterbrochen ist, läßt sich der Schelf vor der W- und SW-Küste deutlich in einzelne Niveaus untergliedern. An Verebnungen in einem 20m- bis 25m-Niveau, das besonders deutlich vor Colombo und Hikkaduwa ausgeprägt ist, schließen sich in unterschiedlichen Tiefen rinnenartig "Tröge" an. Ihnen folgen langgestreckte küstenparallele "Höhenzüge", die zum Kontinentalabhang überleiten. Diese Schelfgliederung ist auch noch SE-lich von Galle bie Kogalle zu beobachten, verliert sich dann jedoch gegen die S-Spitze der Insel. Hier dacht vor Dondra Head der Meeresboden in gestreckter Form steil ab und liegt bereits nach ca. 700m über 20m unter dem Meeresspiegel. Nach einer Distanz von nur 4km setzt in einer Tiefe von 100m mit einem markanten Gefällsknick der Kontintentalabhang ein, der nach nur 2km bis auf -1000m abgedacht ist. Der durchschnittlich 25km breite Schelf der S-Küste weist erneut ein Verflachungsniveau in ca. -25m auf, zeichnet sich jedoch durch einen eher gestreckten (Hambantota) oder sogar konvexen ("Little Basses") Verlauf aus. Eine Sonderstellung nimmt der Schelf im SE der Insel ein, wo die Felsaufragungen der "Great Basses" und "Little Basses" bis nahe an die Meeresoberfläche aufragen.

Soweit die vorhandenen Seekarten erkennen lassen, fehlen dem Schelf vor der E-Küste Sri Lankas markante morphographische Strukturen, wie sie für den Schelf vor der W-, SW- und S-Küste der Insel typisch sind. Der nur 12km breite Schelf vor der Küste von Batticaloa, der für die gesamte E-Küste zwischen "Arugam Bay" und "Foul Point" (S-Spitze der "Koddiyar Bay") repräsentativ ist, unterscheidet sich mit seinem sanft konkaven Oberflächenprofil nur unwesentlich vom konvexen Verlauf im Bereich der NE-Küste N-lich Trincomalee (Chundikkulam). Nach N nimmt die Breite des Schelfs am Übergang zur Palk Straße bis auf 42km zu und erreicht vor der N-Küste im Raum der Palk Straße zwischen Sri Lanka und Indien (siehe Abb. 2) sogar eine Gesamtbreite von 235km. Dieser Schelf, der mit Wassertiefen von maximal 15m überaus flach ist, verflacht sich nach NE bis auf Wassertiefen von nur 4m bis 5m, bis dann mit einem sehr markanten Knick der Kontinentalabhang einsetzt. Im SW sitzen dem Schelf der Palk Straße die Korallen- und Beachrockriffe der Adam's Brücke und weiterer SW-lich vorgelagerter Riffe in ca. 25m Wassertiefe auf, bis dann nach einer Distanz von 18km in durchschnittlich 50m Tiefe der Kontinentalabhang einsetzt.

Ein besonderes morphographisches Element des Schelfs vor der SW-, S- und E-Küste zwischen Colombo und Trincomalee stellen submarine Canyons (siehe Tab. 1) unterschiedlicher Länge, Breite und Tiefe dar, die am Fuße des Kontinentalabhanges auf den Tiefseeböden in Schwemmfächern auslaufen. Soweit dies die Qualität der zur Verfügung stehenden Seekarten zuläßt, kann festgehalten werden, daß diese Formen vor der S- und E-Küste gehäuft auftreten, wohingegen dem Schelf vor der W-Küste N-lich von Colombo und der NE-Küste N-lich Trincomalee bedeutende Canyons zu fehlen scheinen. Jedoch ist für diese Bereiche zu berücksichtigen, daß die Schelfe nur relativ flach sind und fossile Talsysteme durch mächtige marine wie terrestrische Sedimentmassen des Quartär (vgl. MEYER, K., 1979a und 1979b) oder als Folge von Rutschungen größeren Ausmaßes, wie sie von VESTAL et al. (1981) für den Schelf vor Colombo nachgewiesen werden, verschüttet sein können. Der größte submarine Canyon Sri Lankas durchbricht vor der NE-Küste im Raum der "Koddiyar Bay" (Trincomalee) den Schelf und erreicht am Ausgang der Bucht bereits eine Tiefe von 1000m (SHEPARD, F.P. et al., 1966). Dieser Canyon, der vermutlich bereits im Unterlauf der Mahaweli Ganga einsetzt und rezent dort durch Sedimente dieses Flusses verschüttet ist, läßt sich über eine Distanz von mehr als 60km verfolgen und läuft im Golf von Bengalen mit einem eigenen Schwemmfächer (vgl. STEWART et al., 1964) in einer Tiefe von 3600m auf den submarinen Schwemmfächersystemen des Ganges ("Bay of Bengal Fan") aus. Die submarinen Canyons vor der SW-, S- und E-Küste, die bei weitem nicht diese Größenordnung erreichen,

LAGE	ENTFERNUNG DES CANYONSCHLUSSES VON DER KÜSTE	FLÜSSE IN VERBINDUNG ODER IN NÄHE DES CANYON
SW-Küste:		
Panadura	16km	Kalu Ganga
S-Küste:		
Dondra	5km	Nilwala Ganga
"Little Basses"	10km	-----
E-Küste:		
Kumbukkan Oya	13km	Kumbukkan Oya
Palaimunai	8km	Gal Oya
Eruvil	10km	-----
Punnaikuda	4km	Mudeni Aru
Trincomalee	200m	Mahaweli Ganga

Tab. 1: Submarine Canyons des Schelfs von Sri Lanka
(nach SWAN, 1983)

liegen sowohl am Übergang des Schelfs zum Kontinentalabhang als auch in unmittelbarer Küstennähe, von wo aus sie aus der Umgebung kleinerer Entwässerungssysteme oder als Fortsetzung größerer Flüsse in steilwandigen und tief eingeschnittenen "Talsystemen" mit vorwiegend dendritischen Formen den Schelf durchschneiden.

Die Genese submariner Canyons wird sowohl auf subaerische wie submarine Erosionsvorgänge als auch auf häufiges Einwirken langperiodischer Wellen in Folge von Tsunamis zurückgeführt (vgl. JOHNSON, D.W., 1939 und BUCHER, W.H., 1940). Autoren wie DALY (1942), KUENEN (1950) und HEEZEN (1952) sehen in diesen Formen das Ergebnis sehr häufig auftretender Dichteströmungen, die auf begrenztem Raum "kanalartig" mit großen Sedimentmengen den Schelf und seinen Außenhang bearbeiten und von Massenumlagerungen begleitet sein können (vgl. SHEPARD, F.P. et al., 1966). Da die Talschlüsse submariner Canyons häufig vor den Mündungen großer Flüsse liegen, führt RONA (1970, zitiert in KING, C.A.M., 1974) die Genese submariner Canyons auf die Akkumulation fluviatiler Sedimente im Schelfbereich und die Bildung submariner "Dammuferflüsse" zurück, deren vegetationsbestandene Dämme abtragungsresistender als die von ihnen gesäumten Täler sind und somit in Folge submariner Erosion zunehmend tiefer gelegt werden. Da die submarinen Canyons Sri Lankas tief in den kristallinen Untergrund eingeschnittene Talsysteme (SHEPARD, F.P. et al., 1966) darstellen, ist ihre Anlage wie Genese wohl auf Über- und Ausformung geologisch-strukturell bedeutender Erosionsleitlinien zurückzuführen oder/und sind unmittelbar die Folge geotektonischer Vorgänge. Eine derartige Genese trifft sicherlich auf den submarinen Canyon vor Trincomalee im Raum der "Koddiyar Bay" zu, dessen Verlaufsrichtung nicht nur mit der im Küstenhinterland morphologisch markanten Streichrichtung der lithographischen Grenze zwischen den kristallinen Gesteinen von "Highland Series" und "Vijayan Series" übereinstimmt, sondern auch mit den Strukturlineamenten zwischen und innerhalb dieser Gesteinsserien (vgl. HATHERTON et al., 1975 und VITANAGE 1972) identisch ist. Ob auch die anderen Canyons Sri Lankas auf vorwiegend geologische Ursachen zurückgehen, muß bisher auf Grund fehlender geologischer Karten für die Gesamtinsel offen bleiben. Da jedoch nach BREMER (1981) die großen Abflußsysteme der Insel meist das Netz der geologischen Struktur- und Bruchlinien Sri Lankas nachzeichnen und die submarinen Canyons, die vorwiegend vor den Mündungen großer Flüsse oder in deren Nähe einsetzen, auf dem Schelf ein den Flüssen der Insel vergleichbares Talnetz formen, kann angenommen werden, daß Lage und Verlaufsrichtung dieser Canyons mit der Streichrichtung geologischer Schwächezonen übereinstimmen und die Genese der Canyons ebenfalls auf geologisch-petrographische oder geologisch-tektonische Ursachen zurückzuführen ist.

Die Genese submariner Canyons wird zeitlich von BATCHLOR (1974) für den Sundaschelf und von CONOLLY (1968) für den Schelf vor der SE-Küste Australiens in eine extreme oligozäne Regressionphase gestellt, die nach DINGLE (1971), JONES, H.A. et al. (1975), JORDAN, G.F. et al. (1964) und SHIDELER, G.L. et al. (1972) ozeanweit zu einer langanhaltenden Freilegung der Schelfe geführt hat. Zwar fehlen bisher Untersuchungen zur stratigraphischen Stellung der submarinen Canyons Sri Lankas, jedoch kann für sie auf Grund des Nachweises eines tropischen Flächen- und Inselbergreliefs an der Basis des Schelfs (siehe Kap. 5), in das morphologisch die submarinen Canyons eingebettet sind und für dessen Genese nach BREMER (1981) eine mindestens 2 bis 3 Millionen Jahre dauernde Bildungsphase notwendig ist, ebenfalls ein oligozänes Alter angenommen werden. Während dieser marinen Regressionsphase müssen die submarinen Canyons unter subaerischen Bedingungen dort angelegt und ausgeformt worden sein, wo seit dem Zerbrechen des Gondwana-Kontinentes durch die Bewegungen des "Sri Lankan Platlet" (siehe Abb. 6) durch geologische und geotektonische Vorgänge entsprechende Prädispositionen geschaffen worden sind und entsprechende Abtragungsprozesse ermöglicht haben.

2.3   Geologische und geotektonische Verhältnisse

Sri Lanka, das nach VITANAGE (1972) "geologically and physically a southern continuation of the Precambrian terrain of South India" ist (siehe Abb. 2 und Abb. 5), setzt sich zum überwiegenden Teil aus kristallinen Gesteinen präkambrischen bis kambrischen Alters (CRAWFORD, 1969) zusammen, die unter Berücksichtigung lithologischer, struktureller und texturelIer Kriterien in die bandförmig angeordneten und NE-SW-streichenden geologischen Großeinheiten der (1) "Highland Series" einschließlich der "Southwestern Group" und (2) des "Vijayan Complex" (vgl. COORAY, 1967) untergliedert werden.

Die Gesteine der präkambrischen "Highland Series" (CRAWFORD, 1969), die sich nach COORAY (1978) überwiegend aus z.T. geschichteten Wechsellagerungen kristalliner Schiefer, Granuliten, Gneisen, Quarzen, quarzitischen Sandsteinen, kristallinen Kalken und biotitreichen Charnokiten zusammensetzen, erstrecken sich zwischen der "Koddiyar Bay" und dem N-Ufer

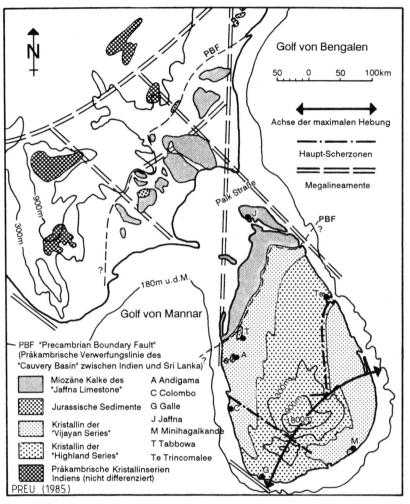

Abb. 5: Geologisch-tektonische Verhältnisse in Sri Lanka und S-Indien (verändert nach VITANAGE, 1972)

der Lagune von Kokkilai an der NE-Küste, wo sie langgezogene Rücken und eine Vielzahl von Kliffen (z.B. "Swami Rock" und "Fort Frederick" bei Trincomalee) bilden, über das gesamte zentrale Bergland - einschließlich des Knuckles Massives und des SW-lich vorgelagerten Sabagaramuwa Massives - bis an die S-Küste zwischen Tangalle und Ambalamtota und bilden im Hinterland der SE-Küste den inselartig aufragenden "Kataragama Complex". Die Hauptstreichrichtung der Megalineamente dreht dabei von NE-SW im NE der Insel auf eine vorherrschende N-S-Richtung im zentralen Bergland, bis sie dann im S auf eine

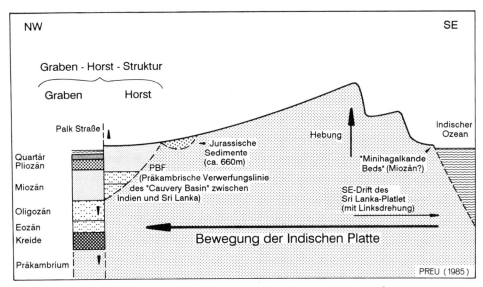

Abb. 6: Geologisch-tektonisches NW-SE-Profil Sri Lankas
(schematisch) (siehe auch Abb. 5)

SE-NW-Streichrichtung umschwenkt. Das vorwiegend NW-SE-streichende Kristallin der "Highland Series" zwischen dem zentralen Bergland und der SW-Küste zwischen Ambalangoda und Tangalle wird häufig auf Grund seines Mischtypcharakters aus metamorphen Sedimentiten und Charnotiken der "Highland Series" und migmatitischen wie granitischen Gneisen und Pegmatiten des "Vijayan Complex" als eigenständige "Southwestern Group" ausgegliedert (vgl. COORAY, 1967).

Nach NW und SE geht die "Highland Series" in einer ca. 10km breiten "transitional zone" (COORAY, 1967) starker tektonischer Beanspruchung (VITANAGE, 1959) in das kambrische Kristallin des "Vijayan Complex" (CRAWFORD, 1969) über, das zum einen als "Eastern Vijayan Series" den gesamten E und SE der Insel einnimmt und zum zweiten als "Western Vijayan Series" im NE der "Highland Series" folgt und sich mit Ausnahme eines nur kleinen Streifens an der NE-Küste vor allem im SW und W bis an die Küste zwischen Ambalangoda und dem S-Rand der Lagune von Puttalam erstreckt, bis es dann entlang der "Precambrian Boundary Fault" (PBF) unter die miozänen Kalke des "Jaffna Limestone" abtaucht (siehe Abb. 6). Die Gesteine

des "Vijayan Complex", die vor allem als einzelstehende dom-
artige Aufwölbungen an der SE-Küste im Raum Komari, Pottuvil
und Okanda oder als isolierte Granit- und Gneishärtlinge
(z.B. Sigeriya-Felsen W-lich Polonnaruwa) landschaftsprägend
sind, setzen sich aus einer "heterogenous association of
gneisses, migmatites, granites and granitic rocks" (FERNAN-
DO, A.D.N., 1982) sehr hohen Metamorphisierungsgrades zusammen und zeigen sehr unterschiedliche Streichrichtungen.

Am seinem NW-Rand liegen entlang der "Precambrian Boundary
Fault" (PBF) (VITANAGE, 1972) dem Kristallin der "Western
Vijayan Series" trogartig jurassische Sedimente auf. Sowohl
die oberjurassischen (SITHOLEY, 1944) "Tabbowa Beds" (WAY-
LAND, 1925), die NE-lich von Puttalam an der Oberfläche anstehen und über ihre gesamte Mächtigkeit von 600m rhythmisch
mit teilweiser Kreuzschichtung (MONEY, N. et al., 1966) zwischen feldspatreichen Sandsteinen, Mergeln und Tonen wechseln, als auch die S-licher gelegenen mittel- bis oberjurassischen "Andigama Beds" (FERNANDO, 1984), die in teilweiser
Wechsellagerung einen 900m bis 1200m mächtigen Sedimentkörper (HATHERTON et al., 1975) dunkler, kohlehaltiger Schiefer
und kalkhaltiger, schluffig-mergeliger Sandsteine bilden und
von miozänen Sedimenten überlagert sind, werden in Folge der
faziellen Charakteristika als Deltaschüttung in einem Flachwasserbereich gedeutet (vgl. COORAY, 1967).

Im NW der "Precambrian Boundary Fault" (PBF) schließen die
miozänen Kalke des "Jaffna Limestone" an, die zwischen
Alampil an der NE-Küste und dem S-Rand der Lagune von Puttalam den gesamten N und NW Sri Lankas - einschließlich der
vorgelagerten Inseln - einnehmen. Diese vorwiegend kristallinen und kaum geschichteten Kalke, die nach E und entlang
der NW-Küste nach S auskeilen, sind Teil des NE-SW streichenden Grabenbruchsystems des "Cauvery Basin" (CANTWELL,
Th. et al., 1978 und OSTRANDER, 1982), das sich zwischen den
beiden Armen der "Precambrian Boundary Fault" (PBF) in Sri
Lanka und S-Indien erstreckt (siehe Abb. 5 und Abb. 6), wo

ebenfalls miozäne Kalke (VITANAGE, 1972) - häufig unter quartären Sedimenten begraben - bis an die "PBF" reichen, die wie in Sri Lanka von jurassischen Sedimenten einer Flachwasserfazies (AYYASAMI, K. et al., 1977) und einer Zone kristalliner Gesteine (Charnockite) gesäumt wird, die nach Lithologie, Struktur und Alter den Kristallinserien Sri Lankas gleichzusetzen sind (AHMAD, E., 1972). Gegen das Zentrum dieses tektonischen Einbruchbeckens, das durch vornehmlich NE-SW-streichende Horste in eine Reihe tektonischer Gräben oder "subbasins" (CANTWELL, Th. et al., 1978) untergliedert ist und von der Palk Straße eingenommen wird, dachen aus NW und SE die auf dem Kristallin der "Western Vijayan Series" lagernden und bis zu 5000m mächtigen kretazischen bis pliozänen Tiefsee- und Flachsee-Sedimentpakete, die entlang der NE-SW-streichenden Struktur- und Verwerfungslinien staffelbruchartig versetzt und von quartären Sedimenten überlagert sind. Gegen den Rand des "Cauvery Basin" nimmt die Mächtigkeit der Sedimentpakete ab und verkürzt zeitlich die Sedimentationsabfolge über dem kristallinen Untergrund, bis dann im NW Sri Lankas unter den miozänen Kalken eozäne und oligozäne Sedimente auf dem Kristallin der "Western Vijayan Series" ausstreichen (siehe Abb. 6).

Mit den kristallinen Kalken des "Jaffna Limestone" werden die Sedimente der "Minihagalkande Beds" an der SE-Küste Sri Lankas (ca. 60km E-lich Hambantota) zeitlich gleichgestellt (vgl. COORAY, 1967) und deshalb häufig als Argument für eine tektonische Stabilität der Insel seit dem Miozän angeführt (vgl. BREMER, 1981). Die von COORAY (1967) für die zeitliche Zuordnung angeführten "thin layers of nodular limestone" mit Fossilien, die denen des "Jaffna Limestone" entsprechen sollen, sprechen zwar für ein miozänes Alter, jedoch weisen die ebenfalls von COORAY (1967) beschriebenen "feruginous grit and sandstone ..., above which are about 50ft of brownish and yellowish sandy and clayey layers" auf Sedimentationsbedingungen an einer Küste oder in einem küstennahen Flachwasserbereich hin.

Unterstützt durch die räumliche Anordnung der morphographischen Großeinheiten widerlegen die geologischen Verhältnisse die von BREMER (1981) postulierte en-bloc-Heraushebung und tektonische Stabilität der Insel seit dem Miozän, sondern belegen eine räumlich differenzierte geotektonische Entwicklung Sri Lankas, die mit dem Auseinanderbrechen des Gondwana-Kontinents einsetzt. Mit dem Beginn der Herauslösung aus dem Gondwana-Kontinent und der anschließenden N-Wanderung der Indischen Platte bricht nach KATZ (1978a und 1978b) zu Beginn des Jura entlang der "Precambrian Boundary Fault" (PBF), an der bis dahin Sri Lanka fest an Indien verschweißt war, ein "Gondwanic Rift" auf, das nicht nur zur Bildung des "Sri Lanka Platlet" als eine geotektonische Untergliederung der Indischen Platte, sondern auch zur topographischen Trennung von Sri Lanka und Indien geführt hat. Gegen das "Gondwanic Rift", in das ein flaches Meer vordringt, werden im Laufe des Jura aus den Hinterländern der umrahmenden Küsten über den kristallinen Untergrund phasenweise große Mengen terrestrischer Sedimente geschüttet, die durch die bis heute erhaltenen "Tabbowa Beds" und "Andigama Beds" repräsentiert werden. Während die gesamte Indische Platte ihre N-Wanderung fortsetzt, die nach Mc KENZIE, D.P. et al. (1976) mit mehreren Drehungen verbunden war und damit zu sehr unterschiedlichen Streichrichtungen der Megalineamente (siehe Abb. 5) geführt hat, driftet das "Sri Lanka Platlet" relativ zur Indischen Platte mit einer Linksdrehung nach SE. Dabei weitet sich der "Gondwanic Rift" zwischen den beiden "Precambrian Boundary Fault" (PBF)-Armen zunehmend zum Einbruchsbecken des "Cauvery Basin" mit einer Horst-Graben-Struktur (KATZ, 1978a und 1978b). Einschließlich seiner "subbasins" sinkt dabei der zentrale Graben, der im Bereich der heutigen Palk Straße gelegen ist, mit dem Beginn der Kreide unter den kretazischen bis pliozänen Sedimenten abyssischer bis neristischer Fazien zunehmend bis auf über 5000m ab, was gegen die Ränder des "Cauvery Basin" zu tektonischen Ausgleichsbewegungen mit horstähnlichen Heraushebungen der Sedimentpakete führte, so daß rezent an der NW-Küste den bis zu 15m hohen Kliffen in miozänen Kalken die 350m mächtigen pliozänen bis quartären Sedimente der Palk Straße gegenüberstehen. Diese geotektonischen Bewegungen des "Sri Lanka Platlet" haben als Folge einer Art "Aufscherung" auf der N-wärts driftenden Indischen Platte zum einen zu einer Heraushebung der Insel geführt, die im E und S stärker als im N (siehe Abb. 6) gewesen ist, und zum zweiten - vermutlich als Folge der Drehung (Mc KENZIE, D.P. et al., 1976) - zu einer Absenkung im W und SW. Diese sehr unterschiedlichen geotektonischen Bewegungen spiegeln sich auch in der sehr unterschiedlichen Formung der Schelfe wider: konvex gewölbte Schelfe vor der S- und E-Küste und konkave, durch trogartige Rinnen gegliederte Schelfe vor der SW- und W-Küste (siehe Abb. 4).

Wiederholte Erdbeben in historischer Zeit mit Epizentren an der SW-Küste und in der Palk Straße (vgl. FERNANDO, A.D.N., 1982) belegen nach VITANAGE (1972), daß Sri Lanka auch rezent "neotektonischen Bewegungen" unterliegt und die Insel tektonisch nicht stabil ist. Zwar unterstützen Schwereanomalieuntersuchungen (HATHERTON, T. et al., 1975) und eine Reihe von Feinnivellements (VITANAGE, 1972), daß die insgesamt in Hebung befindliche Insel in ein Heraushebungszentrum im E und SE und ein Absenkungsgebiet im N, W und SW untergliedert werden kann, jedoch fehlen bisher wissenschaftlich fundierte und "ernstzunehmende" Untersuchungen, die auf der Grundlage gesicherten Datenmaterials und sowohl mit geologischen wie geomorphologischen Nachweisen einen "Neotektonismus" der Insel Sri Lanka belegen.

2.4   Klimatische Verhältnisse

Da über die klimatischen Verhältnisse der Insel Sri Lanka sehr umfangreiche und detaillierte Untersuchungen (vgl. DOMRÖS, 1968a, 1968b, 1971a, 1971b, 1972, 1974) vorliegen, muß an dieser Stelle nur auf ihre wesentlichen Charakteristika eingegangen werden.

Das klimatisch-meteorologische Geschehen im Raum des äquatorialen Indik im allgemeinen und auf Sri Lanka im besonderen wird von den saisonal wechselnden Windregimen des SW- und NE-Monsuns und den zwischengeschalteten Intermonsunperioden bestimmt und ist in der zeitlichen Abfolge von der wandernden Position des N-lichen Armes der Innertropischen Konvergenzzone (NITC) abhängig. Die Verlagerung der NITC sowie die saisonalen Windrichtungsänderungen sind dabei die Folge der Entwicklung und Dynamik von Antizyklonen über dem Hochland von Tibet im N-Sommer und über Australien im S-Sommer (vgl. FLOHN, 1955).

Während des N-Sommers rückt die NITC bis zum Hauptkamm des Himalaya in 28°-30°N vor und bedingt die Heranführung äquatorialer W-Winde mit feuchtlabilen Luftmassen großer vertikaler Erstreckung (über Sri Lanka ca. 6-7km) nach S-Asien. Vor allem im SW der Insel tritt starke Quellbewölkung auf, und es kommt zwischen Mitte Mai und September zu intensiven Konvektionsniederschlägen mit monatlichen Niederschlagswerten von 2500mm an der Küste (Colombo) und bis zu 5000mm an der W- und SW- Abdachung des zentralen Berglands. Neben W- und S-Winden herrschen SW-Winde mit durchschnittlichen Geschwindigkeiten von 50km/h vor. In den Monaten Dezember bis Februar liegt die NITC zwischen 2°-3°N und 10°-12°S, so daß Sri Lanka nun unter dem Einfluß des kontinentalen NE-Passats liegt, der vor allem mit N-lichen bis NE-lichen Winden trokkenstabile Luftmassen geringer Mächtigkeit (über Sri Lanka 1-2km) nach Sri Lanka führt. Vor allem im Grenzsaum der äquatorialen W-Winde mit dem NE-Passat kommt es zu intensiven Niederschlägen, die im N, E und SE der Insel monatliche Mittelwerte von 15000mm erreichen. Während der zwischengeschalteten Intermonsunperioden, die sich als Übergangsphasen von März bis Mitte Mai und von Oktober bis November vor allem durch häufig wechselnde Windrichtungen mit einem deutlichen Hervortreten lokaler Windsysteme auszeichnen, werden vor allem bei SW- bis SE-Winden feuchte Luftmassen herangeführt, die an der S- und SW-Küste zu Niederschlägen SW-monsunaler Größenordnung führen können (vgl. FLOHN, 1955). Vor allem in den Monaten November und Dezember können tropische Tiefdruckgebiete aus dem äquatornahen Indik, dem Südchinesischen Meer und dem Golf von Thailand mit N-licher bis W-licher Zugrichtung Sri Lanka überstreichen. Erreichen diese Tiefdruckgebiete Orkanstärke mit Windgeschwindigkeiten von über 64 Knoten (über 118 km/h bzw. Windstärke 12 und mehr) (vgl. WMO, 1975), werden sie in Sri Lanka als "cyclones" bezeichnet. Seit dem Beginn meteorologischer Aufzeichnungen im Jahre 1891 haben mindestens sechs derartige "cyclones" Sri Lanka erreicht und zu z.T. verheerenden Verwüstungen an der E-Küste zwischen Batticaloa und Trincomalee geführt (vgl. LENGERKE, 1981).

Die saisonal wechselnden Wind- und Niederschlagssysteme sowie die Auswirkung des zentralen Berglands als orographische Barriere für die monsunalen Luftmassen bedingen eine "hygroklimatische" Differenzierung (DOMRÖS, 1974) der Insel in eine Feuchtzone ("wet zone") und eine Trockenzone ("dry zone") (siehe Abb. 3). Die Feuchtzone umfaßt den gesamten SW einschließlich der W-Abdachung des zentralen Berglandes und stellt eine immerfeuchte Zone mit durchschnittlichen Jahresniederschlägen von 2500mm bis 5000mm dar. Die Niederschläge fallen ganzjährig und erreichen in den Monaten Mai bis Juni sowie Oktober und November ihre Maxima. Eine ausgesprochene Trockenperiode fehlt der "wet zone". N-lich und E-lich der 20inches-Isohyete (= 508mm) der mittleren SW-Monsunniederschläge, deren Verlauf sich von der W-Küste bei Negombo nach Matale und weiter über Nuwara Eliya und Balangoda bis an die S-Spitze bei Dondra Head erstreckt, schließt die Trockenzone mit durchschnittlichen Jahresniederschlägen von 1250mm bis 2000mm an. Die Niederschläge, die vorwiegend in den Monaten Oktober bis Januar fallen und im April ein zweites, jedoch wesentlich geringeres Maximum erreichen, nehmen dabei nach E und N ab. In gleichem Maße nimmt die Dauer der jährlichen Trockenperiode zu (vgl. DOMRÖS, 1974) und erreicht im SE, an der W-Küste zwischen Mannar und Puttalam und entlang der N-Küste der Halbinsel von Jaffna mit 5-8 ariden Monaten ihre höchsten Werte. Deshalb werden diese Regionen mit Niederschlägen unter 50 inches (= 1270 mm) von SENARATNA (1956) und KULARATNAM (1968) als eigenständige "arid zone" von der Trockenzone abgetrennt.

3   STEUERUNGSFAKTOREN DER REZENTEN KÜSTENDYNAMIK

3.1   Allgemein

Die Küsten der Erde sind als Grenzsaum zwischen Lithosphäre, Hydrosphäre und Atmosphäre "one of the earth's most varied and variable environments" (JOHNSON, D.W., 1919) und bilden eine sensible Gleichgewichtslinie, deren topographische Lage und geographische Ausrichtung, morphographische Gliederung und geomorphologische wie sedimentologische Charakteristik und Dynamik von einer Vielzahl sehr unterschiedlicher abiotischer wie biotischer, marin-litoraler wie terrestrischer und atmosphärischer Steuerungsfaktoren bestimmt werden (siehe Abb. 7). Da die marin-litoralen und terrestrischen Steuerungsfaktoren ihrerseits durch globale, klimazonale, regionale und lokale Einflußmechanismen komplex verursacht und beeinflußt werden, bedingen die einwirkenden Steuerungsfaktoren eine große Individualität von Küsten. Dies bedeutet, daß erst die Wertung der verantwortlichen Steuerungsmechanismen einer Küste und ihrer Bedeutung für die morphodynamischen Prozesse selbst sowie die Formung des zur Disposition stehenden Ausgangsküstenreliefs die Typisierung von Küsten innerhalb eines begrenzten Gebiets ermöglichen und zur Ausgliederung von Küstentypen führen können, die dann aber nach Form und Dynamik einen regional prägnanten, aber keinen zonalen Charakter besitzen. Eine anschließende "modellhafte"

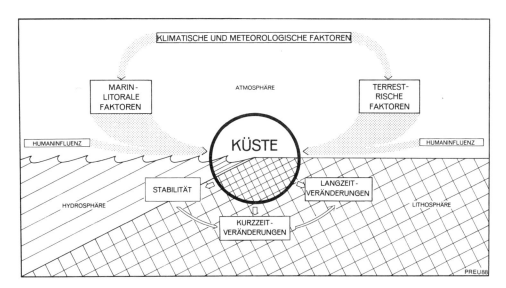

Abb. 7: Steuerungsfaktoren der rezenten Morphodynamik an den Küsten der Insel Sri Lanka

Übertragung auf andere Küsten ist möglich, muß jedoch den individuellen Charakter einer jeweiligen Küste berücksichtigen. Demgegenüber ist die ausschließliche Berücksichtigung des marin-litoralen Formenanteils (DAVIES, J.L., 1977) als alleiniges Typisierungskriterium für eine zonale Küstenklassifikation weder ausreichend noch sinnvoll, da auf der einen Seite die meisten marin-litoralen Prozesse azonalen Charakter haben und auf der anderen Seite das zur Disposition stehende Küstenrelief in Genese wie Dynamik und die Gesamtheit der terrestrischen Einflußfaktoren eine deutliche klimazonale Prägung besitzen. Damit zeigt sich auch, daß eine klimazonale Küstentypisierung (vgl. VALENTIN, 1979 und ELLENBERG, 1980), die über die Berücksichtigung klimazonal abhängiger Formen und Typen hinausgeht, nicht möglich ist.

Diese allgemeinen Überlegungen zeigen, daß ohne die qualitative und quantitative Bewertung der terrestrischen, marin-litoralen und atmosphärischen Steuerungsfaktoren eine Untersuchung und Typisierung von Küsten nach ihrer Form und Morphodynamik nicht möglich ist. Einen weiteren, jedoch azonalen Steuerungsfaktor stellen geotektonische Vorgänge mit ihren Auswirkungen auf die marin-litoralen und terrestrischen Steuerungsfaktorengruppen dar, wie dies für Küsten in tektonisch nicht stabilen Gebieten (vgl. PREU, 1988) nachzuweisen ist. Zwar bedürfen auf Sri Lanka auf Grund weitgehender Stabilität der Insel geotektonische Vorgänge keiner besonderen Berücksichtigung in der Untersuchung der Steuerungsfaktoren, jedoch kommen an ihren Küsten die verschiedensten anthropogenen Einflüsse zum Tragen, die sich in sehr unterschiedlicher Form auf Qualität und Quantität der natürlichen Steuerungsfaktoren im terrestrischen und marin-litoralen Milieu auswirken. Aus diesem Grunde werden die anthropogenen Einflüsse, die nicht nur lokal begrenzt große Bedeutung für die rezente Morphodynamik der Küsten Sri Lankas haben (vgl. PREU, 1987a, 1987b, 1987c, 1987d und UTHOFF, 1987), nicht als eigenständiger Steuerungsfaktor ausgewiesen, sondern entsprechend ihrer modifizierenden Wirkung im morphodynamischen Prozeßgeflecht der Küsten als Influenzfaktor des jeweiligen natürlichen Formungsmilieus angesprochen.

3.2   Natürliche Steuerungsfaktoren

Die Gruppe der natürlichen Steuerungsfaktoren wird hier in den terrestrischen und den marin-litoralen Formungsanteil untergliedert. Atmosphärische Einflüsse werden als mittelbar und unmittelbar wirkende Steuerelemente der rezenten Morphodynamik der Küsten Sri Lankas nur insofern berücksichtigt, als sie zum einen für die Qualität und Intensität der marin-litoralen Steuerungsfaktoren und zum zweiten in Form tropischer Tiefdruckgebiete von Bedeutung sind, bleiben ansonsten aber weitgehend unberücksichtigt.

3.2.1   Terrestrische Steuerungsfaktoren

3.2.1.1 Gewässernetz

Das Gewässernetz Sri Lankas (siehe Abb. 8) zeichnet sich sowohl durch eine hohe Flußdichte mit insgesamt 131 Flußeinzugsgebieten (WALKER, R.L., 1962), die alle unmittelbar an die Küste angeschlossen sind, als vor allem auch durch einen sehr übersichtlichen und z.T. regelhaften Aufbau des Flußnetzes aus. Dies liegt in der zentralen Lage des Berglandes begründet, in dem oder an dessen Abhängen die meisten Flüsse entspringen und von dort radial der Küste zustreben. Eine Ausnahme bildet die Mahaweli Ganga, die an der SW-Abdachung des zentralen Hochlandes entspringt, in einem sehr gewundenen Verlauf in E-licher Richtung durch das zentrale Bergland fließt und schließlich an seiner E-Abdachung in einem nahezu rechtwinkeligen Knick nach N umbiegt, bis sie dann bei Trincomalee in den Indik mündet.

In ihren Längsprofilen (siehe Anhang 10.1) zeigen die Flüsse in ihren Oberläufen des zentralen Hochlandes einen Wechsel von Steilstrecken mit teilweise großen Wasserfällen und Verflachungsstrecken, bis sich dann am Fuße der Gebirgsabdachung in einer durchschnittlichen Höhe von 60m bis 120m die Flußunterläufe mit deutlich geringerem Gefälle anschließen. In dem nur sehr schmalen Vorgebirgssaum bzw. Küstenhinterland der Feuchtzone zeigen die Flußunterläufe eine deutlich ausgeprägte Mäanderbildung, wohingegen die Flüsse der ariden Zone und Trockenzone im S, E, NE und N der Insel eher zu einer verstärkten Anastomisierung und der Bildung großer Binnendeltas neigen.

3.2.1.2 Abflußverhalten der Flüsse

Einen der herausragenderen terrestrischen Steuerungsfaktoren für die Küstenmorphodynamik stellt die Bereitstellung von

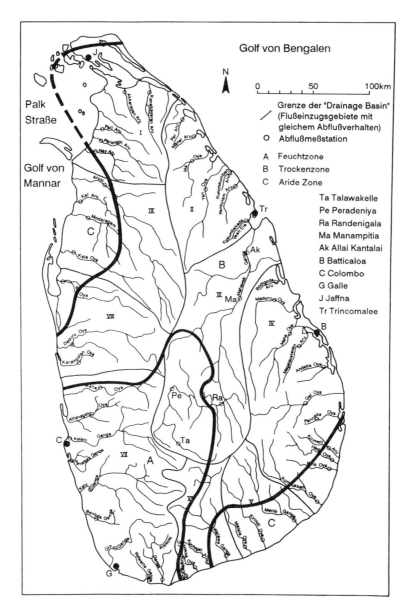

Abb. 8: Gewässernetz der Insel Sri Lanka
(verändert nach WALKER, R.L., 1962)

Sediment dar, das aus dem festländischen Milieu durch die Flüsse in das System "Küste" eingebracht wird. Neben Qualität und Quantität des Sediments (siehe Kap. 3.2.1.3) sind vor allem die in den verschiedenen Flußeinzugsgebieten (siehe Abb. 8) sehr unterschiedlichen zeitlichen Verhältnisse und saisonalen Schwankungen des Sedimenteintrags von Bedeutung. Da diese Parameter durch die Abflußverhältnisse der Flüsse bestimmt werden, können trotz fehlender Untersuchungen aus der Analyse des monatlich und saisonal schwankenden Abflußverhaltens von Flüssen zumindest semiquantitative bzw. relative Aussagen über (1) die monatlich und saisonal schwankenden Flußfrachteintragsmengen und (2) die Zeiträume der potentiell maximalen bzw. minimalen fluviatilen Sedimenteinträge an der Küste geschlossen werden. Da hierfür nur der Sedimentfrachteintrag an der Flußmündung relevant ist, müssen auch nur die Abflußverhältnisse an den Mündungsmeßstationen der jeweiligen Flüsse berücksichtigt werden. Jedoch ergibt sich hier für Sri Lanka insgesamt die Schwierigkeit, daß sich zwar der jährliche Niederschlagsrhythmus im Abflußverhalten der Flüsse widerspiegelt, jedoch eine einfache Parallelisierung zwischen der saisonalen Differenzierung des Niederschlagsgeschehens und des Abflußverhaltens der Flüsse nicht gegeben ist (siehe Abb. 9 und Tab. 2). Zudem muß berücksichtigt werden, daß nicht nur die Zeiträume und Zeitphasen maximaler bzw. fehlender Niederschläge sowie die Jahresniederschlagssummen auf der Insel sehr stark variieren, sondern auch infolge sehr unterschiedlicher potentieller Verdunstungsverhältnisse die Niederschlagsmengen in nur sehr unterschiedlichen Anteilen für den Abfluß der Flüsse zur Verfügung stehen.

Für die Untersuchung des Abflußverhaltens der Flüsse stehen vor allem die in WALKER, R.L. (1962) gesammelten monatlichen Abflußdaten (1907 bis 1956) zur Verfügung, wobei die angegebenen absoluten Abflußmengen von nur untergeordneter Bedeutung sind und lediglich als relative Größenordnung für Vergleiche zwischen verschiedenen Flußeinzugsgebieten herangezogen werden. Als Ergänzung werden unveröffentlichte Daten des IRRIGATION DEPARTMENT (Colombo) und WATER RESOURCES DEPARTMENT (Colombo) herangezogen, um eine Aktualisierung und Verlängerung der Datenreihe bis 1983 zu ermöglichen. Mit Ausnahme der Mahaweli Ganga (siehe Kap. 3.2.1.4) werden je-

Tab. 2: Niederschlags-, Verdunstungs- und Abflußkennwerte der "Drainage Basins" Sri Lankas

"DRAINAGE BASIN"	FLÄCHE (in km²)	MITTLERER JAHRESNIEDERSCHLAG UND POTENTIELLE VERDUNSTUNG AUSGEWÄHLTER KLIMASTATIONEN (1931-1960)		KÜSTEN-LÄNGE (in km)	MITTLERER JAHRES-ABFLUSS (in m³/s/a)	PRIMÄRES (*) UND/ SEKUNDÄRES (**) ABFLUSSMAXIMUM	MITTLERER JAHRESABFLUSS PRO KM KÜSTE (in m³/s/a)
			(in mm)/(in mm)				
I	6475	Mannar Jaffna	965.5/2209.8 1329.4/1778.0	322	349	Nov. – Jan.	1.08
II	4532	Trincomalee	1726.6/2489.2	95	814	Nov. – Jan (*) Mai (**)	8.56
III	10360	Kandy Trincomalee	2021.8/1803.4 1726.6/2489.2	65	3965	Okt. – Feb. (*) Apr. – Mai (**)	61.00
IV	10370	Batticaloa	1704.8/2184.4	235	1619	Nov. – März	7.19
V	3885	Hambantota	1075.4/1803.4	80	568	Nov. – Jan. Apr. (**)	7.10
VI	3910	Hambantota	1075.4/1803.4	65	1075	Nov. – Jan. (*) Apr. – Mai (**)	16.54
VII	10795	Galle Colombo	2933.4/1422.4 2395.5/1778.0	250	5145	Mai – Jun. (*) Okt. – Nov. (**)	20.58
VIII	5180	Puttalam	1110.2/1930.4	80	691	Nov. (*) Mai (**)	8.64
IX	7770	Mannar Anuradhapura	965.5/2209.8 1447.3/2082.8	95	899	Nov. – Jan. (*) Apr. – Mai (**)	9.46

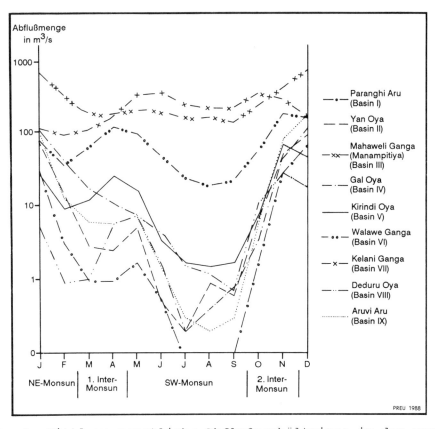

Abb. 9: Mittlere monatliche Abflußverhältnisse in den neun "Drainage Basins" der Insel Sri Lanka

weils nur die der Mündung am nächsten gelegenen Meßstationen eines Flusses verwendet (siehe Abb. 8). Wie die Auswertungen dieses Datenmaterials (siehe Anhang 10.2) zeigen, können die Flußeinzugsgebiete nicht nur den beiden großen hygroklimatisch differenzierten Räumen der Feuchtzone und Trockenzone zugeordnet werden (vgl. SCHMID-KRAEPLIN, 1981), sondern können auch innerhalb der jeweiligen Zone mit anderen Flußeinzugsgebieten zu "Drainage Basins" (vgl. WALKER, R.L., 1962) zusammengefaßt werden, deren Flußeinzugsgebiete weitgehend homogene Abflußverhältnisse zeigen (siehe Abb. 8 und 9 und Tab. 2). Innerhalb eines "Drainage Basin" kann dann noch nach den Mündungsbedingungen - Mündung zum offenen Meer (S), Mündung als Ästuar (E), Mündung in eine Lagune (L oder Name der Lagune) (siehe Anhang 10.2) - differenziert und damit die Bedeutung eines einzelnen Flußeinzugsgebietes und seiner Flußfrachtmenge für die Morphodynamik der angrenzenden Küste gewertet werden.

Das "Drainage Basin" I nimmt den äußersten N der Insel ein und umfaßt alle Flußeinzugsgebiete, die an der Küste zwischen der Insel Mannar im W und Mullaitivu im E münden; die Halbinsel Jaffna bleibt unberücksichtigt, da hier bisher keinerlei hydrologisches Datenmaterial vorliegt. Der insgesamt nur sehr geringe jährliche Abfluß der Flüsse im "Drainage Basin" I setzt mit Beginn der zweiten Intermonsunperiode im Oktober ein und erzielt während des NE-Monsuns (Dezember bis Februar) sein einziges Maximum. An der gesamten 322km langen Küste erreichen nur zwei Flüsse unmittelbar den Indik, wohingegen die übrigen Flüsse kleine Abflußsysteme darstellen, die in Lagunen mit nur periodischer Verbindung zum Indik münden.

Nach E und SE schließt das "Drainage Basin" II an, dessen Flüsse an der 95km langen NE-Küste zwischen Mullaitivu und Trincomalee münden. Die Ganglinien der jährlichen Wasserführung zeigen bereits ein zweigegliedertes Abflußregime mit einem Abflußmaximum, das im September mit dem Ende des SW-Monsuns einsetzt und während des NE-Monsuns (Dezember - Januar) erreicht wird. Ein sekundäres, jedoch wesentlich geringeres Abflußmaximum zu Beginn der SW-Monsunperiode (Mai) erreichen nur die Flüsse, die unmittelbar den Indik zu erreichen vermögen, wohingegen die meisten Flüsse in Lagunen, der vorherrschenden Küstenform im NE Sri Lankas, münden.

S-lich des Mündungsgebietes der Mahaweli Ganga (siehe Kap. 3.2.1.4) schließt sich das "Drainage Basin" IV an, das alle Flußeinzugsgebiete umfaßt, die an der 235km langen E-Küste zwischen Kathiraveli (S-lich Koddiyar Bay) und Kumana im SE münden. Die insgesamt 11 größeren Flüsse haben ein einziges Abflußmaximum während des NE-Monsuns, werden aber auch während der ersten und zweiten Intermonsunperiode sowie zu Beginn und Ende des SW-Monsuns gespeist, ohne jedoch weitere bedeutende Abflüsse zu erreichen. Kleinere Flüsse mit geringen Abflußwerten münden vorwiegend in Lagunen, wohingegen größere Flüsse in Ästuaren unmittelbar den Indik erreichen.

Die Flüsse der "Drainage Basins" im S Sri Lankas heben sich deutlich von den Abflußregimen im E der Insel ab und machen den Übergang zu den sowohl durch den SW- wie NE-Monsun gespeisten Flußeinzugsgebieten deutlich. Die an der 80km langen Küste des "Drainage Basin" V und 65km langen Küste des "Drainage Basin" VI einmündenden Flüsse zeigen deshalb ein primäres Abflußmaximum während des NE-Monsun, das bereits im Laufe der zweiten Intermonsunphase einsetzt, und ein sekundäres Maximum, das in der ersten Intermonsunphase erreicht wird und gegen den SW-Monsun hin abnimmt. Die Abflußmengen der größeren Flüsse, die an der S-Abdachung des zentralen Berglandes entspringen, liegen deutlich über denen der Flußeinzugsgebiete der Trockenzone. Münden die Flüsse in Lagunen ein, sind ihre Abflußwerte ähnlich gering wie in den "Drainage Basins" II und IV.

Die Flüsse im SW Sri Lankas zwischen der Mündung der Deduru Oya und Dondra Head gehören der Feuchtzone an und werden zum "Drainage Basin" VII zusammengefaßt. Sie zeigen zwar wie die Flüsse der "Drainage Basins" V und VI ein zweigegliedertes Abflußregime, jedoch werden hier die beiden Abflußmaxima zu Beginn des SW-Monsuns (Mai - Juni) und während der zweiten Intermonsunphase (Oktober - November) erreicht und weisen zudem annähernd vergleichbare Abflußwerte auf, die jeweils anschließend langsam abnehmen. Mit nur wenigen Ausnahmen münden alle größeren Flüsse an dieser 250km langen Küste unmittelbar ins Meer, zeichnen sich aber in ihren Unterläufen durch eine ausgeprägte Mäanderbildung und langgezogene Ästuare aus, die teilweise "see-" oder "lagunenartig" erweitert sind.

Die Flußeinzugsgebiete des N-lich anschließenden "Drainage

Basin" VIII, die an der 80km langen Küste zwischen der Mündung der Deduru Oya und dem N-lichen Ausgang der Lagune von Puttalam münden, zeigen im Jahreslauf noch immer ein zweigegliedertes Abflußregime, erreichen aber ihr primäres Maximum während der zweiten Intermonsunphase (Oktober - November), von dem sich ein sekundäres Maximum zu Beginn des SW-Monsuns deutlich absetzt.

Dies gilt auch für die Flüsse des "Drainage Basin" IX, das sich nach N bis zur Insel Mannar erstreckt. Deutlich ist der zunehmende Einfluß des NE-Monsuns mit einer Verlagerung des primären Abflußmaximums in die Monate November bis Januar erkennbar, das von einem sekundären Maximum im Übergang von der ersten Intermonsunphase zum Beginn des SW-Monsuns gefolgt wird.

Auf der Basis der Abflußdaten von WALKER (1962) und dem IRRIGATION DEPARTMENT (Colombo) sowie WATER RESOURCES DEPARTMENT (Colombo) lassen sich für die einzelnen "Drainage Basin" Abflußkoeffizienten errechnen und der Einfluß der Verdunstung ermitteln. Die von SCHMIDT-KRAEPLIN (1981) angegebenen allgemeinen "Richtwerte" der Abflußkoeffizienten mit 67.3% für die Feuchtzone und 39.6% für die Trockenzone können unter Verwendung der von SIRIMANNE (1957) empirisch ermittelten Werte der potentiellen Verdunstung weiter differenziert werden. Im Bereich der ariden Zone mit jährlichen Niederschlägen unter 1270mm und einem "effective rainfall"-Defizit von über 762mm liegt der Abflußkoeffizient bei ca. 15% und nimmt in der Trockenzone mit einem "effective rainfall deficit" von unter 762mm bis auf über 30% zu. Die Flüsse der Feuchtzone erreichen bei einem "effective rainfall surplus" von 762mm einen Abflußkoeffizienten von ca. 60 %. Jedoch haben diese Werte nur eine geringe Aussage, da (1) die auch regional und lokal äußerst differenzierten klimatischen Verhältnisse nur schwer für eine Berechnung zu erfassen, zu mitteln und abzugrenzen sind und (2) die größeren und für die Morphodynamik der Küste bedeutenderen Flüsse im zentralen Hochland oder an dessen Abdachungen mit hohen Niederschlagssummen entspringen, in ihren Unterläufe hingegen - dies trifft vor allem für den S, E und N der Insel zu - wesentlich trockenere (Trockenzone) bzw. aridere (aride Zone im SE und NW) und damit gänzliche unterschiedliche hygroklimatische Rahmenbedingungen vorfinden.

Von weit größerer Bedeutung ist jedoch die Frage, welche Auswirkungen innerannuelle wie interannuelle Variabilitäten der monatlichen und gesamtjährlichen Niederschlagssummen für das Abflußverhalten und damit Transportvermögen der Flüsse in den verschiedenen hygroklimatischen Zonen haben. Für den Zeitraum von 1931 bis 1960 gibt DOMRÖS (1974) für den Bereich der Feuchtzone eine Gesamtschwankung der Jahresniederschlagssummen um 10% bis 18% und für die Trockenzone um 18% bis 30% an und stellt fest, daß die Variabilität der Niederschläge bei zunehmender monatlicher und jährlicher Niederschlagsmenge abnimmt. Wie Auswertungen von Niederschlagsdaten der meteorologischen Stationen Colombo (Feuchtzone) und Trincomalee (Trockenzone) (siehe Anhang 10.3) zeigen, haben sich zwischen den Jahren 1870 und 1984 nicht nur die Jahresniederschlagssummen beider Stationen wiederholt sehr drastisch geändert, sondern können für beide Stationen unterschiedliche Zyklen mit sehr verschiedenen Amplituden und z.T. gegenläufigen Trends festgestellt werden. Dies belegen auch Untersuchungen von SUPPIAH et al. (1984a und 1984b), die auf der Basis von Schwankungen der Jahresniederschlagssummen seit 1881 ein räumlich wie zeitlich sehr differenziertes Muster mit sehr unterschiedlichen Periodizitäten der Oszillationen und Amplituden feststellen und auf dieser Basis die Insel in fünf "Rainfall Fluctuation Regions" (siehe Abb. 10 und Tab. 3) untergliedern. Vergleicht man die Grenzverläufe dieser Regionen mit der Lage der "Drainage Basins" (siehe Abb. 8), so ist zwar zwischen beiden eine weitgehende räumliche Kongruenz - mit Ausnahme des Flußeinzugsgebietes der Mahaweli Ganga - festzustellen, jedoch spricht das vorliegende Abflußdatenmaterial gegen eine Parallelisierung von

REGION	PERIODIZITÄT	HAUPT-OSZILLATIONSFAKTOR
A	13-16 Monate 3-4 Jahre 2-10 Jahre	SW-Monsun
B	3-4 Jahre 2-10 Jahre	SW-Monsun
C	3-4 Jahre 2-10 Jahre	SW-Monsun
D	13-16 Monate 3-4 Jahre 5 Jahre	NE-Monsun
E	13-16 Monate 3-4 Jahre 5 Jahre	NE-Monsun

Tab. 3: Periodizität und Hauptoszillationsfaktoren von Niederschlagsschwankungen in Sri Lanka (nach SUPPIAH et al., 1984a und 1984b) (siehe auch Abb. 10)

sich verändernden Jahresniederschlagssummen und Abflußvariabilität der Flüsse. Dies liegt vor allem zum einen in den unterschiedlichen Periodizitäten der bedeutenderen Oszillationen von NE- und SW-Monsun, wie dies besonders die "Drainage Basins" V, VI und VIII in den SUPPIAH'schen (1984a und 1984b) Übergangsregionen C zeigen, und zum zweiten in der für die Abflußverhältnisse überragenden Rolle der Intermonsunphasen begründet. So zeigen zwar die Flüsse der Trockenzone in den Regionen C, D und E während der Phasen verringerter NE-monsunaler Niederschläge eine Abnahme der Abflußmaxima zwischen Dezember und Januar gegenüber dem langjährigen Mittel um bis zu 80% - oder gehen in kleineren Flüssen gegen Null -, jedoch bleibt das sekundäre Maximum während der ersten Intermonsunphase meist unverändert oder schwankt nur sehr gering um das langjährige Mittel. Während Phasen erhöhter NE-monsunaler Niederschlagsmengen kehren sich die Verhältnisse dementsprechend um und können in größeren Flüssen zu bedeutenderen Abflußspenden mit Zunahmen um bis zu

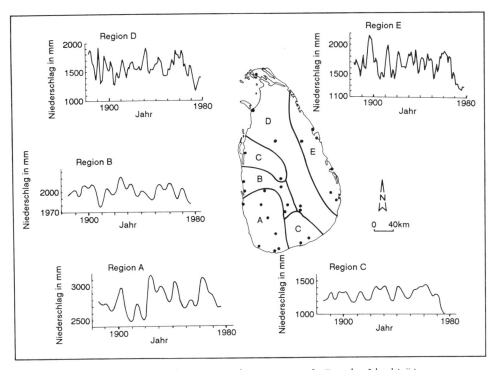

Abb. 10: Regionale Differenzierung und Periodizität von Niederschlagsschwankungen in Sri Lanka
(nach SUPPIAH et al., 1984a und 1984b)
(siehe auch Tab. 3)

260% (vgl. SCHMIDT-KRAEPLIN, 1981) führen. Die Abflußsysteme der Feuchtzone in den "Drainage Basins" VII und VII, die mit den SUPPIAH'schen (1984a und 1984b) Regionen A und B weitgehend identisch sind, reagieren auf Niederschlagsschwankungen während der SW-Monsunphasen, jedoch bleibt hier die Variabilität der SW-monsunalen Abflußspenden gegenüber dem langjährigen Mittel mit ca. 30% bis 40% deutlich unter den Größenordnungen der Trockenzone und zeigt sich auch hier die bedeutende Rolle der Intermonsunperioden für das Abflußverhalten der Flüsse. Nur das "Drainage Basin" I im N der Insel, dessen Flüsse nahezu ausschließlich während der NE-Monsunperioden meßbaren Abfluß zeigen, reagiert entscheidend auf positive Schwankungen der Jahresniederschlagssummen, jedoch bleibt der Abfluß insgesamt gering und unbedeutend. Da das zur Verfügung stehende Abflußdatenmaterial nur monatliche Mittelwerte angibt, können auch nur Aussagen über veränderte mittlere monatliche Abflußmengen, jedoch nicht über die Veränderung in der Abflußdynamik wie die Häufigkeit von Hochwasser- und Niedrigwasserphasen gemacht werden.

3.2.1.3 Materialtransport der Flüsse

Über den qualitativen wie quantitativen Materialtransport in den Flüssen Sri Lankas liegt mit Ausnahme vereinzelter Kurzzeitmessungen in Wurzelbereichen von Stauseen im zentralen Hochland kein gemessenes Datenmaterial vor. Da auf Grund ihrer Längsprofile (siehe Anhang 10.1) mit mehrfach gestuften Treppungen und Rückvertiefungen zu intramontanen Becken in den Oberläufen und starker Mäandertätigkeit und/oder Anastomisierung in den Unterläufen die Flüsse von der Quelle bis zur Mündung einen sehr differenzierten und teilweise selektierenden Materialtransport besitzen, der zudem von sehr unterschiedlichen anthropogenen Eingriffen beeinträchtigt ist, können auch mit Hilfe mathematischer Verfahren (vgl. VANONI, 1975 und MANGELSDORF et al., 1980) keine verläßlichen Materialtransportdaten berechnet werden. Hinzu kommt, daß für die meisten Flüsse Sri Lankas Datenmaterial in ausreichender zeitlicher Auflösung fehlt, um Fließgeschwindigkeit und Abflußmenge - und damit das Materialtransportvermögen - berechnen zu können, da diese hydrologischen Parameter weniger an die saisonal schwankenden Gesamtniederschlagsverhältnisse als an einzelne Niederschlagsereignisse gekoppelt sind (vgl. BRAND, 1988). Zudem ergibt sich die Schwierigkeit, daß Feinsande und Tone, die die Hauptkorngrößen im Materialtransport der Flüsse darstellen, auch nach einem Abflußereignis ohne ein erneutes Niederschlagsereignis und entsprechender Fließgeschwindigkeit noch tagelang in Suspension verbleiben und transportiert werden können (vgl. VANONI, 1975). Auch wenn aus diesen Gründen der Materialtransport der Flüsse nicht quantifiziert werden kann, so sind dennoch eine ganze Reihe qualitativer Aussagen über die Bedeutung des fluviatilen Ma-

"DRAINAGE BASIN"	MITTLERER JAHRES- ABFLUSS (in m³/s/a)	PRIMÄRES (*) UND SEKUNDÄRES (**) TRANSPORTMAXIMUM	KÜSTEN- LÄNGE (in km)	MITTLERER JAHRESABFLUSS PRO KM KÜSTE (in m³/s/a)	MITTLERER JAHRESABFLUSS IN DEN INDIK (in %)
I	203.5	Nov. - Jan.	322	0.63	58.4
II	464.8	Nov. - Jan. (*) Apr. - Mai (**)	95	4.90	57.2
III	3965.0	Okt. - Feb. (*) Mai (**)	65	61.00	100.0
IV	979.2	Nov. - März	235	4.16	57.8
V	464.1	Nov. - Jan. (*) Apr. (**)	80	5.80	81.7
VI	931.3	Nov. - Jan (*) Apr. - Mai (**)	65	14.54	87.9
VII	4958.5	Mai - Juni (*) Okt. - Nov. (**)	250	19.83	96.3
VIII	83.3	Nov. (*) Mai (**)	80	1.04	96.3
IX	899.0	Nov. - Jan. (*) Apr. - Mai (**)	95	9.46	100.0

Tab. 4: Hydrologische und sedimentologische Charakteristika der "Drainage Basins" der Insel Sri Lanka

terialtransportes für die rezente Morphodynamik der Küsten möglich (siehe Tab. 4).

In ihrer Wirkung für die rezente Morphodynamik der Strände ist der Materialtransport einer Vielzahl von Flüssen von nur sehr untergeordneter Bedeutung, da sie nicht unmittelbar den Indik erreichen, sondern in Lagunen oder Wurzelzonen langgezogener und häufig mäandrierender Ästuare ihre mitgeführte Flußfracht zur Ablagerung bringen. Hier sind nicht nur die großen Lagunen der W-Küste (Lagunen von Negombo, Chilaw und Puttalam), N-Küste (Lagune von Jaffna) und E-Küste (Lagune von Batticaloa) zu nennen, sondern dies trifft auch auf die N-Küste im Bereich der "Drainage Basins" I und II und die S-Küste zwischen Hambantota und Tangalle im Bereich der "Drainage Basins" V und VI zu, wo zudem eine Reihe kleiner Einzugsgebiete ohne Anbindung an das zentrale Hochland und einer nur geringen Wasserführung und somit Materialtransportkapazität liegen. Demgegenüber erreichen alle größeren Flüsse Sri Lankas mit hohen Abflußraten direkt den Indik, wo an ihren Mündungen die mitgeführte Flußfracht von küstennahen Wellen- und Strömungsverhältnissen aufgenommen und verlagert werden kann.

Darüberhinaus ist für den Materialtransport der Flüsse ihre Morphologie von Bedeutung. In den meist langgestreckten Unterläufen der Flüsse der Trockenzone, die bei nur geringem Gefälle einen hohen Anastomisierungsgrad zeigen, wird die Materialfracht der Flüsse meist nicht unmittelbar bis an die Küste transportiert, sondern in Form kleiner Binnendeltas nach einem deutlichen Längsprofilknick am Fuße des zentralen Berglandes (siehe Anhang 10.1) aufgrund rasch nachlassender Fließgeschwindigkeiten des insgesamt geringen Abflußniveaus ab- oder zwischengelagert. Obwohl auch die Flußlängsprofile im SW der Insel diesen scharfen Knickpunkt zeigen, sind die Flüsse der Feuchtzone infolge insgesamt höherer Abflußraten und somit höherer Transportkapazitäten nahezu ganzjährig in der Lage, mitgeführte Materialfracht bis an ihre Mündungen zu transportieren. Jedoch bedingen die starke Mäandertätigkeit dieser Flüsse im Küstenhinterland nach dem Verlassen des Hochlandes und die teilweise Blockierung der Mündungen durch mächtige fossile Beachrockvorkommen, wie z.B. im Bereich der Polwatta Ganga, oder Nehrungshaken, wie z.B. an den Mündungen von Gin Ganga, Bentota Ganga, Panadura Ganga, ein Nachlassen der Fließgeschwindigkeit, was nicht nur zu "lagunenartigen" Erweiterungen der mündungsnahen Bereiche dieser Flußunterläufe geführt hat, sondern auch die teilweise Sedimentation der Flußfracht im Flußbett oder - bei Hochwasserereignissen - an dessen Ufern bewirkt.

Da zwischen Abfluß und Transportkapazität eines Flusses eine lineare bis exponentielle Abhängigkeit (vgl. VANONI, 1975) besteht und somit die Abflußmaxima eines Flusses mit dessen Hauptmaterialtransportphasen zusammenfallen, kann unter Verwendung der zur Verfügung stehenden Abflußdaten (siehe Kap. 3.2.1.2) der Materialeintrag der Flüsse an ihren Mündungen zeitlich differenziert werden. Aber hier werden nur die unmittelbar in den Indik mündenden Flußsysteme berücksichtigt, da nur ihre Materialfracht für die rezente Morphodynamik der Küsten von Bedeutung ist (siehe Abb. 8, Abb. 9 und Tab. 4). Dabei zeigt sich sehr deutlich, daß an den Küsten der Trockenzone und ariden Zone aus den "Drainage Basins" I, II IV, V, VI, VIII und IX nur eine sehr geringe Anzahl von Flüssen mündet, die die Strände dieser Küsten mit fluviatiler Materialfracht versorgen kann. (Die hohen Werte für die "Drainage Basins" V, VI und IX sind nur auf fehlendes Datenmaterial über die Vielzahl von kleineren Flüssen zurückzuführen.) Da diese Flüsse zudem insgesamt nur sehr niedrige jährliche Abflußspenden aufweisen, die sich zudem auf zwei Abflußmaxima aufspalten, ist von diesen Flüssen insgesamt ein nur sehr geringer Flußfrachteintrag an den Mündungen zu erwarten, der außerdem nur zeitlich begrenzt zum Aufbau von Stränden beitragen kann. Davon setzt sich deutlich das "Drainage Basin" VII in der Feuchtzone der Insel ab, wo die überwiegende Zahl von Flüssen unmittelbar die SW-Küste erreicht und nicht nur mit hohen Abflußraten, sondern auch mit zwei nahezu gleichwertigen Abflußmaxima für eine fast ganzjährige fluviatile Sedimentversorgung der Strände durch die Flußsysteme sorgt.

3.2.1.4 Sonderfall Mahaweli Ganga

Die Mahaweli Ganga (siehe Abb. 8) ist mit 332km der längste und einzige "anomale Fluß" (BAPTIST, 1956) Sri Lankas. Dies trifft nicht nur für seinen Verlauf zu, sondern gilt auch in gleichem Maße für Abflußdynamik wie Materialtransportverhalten des Flusses, die für die rezente Küstendynamik im E Sri Lankas von besonderer Bedeutung sind.

Wie die Untersuchung langjähriger Abflußdatenreihen von Pegelstationen zwischen dem Oberlauf der Mahaweli Ganga und der Mündung in die Koddiyar Bay (siehe Abb. 8 und Abb. 11) belegen, zeigt dieser Fluß in seinem Gesamtlauf sehr unter-

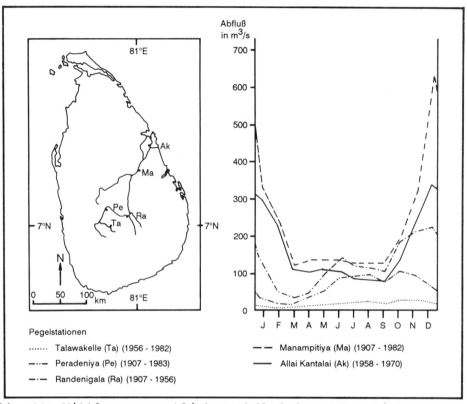

Abb. 11: Mittlerer monatlicher Abfluß der Mahaweli Ganga an ausgewählten Pegelstationen

schiedliche Abflußverhältnisse bezüglich Abflußmenge und jahreszeitlicher Verteilung, die die Charakteristika der unterschiedlichen hygroklimatischen Regionen der Insel widerspiegeln. Die Hochlandstationen Talawakelle (Ta) und Peradeniya (Pe) zeigen deutlich die Kennzeichen der Abflußregime des "Drainage Basin" VII in der Feuchtzone Sri Lankas. Das primäre Abflußmaximum wird in den Monaten Oktober und November während der zweiten Intermonsunphase erreicht und liegt nur wenig höher als das sekundäre Maximum während des SW-Monsuns in den Monaten Juli und August. Deutlich hebt sich davon die Phase geringeren Abflusses der Monate Februar und März ab. Obwohl die Pegelstation Randenigala (Ra), die flußabwärts am E-lichen Fuße des zentralen Hochlandes liegt, infolge des größeren Flußeinzugsgebietes sich durch insgesamt höhere Abflußwerte auszeichnet, zeigt auch sie in der monat-

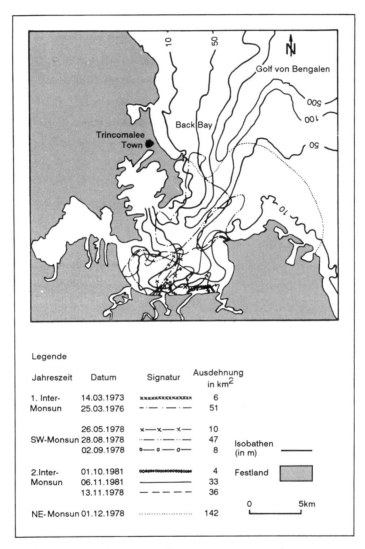

Abb. 12: Saisonale Differenzierung von Sedimentfahnen der
Mahaweli Ganga in der "Koddiyar Bay" (NE-Küste)
(nach: SOMMER, 1985; LANDSAT I-II; Luftbildern)

lichen bzw. saisonalen Verteilung des Abflusses den beiden Hochlandstationen vergleichbare Verhältnisse. Jedoch bleibt hier das zweite Niederschlagsmaximum nicht auf die zweite Intermonsunphase beschränkt, sondern setzt sich bis in die NE-Monsun-Monate November bis Januar fort. Wie die Station Manampitiya (Ma) belegt, ändern sich im Unterlauf die Abflußverhältnisse der Mahaweli Ganga gänzlich und zeigen hier die Abflußcharakteristika anderer Flüsse der Trockenzone in den benachbarten "Drainage Basins" II und IV. Das primäre Abflußmaximum liegt in den NE-Monsun-Monaten November bis Januar und überwiegt deutlich das sekundäre Maximum im Mai, das gegenüber den beiden Intermonsunphasen zu kaum erhöhtem Abfluß führt. Da sich N-lich Manampitiya die Mahaweli Ganga in zwei große Mündungsarme aufgliedert, von denen der kleinere an der E-Küste bei Kathiraveli den Indischen Ozean erreicht und der größere in einem Delta mit mehreren Flußarmen am S-Ufer der Koddiyar Bucht mündet, verringern sich zwar an der Pegelstation Allai Kantalai (AK), die nur wenig Kilometer vor der Mündung liegt, die Abflußmengen, jedoch bleiben insgesamt die jahreszeitlichen Charakteristika des monatlichen Abflußverlaufs der Station Manampitiya (Ma) erhalten.

Auf Grund dieses Abflußverhaltens mit Charakteristika von Flüssen der Feucht- und Trockenzone ergibt sich im Gesamtlauf der Mahaweli Ganga ein räumlich wie zeitlich differenziertes Materialtransportverhalten dieses Flusses: (1) Im Einzugsgebiet oberhalb der Pegelstation Randenigala (Ra) findet der Materialtransport vor allem während der SW-Monsun-Monate und der zweiten Intermonsunphase statt; (2) am Fuße der NE-Abdachung des zentralen Hochlandes kommt es auf Grund des deutlich verminderten Flußlängsprofils N-lich der Pegelstation Randenigala (Ra)(siehe Anhang 10.1) wie der NE-monsunal gesteuerten Abflußverhältnisse zu einer teilweisen temporären Akkumulation der Flußfracht aus den oberen Teileinzugsgebieten, die (3) während der folgenden NE-Monsun-Monate erneut aufgenommen und mit dem aus den Teileinzugsgebieten des Unterlaufs der Mahaweli Ganga während der NE-Monsun-Periode zugeführten Sedimenten an die Mündung ("Koddiyar Bay") transportiert werden.

Aufgrund der insgesamt hohen Abflußmengen und des räumlich wie zeitlich differenzierten Abflußregimes innerhalb des $10.360 km^2$ großen "Drainage Basin" zeichnet sich die Mahaweli Ganga wie kein anderer Fluß Sri Lankas durch eine sehr

hohe und zeitlich gestaffelte Transportkapazität aus, die
für die rezente Dynamik der Küsten innerhalb der "Koddiyar
Bay" wie die NE- und E-Küste von großer Bedeutung ist. Nahezu ganzjährig bildet der Eintrag von Flußfracht vor der Mündung dieses Flusses Sedimentfahnen (siehe Abb. 12), die sich
unabhängig vom Unterwasserrelief in saisonal sehr unterschiedlicher Größe in die "Koddiyar Bay" und den Indischen
Ozean erstrecken. Derartige Sedimentfahnen können zwar vor
den Mündungen aller großen Flüsse Sri Lankas beobachtet
werden, erreichen aber aufgrund der wesentlich kleineren
Flußeinzugsgebiete und geringerer Abflußraten nicht die Größenerstreckung wie vor der Mündung der Mahaweli Ganga.

Wie Auswertungen verschiedener Fernerkundungsdaten (LANDSAT,
Luftbilder) mehrerer Jahre (siehe Abb. 12) zeigen, schieben
sich in den Monaten Oktober bis Februar die Sedimentfahnen
mit dem Einsetzen und während des NE-monsunal gesteuerten
Abflußmaximums des Unterlaufs der Mahaweli Ganga fächerförmig in die Koddiyar Bay vor und driften zunehmend nach E,
bis sie dann vor der Bucht unter dem Einfluß der N-S-setzenden Küstenlängsströmungen nach SE verlagert werden. Nach
SOMMER (1985) nimmt dabei die vertikale Erstreckung der Sedimentfahnen von durchschnittlich 9m vor der Flußmündung bis
auf ca. 13m bis 18m am Ausgang der Bucht zu. Dies bedeutet,
daß mit zunehmender Entfernung von der Flußmündung ein selektives Absinken der Sedimentfracht erfolgt, die im submarinen Canyon der Koddiyar Bay abgelagert wird. Während der
Phasen des Intermonsuns der Monate April und Mai und im
darauffolgenden SW-Monsun mit insgesamt verminderter Wasserführung des Unterlaufs der Mahaweli Ganga erreichen die Sedimentfahnen nur eine relative geringe flächenmäßige Ausdehnung vor der Flußmündung und schieben sich eher keilförmig in die "Koddiyar Bay" vor. Häufig erreichen diese Sedimentfahnen das offene Meer nicht und sedimentieren dann bereits innerhalb der "Koddiyar Bay" vollständig in den submarinen Canyon ab. Jedoch können anhaltende Niederschläge im
zentralen Hochland und/oder vereinzelte Starkniederschlags-

ereignisse im E Sri Lankas vereinzelt zu Hochflutwellen im Unterlauf der Mahaweli Ganga führen, die sich bis an die Mündung fortsetzen und zur Bildung von bedeutenden Sedimentfahnen führen, die sich - wie die weit nach NE vorstoßende Sedimentfahne vom 28.08.1978 zeigt - bis in den offenen Indischen Ozean erstrecken können.

3.2.1.5 Geologische und geomorphologische Einflußfaktoren

Neben dem fluviatilen Sedimenteintrag in das System "Küste" sind vor allem die geologischen und geomorphologischen Verhältnisse der Küste bedeutende terrestrische Steuerungsfaktoren ihrer rezenten Morphodynamik.

Unmittelbar und ausschließlich durch anstehendes Gestein geformte Küsten treten räumlich sehr differenziert auf (siehe Abb. 21). Nur entlang der N-Küste der Halbinsel von Jaffna mit ihrem durchschnittlich 3m hohen, jedoch häufig unterbrochenen Kliff und am Kudremalai Point im N der Lagune von Puttalam mit einem durchschnittlich 15m hohen und 1km langen Kliff (siehe Abb. 26) formen Kalke des "Jaffna Limestone" die rezente Küste.

Von weit größerer Bedeutung ist die "Highland Series" einschließlich ihrer "Southwestern Group". Im SW trifft das vorwiegend NW-SE-streichende Kristallin der "Southwestern Group" in spitzem Winkel auf die NNW-SSE-verlaufende Küste und bildet bei Beruwala und zwischen Balapitiya und Ambalangoda steil gekliffte Headlands, die entweder unmittelbar die Küstenlinie bilden oder von einem schmalen Lockersedimentstrand gesäumt werden. Besonders hervorzuheben sind die beiden großen Buchten von Galle und Weligama, die fast geometrisch in die allgemeinen Strukturverhältnisse der "Southwestern Group" eingelagert sind: Den E beider Buchten bildet ein steiles und bis zu 70m bzw. 80m hohes Kliff (Galle: Rumaswalakande; Weligama: "Red Cliff"), das über seine gesamte Höhe im Anstehenden ausgebildet ist; die Kliffe im W beider Buchten formen lateritische Verwitterungsdecken über einem kristallinen Kern, der am Fuße der Kliffe eine schmale Abrasionsplattform bildet. Zwischen der S-Spitze der Insel (Dondra Head) und Kottagoda an der E-lich anschließenden S-Küste streicht die "Southwestern Group" nahezu rechtwinklig gegen die WSW-ENE-verlaufenden Küste aus und formt über die gesamte Strecke ein fast geschlossenes und bis zu 30m hoch aufragendes Kliff, das durch mehrere kleine zwischengeschaltete "pocket bays" unterbrochen wird.

An der NW-SE-verlaufenden NE-Küste trifft das überwiegend SW-NE-streichende Kristallin der "Highland Series" nahezu rechtwinkelig auf und formt mit seinen langgezogenen Härtlingszügen nicht nur mehrere steile Kliffe (z.B. "Swami Rock") mit zwischengeschalteten Buchten an den Küsten der "Koddiyar Bay" (siehe Abb. 39), sondern auch mehrere Headlands entlang der N-lich anschließenden Küste bis zum "Koddikaddu Aru Head" (siehe Abb. 40).

Das petrographisch und strukturell wesentlich inhomogenere Kristallin des "Vijayan Complex" (vgl. Kap. 2.3) erreicht bei weitem nicht die Bedeutung als Formungs- und Steuerungsfaktor, wie dies für die "Highland Series" gilt. Da die Gesteine des "Vijayan Complex" nahezu ausschließlich in den Gebieten der Trockenzone Sri Lankas auftreten, sind neben den lithologischen Verhältnissen und der allgemeinen geotektonischen Entwicklung im S und E der Insel (vgl. Kap. 2.3) vor allem die klimamorphologischen Bedingungen und Verhältnisse im Tertiär und im Quartär (vgl. BREMER, 1981; siehe Kap. 6.3) verantwortlich, die zur Formung einer sanft aus dem Hinterland gegen die Küste abdachenden Landoberfläche geführt haben und somit die Bildung von Steilküsten eingeschränkt bzw. verhindert haben. Der NW-liche Arm des "Vijayan Complex" ist von der rezenten Küstendynamik insofern abgeschnitten, als er hier von fluviatilen und marinen quartären Sedimenten überlagert ist (siehe Abb. 26), die bis an die Küste heranreichen. Entlang der S- (E-lich des Kristallin der "Southwestern Group") und E-Küste (bis "Foul Point" S-lich Koddiyar Bay) bilden Gesteine des SE-Armes des "Vijayan Complex" zwar eine Vielzahl von Headlands (siehe Abb. 34 bis 38), Kliffküsten formen sie jedoch nur an der S-Küste in der Umgebung von Dickwella und zwischen Unukuruwa und Tangalle, wo das Kristallin "massivartig" aus dem Küstenrelief aufragt und die Küstenlinie bildet.

Neben den geologischen Verhältnissen sind es vor allem eine Reihe von geomorphologischen Formen, die als Steuerungsfaktoren die rezente Küstendynamik beeinflussen. Zu nennen sind hier vor allem (1) Inselberge, (2) Beachrock und (3) Riffe.

Inselberge, die als Headlands mehr oder weniger deutlich den rezenten Küstenverlauf prägen oder als vorgelagerte Felsinseln die Küste säumen und nicht nur den küstenparallelen Sedimenttransport beeinflussen, sondern auch die Erosions- und Akkumulationsbedingungen in ihrem Umfeld steuern (vgl. YASSO, 1965), treten nur an den Küsten Sri Lankas auf, die im Bereich des Kristallin der "Highland Series" und des "Vijayan Complex" (siehe Abb. 5) liegen. Vor allem die gesamte Küste des S-lichen Sri Lanka zwischen Colombo und "Sangamakanda Point" (N-lich "Arugam Bay") ist - mit Ausnahme weniger Küstenabschnitte - durch Inselberge gekennzeichnet, zwischen denen Flüsse und Lagunen münden und sich in Abhängigkeit der jeweils unterschiedlich vorherrschenden und prägenden Strömungssetzrichtung meist zetaförmige Küstenformen ausgebildet haben, die im SW der Insel zwischen Colombo und der Mündung der Gin Ganga nach N und entlang der S-Küste - vor allem E-lich von Tangalle - nach E geöffnet sind. An der W- und E-Küste, die nur vereinzelt durch Inselberge bzw. Headlands gesäumt wird - genannt sei hier u.a. das Mündungsgebiet der Valachchinai Aru (siehe Abb. 38) -, treten diese asymmetrischen Küstenformen deutlich zurück. Die NE-Küste zwischen der "Koddiyar Bay" und dem "Koddikaddu Head" (siehe

Abb. 40) ist zwar ebenfalls durch eine Reihe headlandbildender Inselberge gekennzeichnet, jedoch sind die zwischengeschalteten Fluß- und Lagunenmündungen entweder temporär oder permanent durch Nehrungshaken oder Strandwälle vom offenen Meer abgeschlossen.

Beachrock tritt zwar mehr oder weniger an allen Küsten Sri Lankas auf, erreicht jedoch vorwiegend an der W-Küste zwischen Colombo und Puttalam eine die rezente Morphodynamik steuernde Ausprägung. Die großen Nehrungshaken der Lagunen von Negombo, Chilaw und Puttalam werden von 1.50m bis 2m mächtigen küstenparallel verlaufenden Beachrockpaketen unterlagert (siehe PREU, 1987), die mit ihrer Oberkante bis zu 50cm bis 60cm kliffartig über das Hochwasserniveau aufragen. N-lich der Nehrungsspitzen dacht dieser Beachrock unter die Wasseroberfläche ab und läßt sich meist über mehrere hundert Meter als küstenparalleles Riff verfolgen. Wie Detailuntersuchungen verschiedener beachrockgesäumter Küstenabschnitte mit Hilfe der Ballon-Fotoeinrichtung (siehe Kap. 1.4.2) gezeigt haben (siehe PREU et al., 1987a), modifiziert Beachrock an den Stränden nicht nur die Sedimentaufnahme, sondern beeinflußt auch die Akkumulation von Strandsediment. Wie das Beispiel eines Küstenabschnitts S-lich von Negombo zeigt (siehe Abb. 13), reicht während der SW-Monunperioden die Wasserlinie auf Grund eines insgesamt größeren Tidenhubs und höherer Wellen bis an die Zone der höher gelegenen fossilen Strandniveaus heran und führt infolge erosiver Morphodynamik nicht nur zu einer allgemeinen quantitativen Abnahme des Lockersediments im Bereich des rezenten Strandes, sondern auch zu einem stetigen Zurückweichen der sandkliffgesäumten fossilen Standniveaus. Demgegenüber werden in den NE-Monsunmonaten auf Grund geringeren Tidenhubs und niedrigerer Wellenhöhen die Wellen meist bereits an den Beachrockkliffen reflektiert und refraktiert, so daß die Hochwasserlinie während dieser Phasen nur das Niveau des rezenten Strandes erreicht. Dies bedingt zwar eine nur geringe erosive Sedimentaufnahme aus dem Bereich des rezenten Strandes, verhindert

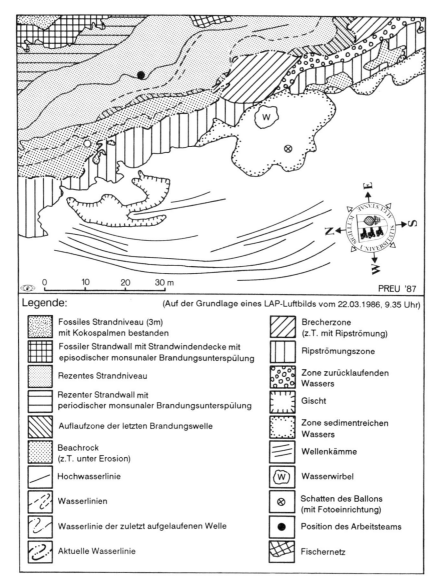

Abb. 13: Aktualmorphodynamik einer beachrockgesäumten Küste
S-lich Negombo (SW-Küste)
(Auswertung eines LAP-Luftbilds; siehe Kap. 1.4.2)

hier aber auf der anderen Seite eine bedeutende Sedimentakkumulation. Bedingt durch diese saisonal sehr unterschiedlichen hydrodynamischen Bedingungen kommt es an diesem Küstenabschnitt nicht nur zu einer negativen Sedimentbilanz an den Stränden, sondern auch zu einer Untersättigung der vorherrschenden küstenparallelen S-N-setzenden Küstenströmungen, so daß N-lich des Aussetzens bzw. Abtauchens des Beachrock eine kräftige Küstenrückverlegung einsetzt, die sehr deutlich am abrupten Zurückweichen der Küstenlinie N-lich der Lagune von Negombo (siehe Abb. 27) zu erkennen ist. Vergleichbare Verhältnisse zeigt auch die Küste in der Umgebung der Lagune von Chilaw. Dacht hingegen wie am N-Ausgang der Lagune von Puttalam der Beachrock nur sehr sanft gegen den Meeresboden ab, so kann es dann auf Grund nur geringer Wassertiefen zur Bildung strandwallartiger Akkumulationsformen und Nehrungshaken wie an der N-Spitze der Halbinsel von Kalpitiya (siehe Abb. 26) kommen.

An der E-Küste zwischen Kalkudah und Arugam Bay unterlagert Beachrock nicht nur den S-lichen Nehrungshaken der Lagune von Batticaloa (siehe Abb. 37), sondern bildet häufig im Bereich von Fluß- und Lagunenmündungen die Basis für fluviatile und marine Sedimentakkumulationen, die zu saisonalen Mündungsverschlüssen vor allem kleinerer Flüsse und Lagunen führen. Da jedoch die an dieser Küste einmündenden Flußeinzugsgebiete - mit nur wenigen Ausnahmen - auf Grund ihrer Abflußcharakteristika einen nur sehr unbedeutenden fluviatilen Materialeintrag liefern (siehe Kap. 3.2.1.3 und Tab. 4), spielen diese Beachrockvorkommen eine nur unbedeutende Rolle für den Sedimenthaushalt der Küste. Auf der anderen Seite verhindern bzw. reduzieren diese Beachrockvorkommen jedoch marine Abrasion und tragen somit zu einer morphologischen Stabilität der Mündungsgebiete bei. Die Beachrockvorkommen an den übrigen Küstenabschnitten Sri Lankas sind lokal sehr begrenzt und von nur untergeordneter Bedeutung für die rezente Morphodynamik.

Demgegenüber sind die Riffe trotz ihres nur regionalen und z.T. lokalen Vorkommens von weitaus größerer Bedeutung, da sie als die Küste säumende oder ihr vorgelagerte "natürliche Wellenbrecher" ein ungehindertes Auftreffen der Wellen auf den Strand verhindern. Die bedeutendsten Riffe Sri Lankas sind Korallen-Saumriffe, die im SW zwischen Akurala und Dondra Head, zwischen den Inseln Mannar und Rameswaran (Indien) und entlang der N-Küste der Halbinsel von Jaffna meist als langgestreckte geschlossene "Bänder" unterschiedlicher Breite die Küste säumen. Das mit 900km Länge größte geschlossene Korallenriff Sri Lankas, dessen Dach bei Niedrigwasser trockenfällt, säumt die Küste von Hikkaduwa (siehe Abb. 31). Daneben treten rezente Korallenriffe vor allem an der E-Küste N-lich und S-lich der Mündung der Valachchinai Aru, um das Headland des "Foul Point" am Ausgang der Koddiyar Bay und in der Umgebung von "Pigeon Island" vor der Küste von Nilaveli (siehe Abb. 40) auf, bilden jedoch nur punkt- und fleckenhafte Vorkommen und liegen überwiegend in Wassertiefen zwischen -5m bis -20m.

Daneben sind vor allem Beachrockriffe von großer Bedeutung, die bandförmig weite Bereiche der W- und SW-Küste zwischen Dondra Head und der Insel Mannar säumen und in unterschiedlichen Wassertiefen zwischen -1.50m und -25m liegen. Besonders deutlich treten diese Riffe an der Küste von Colombo (siehe Abb. 29 und Anhang 10.9) und Hikkaduwa (siehe Abb. 31) und entlang der W-lichen Kliffe in den Buchten von Galle und Weligama auf.

Eine dritte Riff-Gruppe bildet anstehendes Gestein, das sich als einzelstehender Fels oder langgezogener Rücken über das allgemeine Meeresbodenrelief erhebt und z.T. bis in Höhe des rezenten Meeresspiegels aufragt. Die 20km bis 25km langen Felsrücken der "Great Basses" und "Little Basses", die die S-Küste vor Kirinda säumen, stellen die bedeutendsten Riffe dieser Ausprägung in Sri Lanka dar. Sie erheben sich aus einer Wassertiefe von 40m über das allgemeine Schelfniveau bis in eine Wassertiefe von 20m bzw. 5m (siehe Anhang 10.14) und streichen in spitzem Winkel nach W gegen die Küste. Daneben treten derartige Riffe fast nur noch vor der SW- und S-Küste zwischen Colombo und Tangalle auf, wo auch kristalline Gesteine der "Southwestern Group" bzw. des "Vijayan

Complex" Festgesteinsküsten bzw. Kliffe bilden (siehe oben).

3.2.2 Atmosphärische Steuerungsfaktoren

Als atmosphärische Steuerungsfaktoren der rezenten Küstendynamik wirken vor allem die saisonal wechselnden Windsysteme, da durch sie nicht nur die Bildung der saisonal wechselnden Setzrichtungen von Meeres- und küstennahen Strömungsverhältnissen wie die saisonal unterschiedliche Wellenauflaufrichtung und Setzrichtung des küstennahen Sedimenttransports beeinflußt und gesteuert werden, sondern sie auch zur Genese und Dynamik ausgedehnter Dünenfelder im SE und NW der Insel führen bzw. geführt haben. Einen zweiten bedeutenden atmosphärischen Steuerungsfaktorenkomplex bilden tropische Tiefdruckgebiete, die mit Springtiden und außergewöhnlichen Wellenereignissen z.T. "katastrophenähnliche" Veränderungen an der Küste bewirken bzw. bewirkt haben und durch Starkniederschläge zu Überschwemmungen im Küstenhinterland geführt haben und führen können.

3.2.2.1 Windsysteme

Das Regime des S-asiatischen Monsuns bedingt im Seeraum um Sri Lanka und auf der Insel selbst einen im Jahreslauf markanten saisonalen Wechsel der vorherrschenden Haupt-Windrichtungen, die in Abhängigkeit der Lage der ITC entweder vorwiegend aus SW-lichen oder NE-lichen Richtungen wehen. Wie Auswertungen von Datenmaterial des DEPARTMENT OF METEOROLOGY in Colombo (Sri Lanka) (1971, 1972, 1983) und des HYDROGRAPHIC DEPARTMENT (1966, 1975, 1982) zeigen, sind die Windverhältnisse von äußerst komplexer Natur und zeigen neben saisonalen Unterschieden der vorherrschenden Windrichtungen und -geschwindigkeiten auch die Bedeutung tagesperio-

KLIMA-STATION	TAGES-ZEIT	NE-MONSUN		1. INTER-MONSUN			SW-MONSUN				2. IN-TERMONSUN		NE-MON.
		Jan.	Feb.	März	Apr.	Mai	Juni	Juli	Aug.	Sep.	Okt.	Nov.	Dez.
SW-Küste:													
Colombo	A.M.	NE	NE	ENE	SE	SW	WSW	WSW	WSW	WSW	WSW	NE	NE
	P.M.	N	NW	W	WSW	SW	WSW	WSW	WSW	WSW	WSW	WNW	NNE
Galle	A.M.	NE	NE	ENE	NW	W	W	W	WNW	W	W	NW	ENE
	P.M.	W	W	W	WNW	W	W	W	W	W	W	W	W
W-Küste:													
Puttalam	A.M.	NE	NE	ENE	var.	SW	SW	SW	SW	SW	SW	NE	NE
	P.M.	NE	NNE	var.	SW	SW	SW	SW	SW	SW	SW	N	NNE
NW-/N-Küste:													
Mannar	A.M.	NE	NE	var.	S	SW	SW	SW	SSW	SW	SW	NE	NE
	P.M.	NE	NE	N	SSW	SW	SW	SW	SW	SW	SW	NNE	NE
Jaffna	A.M.	NE	ENE	ESE	SSE	SW	SW	SW	SW	SW	SW	var.	NE
	P.M.	NE	ENE	ENE	SW	SW	SW	SW	SW	SW	SW	var.	NE
NE-/E-Küste:													
Trinco-malee	A.M.	NNE	NNE	var.	SW	SW	SW	SW	SW	SW	SW	var.	NNE
	P.M.	NNE	NNE	NE	E	SW	SW	SW	SW	SW	SW	N	NNE
Batticaloa	A.M.	NE	W	W	W	SW	SW	SW	SW	SW	W	WNW	WNW
	P.M.	NE	NE	ENE	ESE	SE	SE	SE	SE	SE	ESE	NNE	NNE
S-Küste:													
Hambantota	A.M.	NNE	NNE	NNE	WSW	SW	SW	WSW	WSW	WSW	WSW	NW	NNE
	P.M.	NE	ENE	ENE	SW	SW	SW	WSW	WSW	WSW	WSW	SW	NE
"Little Basses"	A.M.	N	N	N	W	SW	SW	SW	SW	SW	WSW	NW	N
	P.M.	NNE	NNE	NE	SW	SW	SW	SW	SW	SW	SW	NNE	NNE

Tab. 5: Monatliche Verteilung der Hauptwindrichtungen der
wichtigsten Küstenklimastationen Sri Lankas
(aus: Department of Meteorology, 1971, 1972, 1983)

discher Wechsel und lokaler Luftzirkulationssysteme (siehe Abb. 15, Tab. 5 und Anhang 10.4).

Während der NE-Monsun-Monate (Dezember bis Februar) verläuft die Lage der ITC S-lich von Sri Lanka, so daß die Insel unter dem vorherrschenden Einfluß des NE-Passat liegt. Winde wehen vorwiegend aus N-lichen bis NE-lichen Richtungen und drehen nur im SW der Insel während der Nachmittagsstunden auf NW bis W. Wenn sich während der ersten Intermonsunphase (März und April) die ITC aus S der Insel nähert und über sie hinwegwandert, herrschen regional und tageszeitlich sehr unterschiedliche und wechselnde Windrichtungen vor, die sich erst im Mai mit Beginn des SW-Monsuns zu vorwiegend SW-lichem Winden stabilisieren. Jedoch zeigt sich, daß während der gesamten SW-Monsunperiode von Mai bis September auf Sri Lanka die Hauptwindrichtungen deutlich differieren: Im SW (Station Galle) herrschen fast ausschließlich W-Winde vor.

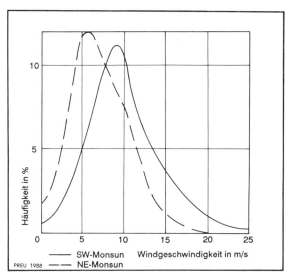

Abb. 14: Verteilung der Windgeschwindigkeiten im SW-Monsun und NE-Monsun (nach: ZEPER, 1960)

Im W (Station Galle) und S (Station Hambantota) dreht im Laufe dieser Monate die Hauptwindrichtung von SW auf S; die Station Batticaloa (E-Küste) zeigt gar einen deutlichen tageszeitlichen Wechsel zwischen SW-Winden am Vormittag und SE-Winden am Nachmittag. Während der zweiten Intermonsunphase (Oktober und November), in der die ITC Sri Lanka aus N überstreicht, bleiben zwar anfangs noch die SW-monsunalen Windrichtungen erhalten, drehen dann aber deutlich auf N-liche Richtungen um oder zeigen wechselnde Richtungen mit häufigen Windstillen (vgl. DOMRÖS, 1974). Nur im SW (Station Galle) herrschen auch in diesen Monaten W-liche Winde vor, die erst mit Beginn des NE-Monsuns und nur in den Vormittagsstunden auf N-liche Windrichtungen drehen.

Der tageszeitliche Windrichtungswechsel während der Intermonsunphasen ist wohl auf das während dieser Monate besonders ausgeprägte Land-Seewind-System zurückzuführen. Hingegen tritt während der beiden Monsunperioden dieses lokale Windsystem kaum in Erscheinung und wird wohl durch die insgesamt auflandigen Winde an den jeweils monsunexponierten Küsten der Insel überlagert. Der SW-Monsun zeigt allgemein höhere Windgeschwindigkeiten als der NE-Monsun und die beiden Intermonsunphasen (siehe Abb. 14 und Anhang 10.4). Eine Ausnahme bildet wiederum nur der SW Sri Lankas (Station Galle), der für die beiden Intermonsunphasen insgesamt höhere Windgeschwindigkeiten aufzeigt als für den Zeitraum des NE-Monsuns. Im Jahreslauf werden die höchsten Windgeschwindigkeiten im äußersten S (Station Hambantota) und NW (Stationen Puttalam und Mannar) der Insel erreicht. Von Bedeutung ist zudem, daß an der SW-Küste die Windgeschwindigkeiten in Galle fast ganzjährig höher sind als in Colombo. Leider steht für detailliertere Aussagen kein ausreichendes Datenmaterial zur Verfügung.

Aus dem Seegebiet um Sri Lanka liegen bisher nur wenige Einzelbeobachtungen über die saisonal unterschiedlichen Windverhältnisse vor. Nach HASTENRATH et al. (1979a und 1979b) und HYDROGRAPHIC DEPARTMENT (1966, 1975, 1982) herrschen während des NE-Monsuns (siehe Abb. 15) im Golf von Bengalen NE-Winde und im Arabischen Meer N-bis NNE-Winde vor, die S-lich von Sri Lanka als N-Winde gegen den Äquator wehen. Während jedoch zur Zeit der ersten Intermonsunphase im Golf von Bengalen die Winde vornehmlich aus E-lichen Richtungen wehen und vor der S-Küste Sri Lankas auf NE- bis N-Winde drehen, bis sie dann in Äquatornähe in eine allgemeine W-Windströmung einfließen, herrschen im Arabischen Meer N-liche bis NNW-liche Winde vor, die erst im April auf NW-liche Richtungen drehen und S-lich von Indien ebenfalls in die W-Windrichtungen eingehen. Der SW-Monsun zeichnet sich im Bereich des Arabischen Meeres vornehmlich durch W-Winde aus, die im S Sri Lanka passieren und anschließend als S- und SSE-Winde in den Golf von Bengalen vordringen. Die SW-monsunalen Windverhältnisse bleiben im Seeraum um Sri Lanka auch noch zu Beginn der zweiten Intermonsunphase erhalten und lösen sich nur langsam auf, bis dann allmählich sowohl im Bereich des Arabischen Meeres wie des Golfs von Bengalen N-liche Windrichtungen eintreten und im Dezember NE-monsunale Verhältnisse mit N- bis NE-Winden vorherrschen.

3.2.2.2 Tropische Tiefdruckgebiete und Wirbelstürme

"Tropical depressions" mit Windgeschwindigkeiten bis zu 33kn (d.h. 61 km/h bzw. Windstärke Beaufort 7) (vgl. WMO, 1975), die für die Insel Sri Lanka von Bedeutung sind, bilden sich vorwiegend über dem E-lichen Indik, dem Golf von Thailand oder dem Südchinesischen Meer und ziehen in N-licher bis W-licher Richtung auf die Insel zu. Dementsprechend werden vor allem die Gebiete der E- und NE-Küste von diesen Tiefdruckgebieten betroffen. Da jedoch auch vereinzelt "tropical depressions" nach W umschwenken oder - jedoch nur selten - im Meeresraum vor der SW-Küste Sri Lankas entstehen und nach N ziehen, können auch die W- und NW-Küste der Insel dem Einfluß tropischer Tiefdruckgebiete ausgesetzt sein. Auswertungen von Datenmaterial des INDIAN METEOROLOGICAL DEPARTMENT (1979) für die Jahre 1891 bis 1970 zeigen, daß innerhalb dieses Zeitraums insgesamt fünf "tropical depressions" die W- und S-Küste Sri Lankas erreicht haben und vorwiegend während der zweiten Intermonsunphase (Oktober und November) und zu Beginn des NE-Monsuns (Dezember), jedoch auch in wenigen Fällen zwischen Januar und Mai (NE-Monsun und erste Intermonsunphase) aufgetreten sind.

Innerhalb desselben Zeitraums haben nach diesen Aufzeichnungen 15 "tropical storms" (vgl. WMO, 1975) mit Windgeschwindigkeiten zwischen 34kn bis 37kn (d.h. 62km/h bis 87km/h bzw. Windstärken von Beaufort 8 bis 9) und 24 ""severe tropical storms" mit Windgeschwindigkeiten zwischen 48kn bis 63kn (d.h. 88km/h bis 117km/h bzw. Windstärken von Beaufort 10 bis 11) die NE-Küste der Insel betroffen. Hingegen sind seit dem Beginn meteorologischer Aufzeichnungen in Sri Lanka im Jahre 1891 nur sechs tropische Wirbelstürme, in Sri Lanka "cyclones" genannt, mit Windgeschwindigkeiten von über 64kn (d.h. über 118 km/h bzw. Windstärke Beaufort 12 und mehr) registriert worden.

Die morphologischen Auswirkungen tropischer Tiefdruckgebiete und Wirbelstürme sind zwar für die Küstendynamik Sri Lankas von vielfältiger und bedeutender Natur, können hier aber auf Grund unzureichenden Datenmaterials nur kurz angesprochen werden. Das Auftreten des zuletzt registrierten "cyclone" im Jahre 1978, der Sri Lanka an der E-Küste im Raum Batticaloa erreicht hat (vgl. LENGERKE, 1981), war nach OAKLEY et al. (1980) mit äußerst intensiven Starkniederschlägen von bis zu 100mm/h bis 150 mm/h verbunden und führte in den betroffenen Flußeinzugsgebieten zu ausgedehnten Überflutungen. Nach DAYANANDA et al. (1980) haben die hohen Windgeschwindigkeiten nicht nur eine allgemeine Anhebung des Meeresspiegels hervorgerufen, sondern auch Wellen von bis zu 10m Höhe mit einer Periode von 12sec bis 20sec erzeugt. Dadurch sind Teile des Korallenriffs bei Kalkudah (Valachchinai Aru-Mündung) zerstört und als "Sedimentpaket" über dem rezenten Strand abgelagert worden (siehe Kap. 5.5.3).

3.2.3 Marin-litorale Steuerungsfaktoren

Neben dem terrestrischen Formungsanteil sind vor allem die unterschiedlichen marin-litoralen Steuerungsfaktoren für die rezente Morphodynamik der Küsten Sri Lankas verantwortlich.

3.2.3.1 Meeresoberflächenströmungen

Verursacht durch den saisonalen Wechsel der vorherrschenden Windrichtungen kehren sich im Seeraum um Sri Lanka in gleichem Maße auch die vorherrschenden Meeresoberflächenströmungen periodisch um (siehe Abb. 15), die jedoch infolge ihres "Response Verhaltens" zum atmosphärischen Zirkulationsgeschehen erst mit einer zeitlichen Verzögerung von durchschnittlich 25 bis 60 Tagen voll entwickelt sind (vgl. GIERLOFF-EMDEN, 1980).

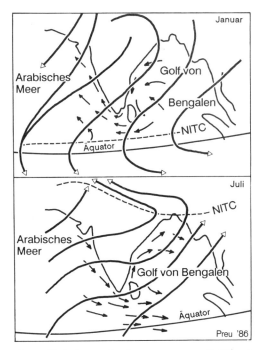

Abb. 15: Meeresoberflächenströmungs- und Windverhältnisse im
Seegebiet um Sri Lanka
(nach: HYDROGRAPHIC DEPARTMENT, 1966 und 1975)

Die NE-monsunalen Meeresoberflächenströmungsverhältnisse setzen zwar bereits während der zweiten Intermonsunphase im November ein, erreichen aber erst im Februar ihre volle Entwicklung und Stabilität (vgl. WYRTKI, 1973). Im Seeraum E-lich Sri Lankas dringen vorwiegend in der Zeit zwischen November bis Januar N-setzende Meeresströmungen im E in den Golf von Bengalen vor und setzen entlang der E-Küsten Indiens und Sri Lankas nach S; ein Arm dringt durch die Palk Straße in den Golf von Mannar vor und mündet vor der S-Spitze Indiens in die NW-setzende Meeresoberflächenströmung des W-lichen Indik. Das zentrale Seegebiet des Golf von Bengalen dagegen zeichnet sich durch sehr instabile Strömungsverhältnisse aus, die während der gesamten NE-Monsunperiode sowohl N- wie S-setzende Strömungsrichtungen aufweisen können. Vor der SE-Küste Sri Lankas, wo Strömungsgeschwindigkeiten von 4kn bis 5kn (HYDROGRAPHIC DEPARTMENT, 1966) erreicht werden, biegen die Meeresoberflächenströmungen um und setzen vor der

S-Küste mit einer durchschnittlichen Geschwindigkeit von bis zu 1.5kn (HYDROGRAPHIC DEPARTMENT, 1966) nach W. Strömungsgeschwindigkeit und Vorherrschen einer dominanten Setzrichtung lassen vor der SW- und W-Küste deutlich nach, so daß hier sowohl N-setzende Meeresoberflächenströmungen, die aus der Umlenkung der W-setzenden Strömungsverhältnisse vor der S-Küste resultieren, als auch S-setzende Meeresoberflächenströmungen aus dem Golf von Mannar auftreten. Beide münden vor der W- und SW-Küste in die allgemeine W-liche Setzrichtung ein, die vor der S-Küste Indiens in eine allgemein NW-gerichtete Setzrichtung umschwenkt und entlang der W-Küste Indiens in das Arabische Meer vordringt.

Mit dem Ende der ersten Intermonsunphase (April) und dem Beginn des SW-Monsuns im Mai ändern sich im N-lichen Indik die Meeresoberflächenströmungsverhältnisse sehr deutlich. Der Somalistrom, der jedoch erst im Juli seine volle Ausprägung erlangt, dringt aus seinem Wurzelgebiet vor der E-afrikanischen Küste nach NE vor, schwenkt im Arabischen Meer um und setzt vor der W-Küste Indiens nach SE, bis er vor der W-Küste Sri Lanka erreicht. Hier teilt sich diese Meeresoberflächenströmung, die höhere Geschwindigkeiten aufweist als die NE-monsunalen Strömungsverhältnisse, in zwei Arme auf: Ein Arm setzt nach N in den Golf von Mannar und dringt mit Geschwindigkeiten von 5kn bis 6kn (HYDROGRAPHIC DEPARTMENT, 1982) durch die Palk Straße in den Golf von Bengalen vor, ein zweiter Arm umstreift vor der SW- und S-Küste mit SE-licher und E-licher Setzrichtung die Insel Sri Lanka. Während des SW-Monsuns entwickeln sich im N des Golf von Bengalen zwar ebenfalls zyklonale Strömungsverhältnisse, bleiben insgesamt jedoch sehr kurzlebig und instabil, so daß vor der E-Küste Sri Lankas eher schwache SE-setzende Meeresoberflächenströmungen vorherrschen. Diese SW-monsunalen Strömungsverhältnisse halten bis zum Ende des SW-Monsuns im September an und kollabieren nach dem Einsetzen des zweiten Intermonsuns (Oktober), bis dann anschließend erneut NE-monsunal gesteuerte Strömungsverhältnisse aufgebaut werden.

3.2.3.2 Küstennahe Strömungsverhältnisse

Die Strömungsverhältnisse in den Küstengewässern Sri Lankas zeigen ein saisonal wie räumlich sehr differenziertes Bild und setzen sich vor allem aus (1) küstennahen Strömungen, die aus den durch die jeweils saisonal vorherrschenden Windsysteme gesteuerten Meeresoberflächenströmungen hervorgehen und in Küstennähe durch Unterwasserrelief wie Küstenverlauf in Setzrichtung und Intensität modifiziert werden, und (2) küstennahe Strömungen, die an den Küsten als Folge der unterschiedlichen Richtungen auflaufenden und rücklaufenden Wassers sowie Refraktion und Reflektion von Wellen erzeugt werden, zusammen. An dieser Stelle soll nur auf die windabhängigen küstennahen Strömungsverhältnisse eingegangen werden; eine Darstellung des zweiten Typs küstennaher Strömungen folgt an anderer Stelle (siehe Kap. 3.2.3.5).

Ca. 20km bis 30km vor der Küste Sri Lankas (HYDROGRAPHIC DEPARTMENT, 1966) werden die Setzrichtungen der im Seeraum um die Insel saisonal sehr unterschiedlichen Meeresoberflächenströmungen sowohl durch die bathymetrischen Verhältnisse des die Insel umgebenden Schelfs, als auch den Verlauf der Küsten in Richtung und Geschwindigkeit beeinflußt (siehe Tab. 6 und Tab. 7) und zu küstenparallelen küstennahen Strömungen umgelenkt, deren Setzrichtungen sich jeweils in Abhängigkeit der saisonal vorherrschenden Hauptwindrichtung ändern.

Die küstennahen Strömungsverhältnisse der NE-Küste zwischen Trincomalee und "Point Pedro" im E der Halbinsel von Jaffna zeichnen sich in der Übergangsphase zwischen dem zweiten Intermonsun und dem Beginn des NE-Monsuns (November bis Januar) durch SSE-liche Setzrichtungen aus. Anschließend dreht während der zweiten Hälfte des NE-Monsuns (Februar) die Strömung auf eine N- bis NW-Setzrichtung und geht am E-lichen Ausgang der Palk Straße in die zyklonalen Strömungsverhältnisse im Golf von Bengalen über. Mit Beginn der SW-monsunalen Zirkulation der Atmosphäre und der Meeresströmungen kehren sich diese küstennahen Strömungsverhältnisse erneut um und setzen nun zwischen Mai und Oktober nach S bis SE. Während dieser Periode setzt auch entlang der E-Küste zwischen Trincomalee und den im SE vorgelagerten "Little Basses" die küstennahe Strömung nach S bis SE und hält weitestgehend bis in den Januar hinein an, bis dann in der zweiten Hälfte des NE-Monsuns und während der ersten Intermonsunperiode häufig wechselnde, sowohl N- wie S-setzende Strömungen die Verhältnisse vor der E-Küste bestimmen.

Entlang der S-Küste und dem äußersten SW zwischen den "Little Basses" und Galle stabilisieren sich nach der (zweiten) intermonsunalen Übergangsphase mit häufig wechselnden Strömungsverhältnissen im SW-Monsun WSW-lich setzende küstennahe Strömungen, die bis zum Beginn des ersten Intermonsuns hinein anhalten. Herrschen dann im April noch sehr variable Strömungssetzrichtungen vor, kehren sich mit Beginn des SW-Monsuns an diesen Küstenabschnitten die küstennahen Strömungen auf eine NNE-Richtung um.

Auch die Setzrichtungen der küstennahen Strömungen der SW-, W- und NW-Küste zwischen Galle und der Halbinsel Jaffna sind durch eine deutliche saisonale Umkehr gekennzeichnet. In den Gewässern dieser Küsten setzen während der Phase des SW-monsunalen N-setzenden Meeresströmungsregimes im Seeraum W-lich Sri Lankas die Strömungen nach N und halten noch bis in den Beginn der zweiten Intermosunphase hinein an. Im Anschluß an eine kurze Übergangsperiode in der zweiten Hälfte des zweiten Intermonsuns mit N- oder S-setzenden Strömungen schwenken die Strömungen im NE-Monsun auf eine S-Setzrichtung um, die bis in die zweite Hälfte des ersten Intermonsuns anhält und anschließend erneut von der N-setzenden, SW-monsunalen Setzrichtung abgelöst wird.

Zwar liegen über die küstennahen Strömungsverhältnisse entlang der N-Küste der Halbinsel von Jaffna keine Daten vor, jedoch zeigen eigene Beobachtungen ebenfalls eine deutliche

KÜSTENGEBIET	STRÖMUNGEN	NE-MONSUN		1. Inter-MONSUN		SW-MONSUN					2.IN-TERMONSUN		NE-MON.
		Jan.	Feb.	März	Apr.	Mai	Juni	Juli	Aug.	Sep.	Okt.	Nov.	Dez.
NW-/W-/SW-Küste: Jaffna bis Galle	Küste	S	S	S	N-S	N	N	N	N	N	N	N-S	S
	See	N-S	N-S	N-S	var.	N	N	N	N	N	var.	N-S	N-S
SW-/S-Küste: Galle bis "Little Basses"	Küste	WSW	WSW	WSW	W-E	NNE	NNE	NNE	NNE	NNE	NNE	E-W	WSW
	See	W	W	W	var.	E	E	E	E	E	var.	W	W
E-Küste: "Little Basses" bis Trincomalee	Küste	SSE	N-S	N-S	N-S	S-SE	S-SE	S-SE	S-SE	S-SE	S-SE	SSE	SSE
	See	S	N	S	S	S	S	S	S	S	S	S	N-E
NE-/N-Küste: Trincomalee bis Jaffna	Küste	SSE	N-NW	N-NW	N-NW	S-SE	S-SE	S-SE	S-SE	S-SE	S-SE	SSE	SSE
	See	S	N	N	N	N	S	S	S	S	S	S	N-S

Tab. 6: Monatliche Verteilung vorherrschender Setzrichtungen winderzeugter Strömungsverhältnisse an der Küste Sri Lankas und im umgebenden Seegebiet
(aus: HYDROGRAPHIC DEPARTMENT, 1966, 1975, 1982)

KÜSTENGEBIET	MITTLERE JÄHRLICHE GESCHWINDIGKEIT (in m/sec)	MAXIMALE/MONSUNALE GESCHWINDIGKEIT (in m/sec)
SW-Küste:		
Colombo	0.15-0.25	0.80 (SW-Monsun)
Galle	0.50	0.90 (SW-Monsun)
S-Küste:		
"Dondra Head"	0.25	0.50-1.00 (SW-Monsun)
Hambantota	0.25	0.50-1.00 (SW-Monsun)
"Little Basses"	0.50-1.50	2.00-2.50 (NE-Monsun)
E-Küste:		
Trincomalee	0.25	1.50 (NE-Monsun)
N- und NW-Küste:		
Palk Strait	0.15	0.50 (SW-Monsun)
"Pamban Pass" (Palk Straße)	----	2.50-3.00 (SW-Monsun)

Tab. 7: Setzgeschwindigkeiten küstennaher Strömungen in den Küstengewässern Sri Lankas (siehe auch Tab. 6)
(nach: HYDROGRAPHIC DEPARTMENT, 1966, 1975, 1982)

saisonale Strömungsumkehr, die in Abhängigkeit der Setzrichtung der jeweils vorherrschenden Meeresströmungen der Palk

Straße erfolgt. Da diese Wasserstraße nicht nur sehr schmal, sondern vor allem auch sehr flach ist, ist davon auszugehen, daß das Unterwasserrelief keine bedeutenden Veränderungen in der Setzrichtung der Meeresströmungen hervorruft und deshalb die Setzrichtungen der küstennahen Srömungen mit den Meeresströmungen in der Palk Straße übereinstimmen.

Die bisher nur wenigen Messungen und Beobachtungen (HYDROGRAPHIC DEPARTMENT, 1966, 1975, 1982) lassen erkennen, daß die küstennahen Strömungen an der äußersten SW-Küste (Galle) mit durchschnittlich 0.50m/sec (1kn) und der äußersten SE-Küste ("Little Basses") mit 0.50m/sec bis 1.50m/sec (1kn bis 3kn) insgesamt höhere Geschwindigkeiten erreichen als alle anderen Küstenabschnitte mit durchschnittlichen Strömungsgeschwindigkeiten von 0.15m/sec (0.3kn) bis 0.25m/sec (0.5kn) (siehe Tab. 7). Zudem zeigt sich, daß die Strömungsgeschwindigkeiten nicht nur regional sehr unterschiedlich sind, sondern auch saisonal deutlich variieren und dann ihr Maximum aufweisen, wenn die Küste im Luv der jeweiligen monsunalen Zirkulationsverhältnisse liegt. Im W Sri Lankas erreicht die während des SW-Monsuns N-setzende küstennahe Strömung an der Küste von Colombo eine Geschwindigkeit von 0.8m/sec (1.6kn), die im NW am "Pamban Pass" im Bereich des sich verengenden Seegebietes zwischen dem Golf von Mannar und der Palk Straße bis auf Geschwindigkeiten von 2.5m/sec bis 3.0m/sec (5kn bis 6kn) zu- und anschließend an der N-Küste wieder auf Geschwindigkeiten von 0.50m/sec (1kn) abnimmt.

Auch die küstennahen Strömungen an der äußersten SW-Küste (Galle) und entlang der S-Küste zwischen "Dondra Head" und Hambantota erreichen während des SW-Monsuns ihr Geschwindigkeitsmaximum, das insgesamt zwischen 0.50m/sec und 1m/sec (1kn bis 2kn) schwankt.

Mit Ausnahme der äußersten SE-Küste ("Little Basses") mit Strömungsgeschwindigkeiten von 2.0m/sec bis 2.50m/sec (4kn bis 5kn), die in den Monaten Oktober bis Dezember erreicht werden, liegt für die im Luv des NE-monsunalen Zirkulationsregimes gelegene E-Küste nur ein einziger Wert von der Küste bei Trincomalee vor, der für die hier SSE-setzende küstennahe Strömung während des NE-Monsuns eine Geschwindigkeit von 1.50m/sec (3kn) anzeigt.

3.2.3.3   Wasserstandsschwankungen

Der Meeresspiegel in den Küstengewässern Sri Lankas unterliegt saisonal wie regional unterschiedlichen periodischen und episodischen Wasserstandsschwankungen. Die halbtägigen Gezeiten führen an allen Küsten zu Wasserstandsschwankungen von durchschnittlich 0.4m (DEUTSCHES HYDROGRAPHISCHES INSTITUT, 1987) und bleiben mit 0.5m bis 0.6m auch bei Springtiden relativ gering (siehe Tab. 8). Jedoch belegen die Gezeitenkurven der Pegel an den unterschiedlichen Küsten der Insel regional deutliche Zeitunterschiede, die zwischen der W- und E-Küste nahezu die Periode einer Tide ausmachen.

Darüberhinaus treten im Jahreslauf saisonale Wasserstandsschwankungen auf, die periodisch um den mittleren jährlichen Wasserstand (Z_o), d.h. das Niveau des mittleren jährlichen Meeresspiegels von 0.4m (DEUTSCHES HYDROGRAPHISCHES INSTITUT, 1987), oszillieren und eine deutliche Parallelität zu den monsunalen Zirkulationszyklen von Atmosphäre und Meeresoberflächenströmungen zeigen (siehe Abb. 16). Diese Wasserstandsschwankungen weisen insgesamt eine vertikale Differenz von 0.2m (vgl. LISITZIN, 1974) auf und sind an der E-Küste zwischen "Little Basses" und "Point Pedro" insgesamt geringer als an der NW-, W- und SW-Küste zwischen der Halbinsel Mannar und "Dondra Head". Bemerkenswert ist zudem, daß nicht nur an der W-Küste, sondern auch an der E-Küste das Absinken unter den mittleren jährlichen Meeresspiegel während des SW-Monsun (August) erfolgt und mit Beginn der zweiten Intermonsunphase erneut und nahezu parallel ansteigt, bis dann mit

PEGELSTATION	HOCHWASSER			NIEDRIGWASSER		
	M.Sp.H.W. (in m)	M.Np.H.W. (in m)	Zeit (in h)	M.Sp.N.W (in m)	M.Np.N.W. (in m)	Zeit (in h)
SW-Küste:						
Colombo	0.7	0.5	+0.15	0.1	0.3	---
Galle	0.6	0.4	+0.15	0.1	0.3	+0.17
S-Küste:						
Hambantota	0.6	0.4	+0.20	---	---	---
E-Küste:						
Batticaloa	0.7	0.6	+2.25	---	---	---
Trincomalee	0.7	0.6	-5.50	0.2	0.2	-5.48
N-/NW-Küste:						
"Point Pedro"	0.7	0.5	-5.42	0.1	0.1	-5-40
Jaffna	0.6	0.5	+1.04	0.1	0.3	+1.06
"Pamban Pass" (Palk Straße)	0.7	0.5	-0.03	0.1	0.3	-0.04

Tab. 8: Gezeiten der Küsten Sri Lankas
(nach: DEUTSCHES HYDROGRAPHISCHES INSTITUT, 1987)

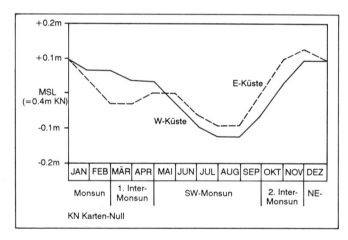

Abb. 16: Saisonale Meeresspiegelschwankungen in den Küstengewässern Sri Lankas (aus: CCD, 1986)

Beginn des NE-Monsuns (Dezember) das höchste jährliche Wasserspiegelstandsniveau erreicht wird. Anschließend erfolgt an der E-Küste bis zum Ende des NE-Monsuns ein Absinken des Meeresspiegels, der während des ersten Intermonsuns und des Beginn des SW-Monsuns erneut sanft ansteigt, bis er dann zum SW-monsunalen Tiefststand deutlich absinkt. Hingegen sinkt nach seinem Höchststand im Dezember der Meeresspiegel an der W-Küste bis zum Ende der ersten Intermonsunphase nur langsam und gering ab, bis er dann zu Beginn des SW-Monsuns markant das mittlere jährliche Wasserstandsniveau unterschreitet und im August seinen Tiefststand erreicht.

Episodische Wasserstandsschwankungen werden in den Küstengewässern Sri Lankas vor allem durch das Auftreten tropischer Tiefdruckgebiete (siehe Kap. 3.2.1.2) hervorgerufen, die zu einer Anhebung des Meeresspiegels um durchschnittlich 1cm pro Millibar (vgl. DIETRICH et al., 1975) führen. Nach Beobachtungen und Untersuchungen von CCD (1986) und OAKLEY et al. (1980) soll während der "Batticaloa-Cyclone" im Jahre 1978 der Meeresspiegel an der E-Küste um 50cm bis 100cm und an der NW-Küste um bis zu 30cm angestiegen sein. Weiteres Datenmaterial über episodische Meeresspiegelschwankungen in den Küstengewässern Sri Lankas liegt bisher nicht vor.

3.2.3.4   Rezente Meeresspiegelschwankungen

Neben saisonalen und episodischen Wasserstandsschwankungen ist vor allem auch der ozeanweite eustatische Meeresspiegelanstieg (vgl. BIRD, 1985b) für die rezente Morphodynamik der Küsten Sri Lankas von Bedeutung. Auswertungen der Pegeldaten Colombo, das zwar die längste Datenreihe Sri Lankas besitzt, aber immer wieder z.T. mehrmonatige Lücken aufweist, zeigen, daß seit dem Beginn kontinuierlicher Datenaufzeichnungen im Jahre 1900 der mittlere jährliche Meeresspiegel um ca. 25cm, d.h. um durchschnittlich 3mm/a in den letzten 85 Jahren, angestiegen ist. Zwar ist zu berücksichtigen, daß dieser Pegel zu Beginn der 60er Jahre innerhalb des Hafenbeckens verlegt wurde und Fehler bei der Homogenisierung der Daten, d.h. Umrechnung älterer, in Fuß (ft) gemessener Daten, nicht auszuschließen sind, doch liegt dieser Wert durchaus in der u.a. von BIRD (1985b) und GOUDIE (1983) angegebenen Größenordnung des ozeanweiten Meeresspiegelanstiegs. Sicherlich vollzog sich dieser Meeresspiegelanstieg nicht in kontinuierlicher Form (vgl. HICKS, 1978 und EMERY, 1980), kann aber auf Grund der bestehenden Datensituation derzeit nicht weiter zeitlich differenziert werden.

3.2.3.5 Wellenklimate

Neben den küstennahen Strömungsverhältnissen stellen Wellen den wohl wichtigsten marin-litoralen Steuerungsfaktor für die Morphodynamik einer Küste dar. Da über diesen Formungsanteil aus dem Seegebiet um Sri Lanka und den Küstengewässern der Insel nur wenig gemessenes und zudem nur lokal begrenztes Datenmaterial vorliegt, muß hier zum einen auf Angaben in bestehender Literatur (u.a. HYDROGRAPHIC DEPARTMENT, 1966, 1975, 1982 und U.S. NAVY HYDROGRAPHIC OFFICE, 1960) zurückgegriffen werden, und müssen zum zweiten nicht nur über eigene Beobachtungen, sondern vor allem auch über die Anwendung von Berechnungsverfahren die Wellenklimate in den unterschiedlichen Küstengewässern Sri Lankas ermittelt werden.

Wellen, d.h. Windwellen, werden durch Einwirkung des Windes auf die Meeresoberfläche erzeugt und sind in Höhe, Länge und Periode von den Charakteristika des vorherrschenden Windfeldes, d.h. Windgeschwindigkeit, Windrichtung, Windbeständigkeit und Streichlänge des Windes (Fetch), abhängig. Zudem ist die Entfernung zwischen dem Auftreten der Wellen und ihrem Entstehungsgebiet von Bedeutung. Geht diese Distanz gegen Null, werden die Wellen als Windwellen ("wind generated waves") bezeichnet. Verlassen jedoch Windwellen ihr Entstehungsgebiet, laufen sie ohne zusätzliche Windbeeinflussung mit nur geringer Dämpfung als Dünung über den Ozean (vgl. WALDEN, 1958 und 1969). Beide Wellentypen treten in den Küstengewässern Sri Lankas auf und überlagern sich teilweise. Wie oben ausgeführt (siehe Kap. 2.4, 3.2.3.1 und 3.2.3.2), bestimmt den Seeraum um Sri Lanka und die Küstengewässer der

Insel saisonal der monsunale Wechsel der atmoshärischen wie ozeanographischen Zirkulationsregime und der windgesteuerten küstennahen Stömungen. Dieser saisonale periodische Wechsel spiegelt sich auch in den Wellenklimaten der Küstengewässer wider und führt an den unterschiedlichen Küsten der Insel zu sehr unterschiedlichen Wellencharakteristika während der unterschiedlichen Monsunphasen.

Windwellen, die die Küsten Sri Lankas erreichen, entstehen vor allem im Seeraum N-lich des Äquators. Eine Reihe von Beobachtungen (HYDROGRAPHIC DEPARTMENT, 1966, 1975, 1982 und U.S. NAVY HYDROGRAPHIC OFFICE, 1960) zeigt jedoch, daß sich in diesem Seegebiet (Area 30: 0° - 10°N, 70°E - 100°E) mit dem monsunalen Wechsel der Windsysteme auch die Setz- bzw. Auflaufrichtungen der Wellen ändern (siehe Anhang 10.5.1). Im SW-Monsun laufen die Wellen vor allem aus W bis SW und nur teilweise aus WNW und SSW auf; andere Wellenauflaufrichtungen sind nur von untergeordneter Bedeutung. Demgegenüber dominieren während des NE-Monsuns vor allem NNE-liche bis NE-liche und teilweise N-liche und E-liche Wellenauflaufrichtungen; nur vereinzelt treten auch S-liche und W-liche Richtungen auf. Überträgt man diese saisonal sehr unterschiedlichen Wellenauflaufspektra auf die Küstengewässer Sri Lankas, so erhält man für die verschiedenen Küsten der Insel (1) in einer ersten Näherung die unterschiedlichen Wellenauflaufrichtungen, die jedoch Richtungsmodifikationen durch das Unterwasserrelief und lokale Windsysteme unberücksichtigt lassen (siehe Abb. 17), und (2) die Setzrichtung der küstennahen Strömungen, die aus den unterschiedlichen Richtungen von auflaufendem und rücklaufendem Wasser sowie der Refraktion und Reflektion von Wellen resultiert (siehe Kap. 3.2.3.2) und in Richtung der Wellenhauptsetzrichtung erfolgt.

Danach überwiegen an der NW-, W- und SW-Küste (siehe Abb. 17) zwischen der Halbinsel Mannar und "Dondra Head" während des fünfmonatigen SW-Monsuns W-liche bis SW-liche Wellenauflaufrichtungen, wohingegen in der nur dreimonatigen NE-Monsunphase die Wellen vor allem aus NW und S auflaufen. Daraus ergeben sich deutliche saisonale Unterschiede der wellenerzeugten küstennahen Strömungssetzrichtungen, die zudem noch von der Verlaufsrichtung der einzelnen Küstenabschnitte modifiziert werden. An der NW-SE-verlaufenden SW-Küste zwischen der Mündung der Gin Ganga und "Dondra Head" erzeugen die SW-monsunalen Wellenauflaufrichtungen eine SE-setzende, die NE-monsunalen eine NW-setzende küstennahe Strömung. Da die Küste N-lich der Mündung der Gin Ganga bis zur Halbinsel Mannar einen nahezu S-N-Verlauf aufweist, kehren sich hier die Verhältnisse um: Während des SW-Monsuns ist der Küstenlängsstrom N- und während des NE-Monsuns S-setzend. Berücksichtigt man jedoch nicht nur die unterschiedliche zeitliche Dauer der saisonalen Wellenauflaufrichtungen, sondern auch die saisonal unterschiedlichen Windgeschwindigkeiten (siehe Abb. 14 und Anhang 10.4) als einen bedeutenden Einflußfaktor für Wellenhöhe (siehe Abb. 18) und Setzgeschwindigkeit der küstennahen Stömungen (siehe Tab. 7), so sind - ganzjährig betrachtet - für die Küste zwischen der Halbinsel Mannar und "Dondra Head" die SW-monsunalen Verhältnisse von insgesamt größerer hydrodynamischer und dementsprechend morphodynamischer Bedeutung als die NE-monsunalen. In einer regionalen Differenzierung bedeutet dies, daß N-lich der Mündung der Gin Ganga der N-setzende und S-lich dieser Mündung der SE-setzende Küstenlängsstrom dominiert, jedoch gerade in der Umgebung der Küste um die Mündung der Gin Ganga sehr unterschiedliche Strömungssetzrichtungen auftreten können (siehe Anhang 10.5.2).

Auch die S-Küste zwischen "Dondra Head" und "Little Basses" steht unter der zeitlichen und hydrodynamischen Dominanz der SW-monsunalen Wellenauflaufrichtungen, die aus W-lichen bis SW-lichen Richtungen auf die insgesamt SSW-NNE-verlaufende Küste auftreffen und eine E- bis ENE-setzende küstenparallele Strömung erzeugen. Hingegen sind die aus ENE bis E auflaufenden Wellen des wesentlich kürzeren NE-Monsuns unter

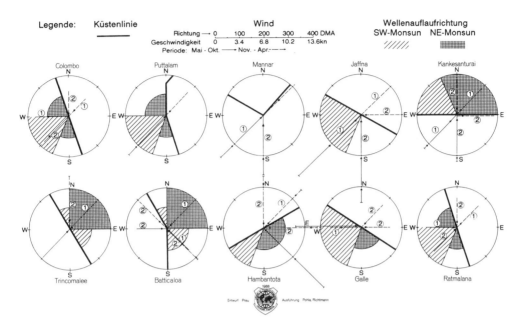

Abb. 17: Saisonale Differenzierung vorherrschender Wellenauflaufrichtungen in den Küstengewässern Sri Lankas

Berücksichtigung der oben ausgeführten Kriterien von nur sekundärer hydrodynamischer Bedeutung.

Die an der SE-Küste zwischen den "Little Basses" und "Sangamakanda Point" (N-lich Arugam Bay) aus dem "Area 30" auflaufenden Wellen gehören während des SW- wie des NE-Monsuns dem sekundären Häufigkeitsspektrum (siehe Anhang 10.5.1) an. Zwar deuten die SW-monsunalen, aus S bis SSE wie die NE-monsunalen, aus S bis SE auflaufenden Wellen eine fast ganzjährig anhaltende N- bis NNW-setzende Küstenlängsströmung gleicher Intensität an, jedoch (1) erreichen im äußersten SE ("Little Basses") die NE- bis N-setzenden Strömungen im SW-Monsun höhere Geschwindigkeiten als im NE-Monsun (siehe Tab. 7) und (2) liegt der N der SE-Küste im NE-Monsun unter dem Einfluß der S-setzenden Küstenlängsströmung der N-lich anschließenden E-Küste. Aus diesem Grunde muß davon ausgegangen werden, daß die SE-Küste eine hydrodynamische Übergangszone darstellt, in der sowohl NW-, als auch SE-setzende Küstenlängsströmungen vergleichbarer Intensität auftreten und keine dominante Setzrichtung vorherrscht.

N-lich "Sangamakanda Point" (N-lich Arugam Bay) steht die Küste bis an die N-Spitze Sri Lankas ("Point Pedro") vor allem unter dem beherrschenden Einfluß NE-monsunaler Wellenauflaufrichtungen, da auf Grund ihrer Exposition diese Küste im SW-Monsun keine bedeutenden Windwellen erreichen. Die vor allem aus NE bis NNE und teilweise N und E auflaufenden Wellen führen zu einer S-setzenden Küstenlängsströmung, die jedoch auf die dreimonatige NE-Monsunperiode beschränkt ist. Da während des SW-Monsuns die Wellen sowohl aus S-lichen wie N-lichen Richtungen auflaufen, erzeugen sie innerhalb dieser Periode keine dominante Küstenlängsströmungssetzrichtung.

Die Ermittlung dominanter Wellenauflaufrichtungen an der N-Küste entlang der Halbinsel Jaffna ist mit dem zur Verfügung stehenden Datenmaterial nur eingeschränkt möglich. Bedingt möglich erscheint die Übertragung der NE-monsunalen Wellenauflaufrichtungen des Area 30, da während dieser Periode aus dem Golf von Bengalen die vorwiegend aus NNE bis NE auflaufenden Windwellen in die sich trichterförmig nach NE und E weitende Palk Straße eindringen können und die nahezu W-E-verlaufende N-Küste aus E bis NE und - beeinflußt durch den bis auf -15m ansteigenden Meeresboden - aus N-lichen Richtungen erreichen können. Daraus resultiert dann eine bis an den W-lichen Ausgang der Palkstraße vorherrschende W-setzende Küstenlängsströmung. Zwar belegen die Daten des HYDROGRAPHIC DEPARTMENT (1966) für die NE-monsunale Meeresoberflächenströmungen eine durch die Palk Straße und "Adams Brücke" hindurch in den Golf von Mannar setzende Strömungsrichtung (siehe Abb. 15), jedoch erlauben weder die Daten des HYDROGRAPHIC DEPARTMENT (1966, 1975 und 1982) noch des U.S. NAVY HYDROGRAPHIC OFFICE (1960) Aussagen über Wellenauflaufrichtungen und dominante Küstenlängsströmungen am W-lichen Ausgang der Palk Straße. Im Gegensatz zur NE-monsunalen Wellen- und Küstenströmungsdynamik wird die Ermittlung SW-monsunaler Küstenlängsstromsetz- und Windwellenauflaufrichtungen, die im Golf von Mannar vor allem aus W bis SW auflaufen, durch die topographischen und bathymetrischen Verhältnisse am W-Ausgang der Palk Straße (siehe Abb. 4) erschwert. Hier verhindern zum einen der steile Anstieg des Kontinentalabhangs sowie der sehr flache und langgestreckte Kontinentalschelf und zum zweiten die Riffe der "Adams Brücke", die mit -2m bis -3m fast bis an den Meeresspiegel reichen und wie eine "natürliche" Barriere vor dem Ausgang der Palk Straße (siehe Abb. 2) liegen, ein ungestörtes Einlaufen der Windwellen in die Palk Straße oder bauen diese sogar gänzlich ab. Jedoch werden dann in der nur maximal 15m tiefen Palk Straße erneut Windwellen aufgebaut, deren Auflaufrichtungen zwar durch das nur flach liegende Unterwasserrelief beeinflußt werden, die aber auf Grund der dominanten SW- bis W-Winde an den Küsten der Halbinsel aus SW-lichen bis W-lichen und - durch das Unterwasserrelief setzrichtungsmodifiziert - NW-lichen Richtungen auflaufen. An der NW-SE-verlaufenden Küste im W der Halbinsel wird deshalb ein SE-setzender und an der W-E-verlaufenden Küste zwischen Jaffna und "Point "Pedro" ein E-setzender Küstenlängsstrom hervorgerufen. Weitere hydrodynamische Differenzierungen und Vergleiche sind auf Grund der Datenlage nicht möglich.

Neben der Auflaufrichtung von Wellen ist ihre Höhe als Funktion der Wellenenergie für die Morphdynamik einer Küste von Bedeutung. Jedoch liegen hierzu aus Sri Lanka nur zeitlich wie regional begrenzt "wave rider buoy"-Wellenmessungen vor, die während der SW-Monsunphasen der Jahre 1980 bis 1985 an der SW-Küste vor Colombo und Galle durchgeführt worden sind (CCD, 1986). Dies macht es erforderlich, für die zu den saisonal dominanten Hauptwindrichtungen sehr unterschiedlich exponierten Küsten der Insel mit Hilfe von Berechnungsverfahren aus langjährigen mittleren monatlichen und z.T. täglichen Winddaten von Küsten-Klimastationen signifikante Höhen (H_s) von Windwellen (ohne Grundberührung) als eine Funktion von Windgeschwindigkeit, Windeinwirkungsdauer und Windstreichlänge (Fetch) zu ermitteln.

Für die Höhe der Windwellen im Seeraum um Sri Lanka und in den Küstengewässern der Insel spielt der Fetch nur eine geringe Rolle, da er im Seeraum zwischen Sri Lanka und den Malediven während des SW-Monsuns mit 800km und im Golf von Bengalen während des NE-Monsuns mit 1600km eine Länge erreicht hat, die nach BRETSCHNEIDER (1957), DARBYSHIRE (1952) und WALDEN (1958 und 1969) bei den in dieser Region auftretenden Windgeschwindigkeiten nur noch eine unwesentliche Zunahme in der Wellenhöhe bewirkt. Nur in der Palk Straße verkürzt sich - wie oben ausgeführt - auf Grund topographischer und bathymetrischer Verhältnisse am W-Ausgang der Wasserstraße (siehe Abb. 2 und Abb. 4) der Fetch während des SW-Monsuns auf 35km bis 50km; die NE-monsunale Fetchlänge wird dadurch nicht beeinflußt.

Auch die Windeinwirkungsdauer ist von untergeordneter Bedeutung, da sowohl im SW- wie NE-Monsun nahezu konstante mehrmonatige Windverhältnisse mit niedrigen bis mittleren Windgeschwindigkeiten vorherrschen und länger als 24h auf einen Fetch von mehr als 50km einwirken, so daß nach WALDEN (1958 und 1969) keine bedeutende Zunahme der Wellenhöhe zu erwarten ist. Treten höhere Windgeschwindigkeiten auf, bleiben sie meist lokal wie zeitlich begrenzt, so daß die Windeinwirkungsdauer auf weniger als 24h und einen Fetch von nur eingen Deka-Kilometern begrenzt bleibt und keine signifikante Zunahme der Wellenhöhen bewirkt (vgl. WALDEN, 1958 und 1969).

Da sowohl Fetch wie Windeinwirkungsdauer für die Höhe von Windwellen im Seeraum um Sri Lanka und die Küstengewässer der Insel von nur untergeordneter Bedeutung sind (vgl. BRETSCHNEIDER, 1957; DARBYSHIRE, 1952; WALDEN, 1958 und 1969), verbleibt die Windgeschwindigkeit als Haupteinflußfaktor für die Windwellenhöhen. Langjährige Windgeschwindigkeitsdaten liegen in monatlicher und teilweise täglicher Auflösung für eine Reihe von Küsten-Klimastationen (siehe Anhang 10.4) vor, werden jedoch nicht in dieser Form für die Berechnung von Wellenhöhen herangezogen, da sie nicht die im Entstehungsgebiet des offenen Meeres herrschenden Windgeschwindigkeiten angeben, sondern durch lokale Bedingungen in der Umgebung der jeweiligen Klimastation beeinflußt sind. Jedoch erlauben die gemessenen Wellenhöhen vor der Küste von Colombo und Galle aus den SW-Monsunperioden der Jahre 1980 bis 1985 auf indirektem Wege zum einen die Bestimmung der Abweichung der Windgeschwindigkeiten zwischen dem offenen Meer und den Küstengewässern und zum zweiten somit die Berechnungen von Wellenhöhen an anderen Küstenabschnitten. Somit ist es nicht mehr notwendig, Wellenhöhen aus Dreifelder-Diagrammen (siehe WALDEN, 1958 und 1969) zu ermitteln, die zudem auf Grund der Windgeschwindigkeitsdifferenzen zwischen dem offenen Meer und den jeweiligen Küsten-Klimastationen zu falschen Ergebnissen führen würden. Da Wellenhöhendaten von anderen srilankischen Küsten fehlen, wird bei der nun folgenden methodischen Vorgehensweise und dem sich daraus ergebenden Berechnungsverfahren signigikanter Wellenhöhen (H_s) und der Häufigkeit ihres Auftretens ("frequency") davon ausgegangen, daß die Windgeschwindigkeitsdifferenzen nicht nur für alle verwendeten Küsten-Klimastationen denen von Colombo und Galle entsprechen, sondern auch im NE-Monsun und den Intermonsunphasen konstant bleiben. Bei der Interpretation der errechneten Wellenhöhendaten muß dann jedoch die Exposition zu den Hauptwindrichtungen berücksichtigt werden.

Das methodische Vorgehen ist wie folgt:
(1) Die durchschnittlichen SW-monsunalen Windgeschwindigkeiten der Küsten-Klimastationen Colombo und Galle werden sowohl für die Gesamtperiode von 1980 bis 1985 wie die einzelnen SW-Monsunperioden dieser Jahre mit den vor den Küsten von Colombo und Galle (Wassertiefe: 25m bis 30m) in den SW-Monsunperioden der Jahre 1980 bis 1985 gemessenen Wellenhöhen (CCC, 1986) als Ausgangsdaten in Beziehung gesetzt.
Wie ein Vergleich dieser zeitlich begrenzten Winddatenreihe mit langjährigen mittleren monatlichen wie saiso-

nalen Windgeschwindigkeitsdaten dieser Küsten-Klimastationen für die SW-Monsunperioden der Jahre 1911 bis 1970 (METEOROLOGICAL DEPARTMENT, 1971) (siehe Anhang 10.4) belegt, weichen die mittleren SW-monsunalen Windgeschwindigkeiten der Jahre 1980 bis 1985 sowohl für die Küsten-Klimastation Colombo wie Galle nur unwesentlich von den langjährigen mittleren SW-monsunalen Windgeschwindigkeiten dieser Stationen ab. Da auch die Standartabweichung der mittleren monatlichen Windgeschwindigkeiten der einzelnen SW-Monsunperioden der Jahre 1980 bis 1985 keine die Wellenhöhen signifikant verändernden Werte (siehe BRETSCHNEIDER, 1957; DARBYSHIRE, 1952; WALDEN, 1958 und 1969) ergeben hat und mit den Ergebnissen für den gesamten Zeitraum von 1911 bis 1970 vergleichbar ist, können die mittleren Windgeschwindigkeitswerte der SW-Monsunperioden der Jahre 1980 bis 1985 als eine repräsentative Datengrundlage für die Berechnung signifikanter SW-monsunaler Wellenhöhen herangezogen werden.

Da die Wellenhöhendaten für Galle teilweise unterbrochen sind, müssen für das weitere Vorgehen die Wind- und Wellenverhältnisse von Colombo als Bezugsniveau verwendet werden.

(2) Die vor Colombo und Galle gemessenen Wellenhöhen (H_s) werden nach der Häufigkeit ihres Auftretens ("frequency") analysiert (siehe Anhang 10.5.3.1).

(3) Anschließend erfolgt die Berechnung des "Wellen-Koeffizienten" ("wave coefficient") (siehe Anhang 10.5.3.2), der für die Wind- und Wellenverhältnisse (Windgeschwindigkeit und Häufigkeitsverteilung unterschiedlicher Wellenhöhen) der Küsten-Klimatation Colombo in den SW-Monsunperioden der Jahre 1980 bis 1985 gleich 1 gesetzt wird. Setzt man nun die Windgeschwindigkeiten der Küsten-Klimastation Colombo zu den saisonalen Windgeschwindigkeiten der anderen Küsten-Klimastationen in

Beziehung, so läßt sich für diese Küsten-Klimastationen der von der Küsten-Klimastation Colombo abweichende "Wellen-Koeffizient" für die unterschiedliche Häufigkeit zu erwartender Wellenhöhen ("frequency") ermitteln.

(4) Die Windgeschwindigkeiten jeder Küsten-Klimastation werden dann zu den Windgeschwindigkeiten der Küsten-Klimastation Colombo (siehe Anhang 10.5.3.3) in Beziehung gesetzt, so daß damit für jede Küsten-Klimastation unter Berücksichtigung des jeweiligen "Wellen-Koeffizienten" ("wave coefficient") die potentiellen signifikanten Wellenhöhen (H_s) sowie die Häufigkeit ihres Auftretens ("frequency") während der unterschiedlichen monsunalen und intermonsunalen Perioden bestimmt werden können (siehe Abb. 18).

Diese Berechnungsmethodik liefert zwar nur potentiell signifikante Wellenhöhen (H_s) für vergleichbare Wassertiefen von 25m bis 30m, ermöglicht jedoch für die unterschiedlichen Küsten der Insel unter Berücksichtigung ihrer unterschiedlichen Exposition zu den dominanten Windverhältnissen (siehe Tab. 5) eine qualitative Vorstellung über die Wellenhöhen (H_s) und ihre Häufigkeitsverteilung während der verschiedenen Monsun- und Intermonsunphasen (siehe Abb. 18).

An der NW-, W- und SW-Küste zwischen der Halbinsel Mannar und "Dondra Head" erreichen die Windwellen (H_s) im SW-Monsun mit einer Häufigkeit ("frequency") von 10% durchschnittliche Höhen von 2.0m bis 2.50m, wobei sowohl im äußersten SW (Galle) wie im W (Puttalam) und NW (Mannar) die Wellen insgesamt höher sind als in den zentralen Küstenabschnitten (Colombo). Mit einer Häufigkeit von 0.01% und einer Höhe von 3.80m treten die höchsten Windwellen (H_s) im SW-Monsun vor der Küste von Galle auf und erreichen damit einen Wert, der den hier gemessenen Wellenhöhen (CCD, 1986) (siehe Anhang 10.5.3.1) entspricht. Die für den NE-Monsun errechneten Windwellenhöhen sind sicherlich zu hoch, da während dieser Phase neben anhaltenden, aber schwachen auflandigen Winden vor allem ein ausgeprägtes Land-See-Windsystem vorherrscht und sich damit die Länge des Fetch deutlich reduziert. Hingegen entsprechen die für die Intermonsune ermittelten Wellenhöhen (H_s) - auch nach eigenen Beobachtungen - wohl weitgehend den tatsächlichen Verhältnissen.

Zwar liegen für die gesamte S-Küste zwischen "Dondra Head" und "Little Basses" langjährige Daten über mittlere Windgeschwindigkeiten von der Küsten-Klimastation Hambantota wie der Klimastation "Little Basses", die einige Kilometer vor der Küste auf dem Riff der "Little Basses" liegt und höhere mittlere Windgeschwindigkeiten als Hambantota aufweist, vor (siehe Anhang 10.4), die beide ihre Luvexposition zu SW- wie NE-Monsun zeigen, jedoch können aus Gründen der Vergleichbarkeit zur Küsten-Klimastation Colombo nur die Daten der Küsten-Klimastation Hambantota verwendet werden. Die für den Zeitraum des SW-Monsuns ermittelten Windwellenhöhen (H_s) von 2.70m mit einer Häufigkeit von 10% bis 4.50m mit einer Häufigkeit von 0.01% entsprechen wie die intermonsunalen Wellenhöhen (H_s) zwischen 1.70m mit einer Häufigkeit von 10% und 2.90m mit einer Häufigkeit von 0.01% weitgehend den tatsächlichen Verhältnissen. Auch die für den NE-Monsun errechneten Wellenhöhen (H_s) von 2.30m mit einer Häufigkeit von 10% und 2.80m mit einer Häufigkeit von 1% können durch eigene Beobachtungen bestätigt werden, hingegen erscheinen die Wellenhöhen (H_s) von 3.30m mit einer Häufigkeit von 0.1% und 3.60m mit einer Häufigkeit von 0.01% zu hoch, da diese Wellenhöhen langanhaltende auflandige Winde erfordern, sich jedoch gerade diese Phase auch durch N-liche, d.h. ablandige Winde auszeichnet.

Für die in Luv zu den NE-monsunalen Wind- und Strömungsverhältnissen exponierte E- und NE-Küste zwischen den "Little Basses" und "Point Pedro" liegen längjährige Winddaten von den Küsten-Klimastationen Trincomalee und Batticaloa vor. Da

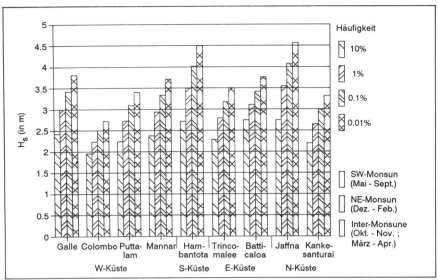

Abb. 18: Potentiell signifikante Wellenhöhen (H_s) in den Küstengewässern Sri Lankas (vgl. Anhang 10.5.3)

die Küsten-Klimastation Batticaloa im NE-Monsun höhere Windgeschwindigkeiten als die - im Luv des SW-Monsuns gelegene - Küsten-Klimastation Colombo im SW-Monsun verzeichnet (siehe Anhang 10.4), erscheinen NE-monsunale Wellenhöhen (H_s) von 2.80m mit einer Häufigkeit von 10% bis zu 3.80m mit einer Häufigkeit von 0.01%, die somit höher als vor der Küste von Colombo sind, realistisch. Obwohl auch die mittleren Windgeschwindigkeiten der Küsten-Klimastation Trincomalee im NE-Monsun langjährig höher als die der Küsten-Klimastation Colombo im SW-Monsun sind und nur geringfügig von den NE-monsunalen Windgeschwindigkeiten der Küsten-Klimastation Batticaloa (siehe Anhang 10.4) abweichen, wurden für diesen Abschnitt der E-Küste nur Windwellenhöhen (H_s) von 2.20m mit einer Häufigkeit von 10% bis bis 3.30m mit einer Häufigkeit von 0.01% errechnet. Diese H_s-Werte, die nicht nur unter denen der E-Küste bei Batticaloa und der Küste von Colombo im W der Insel liegen, sondern auch nach eigenen Beobachtungen und Aussagen des COAST CONSERVATION DEPARTMENT zu niedrig sind und nach Höhe wie prozentualer Verteilung denen der Küste bei Batticaloa entsprechen sollen, sind auf die sehr "ungünstige" Lage der Klimastation Trincomalee am leeseitigen Fuß des 130m hohen "Swami Rock" zurückzuführen. Die hier gemessenen Parameter des Windfeldes belegen zwar langjährig hohe mittlere Windgeschwindigkeiten, jedoch zeigt das Richtungsspektrum der aufgezeichneten Windrichtungsdaten eine gegenüber den Küstenklimastationen Colombo - als die für alle Berechnungen verwendete Bezugsstation - wie Batticaloa abweichende prozentuale Verteilung, so daß sich ein zu niedrigerer "Wellen-Koeffizient" ("wave coefficient") (siehe Anhang 10.5.3.2) und damit zu geringe Wellenhöhen (H_s) ergeben haben. Aus diesem Grunde werden auch die für die E-Küste bei Batticaloa errechneten intermonsunalen Windwellenhöhen (H_s) von 2.10m mit einer Häufigkeit von 10% bis 2.90m mit einer Häufigkeit von 0.001% als realistischer erachtet als die insgesamt niedrigeren H_s-Werte für die Küstengewässer vor der E-Küste von Trincomalee. Hingegen treffen alle H_s-Werte der SW-monsunalen Windwellenhöhen weder für Batticaloa wie Trincomalee zu, da während dieser Phase zwar hohe mittlere Windgeschwindigkeiten auftreten, das gesamte Windrichtungsspektrum jedoch sehr inhomogen ist und vor allem durch ein Land-See-Windsystem dominiert wird.

Auf Grund topographischer wie bathymetrischer Verhältnisse in der nur maximal 15m tiefen Palk Straße (siehe Abb. 2 und Abb. 4) lassen sich für die Küstengewässer entlang der N-Küste zwischen "Point Pedro" im E und Jaffna im W dieser Halbinsel mit dem hier angewandten Berechnungsverfahren, für die Daten langjähriger Windgeschwindigkeitmessungen der Küsten-Klimastationen Jaffna und Kankesanturai (siehe Anhang 10.4) vorliegen, keine realistischen Windwellenhöhen (H_s) ermitteln. Die potentiellen NE-monsunalen H_s-Werte zwischen 1.70m mit einer Häufigkeit von 10% und 2.50m mit einer Häufigkeit von 0.001% sowie intermonsunalen H_s-Werte von 1.50m mit einer Häufigkeit von 10% bis 2.10m mit einer Häufigkeit von 0.01%, die unter Verwendung der Winddaten der Küsten-Klimastation Kankesanturai errechnet wurden, spiegeln wohl noch am ehesten die tatsächlichen Windwellenhöhen (H_s) wider, da hier von November bis März, d.h. zwischen der zweiten Hälfte des zweiten Intermonsuns und der ersten Hälfte des ersten Intermonsuns, auf Grund E-licher Windrichtungen die gesamte W-E-Erstreckung des Golf von Bengalen als Fetchlänge zur Verfügung steht. Hingegen sind die anderen H_s-Werte von Kankesanturai wie Jaffna von nur sehr geringer Repräsentanz, da vor allem im SW-Monsun zum einen der bis auf wenige Deka-Kilometer verkürzte Fetch (siehe oben) und zum zweiten die nur sehr geringe Wassertiefe der Palk Straße die Höhen der Windwellen wie ihr Häufigkeitsspektrum deutlich beeinflussen und damit die Voraussetzungen für die Anwendbarkeit der Berechnungsmethode (siehe oben) nicht mehr gegeben sind.

Neben den Windwellen ("wind generated waves") ist für die Morphodynamik der Küsten Sri Lankas auch die im Seeraum um die Insel wie in ihren Küstengewässern auftretende Dünung (siehe Abb. 23) von Bedeutung. Zwar liegt bisher kein statistisch verwertbares Datenmaterial vor, jedoch erlauben Daten von HYDROGRAPHIC DEPARTMENT (1966, 1975 und 1982) und U.S. NAVY HYDROGRAPHIC OFFICE (1960) einige Aussagen über zeitliches Auftreten, Dominanz im Wellenspektrum und vorherrschende Setzrichtungen dieser Wellen. Danach ist die Dünung während der Periode der Luv-Exposition zur dominanten monsunalen Hauptwindrichtung von nur untergeordneter Bedeutung und führt lediglich zu einer geringfügigen Erweiterung des Wellenspektrums mit unwesentlicher Zunahme der Wellenhöhen. Dagegen trägt die Dünung in den Intermonsunen und den Perioden der Lee-Exposition zur dominanten monsunalen Hauptwindrichtung zu einer deutlichen Erweiterung des Wellenspektrums bei und ist auf Grund ihrer Setzrichtung ein teilweise sehr bedeutender "konstruktiver" Faktor an verschiedenen Küstenabschnitten der Insel. Nach GERRITSEN (1974) tritt an der S- und vornehmlich E-Küste eine bedeutende Dünung vor allem im SW-Monsun auf, wenn auf Grund kräftiger SE-Passate die Windsee aus der S-Hemisphäre über den Äquator setzt und aus SE-licher Richtung Sri Lanka erreicht. Die W- und SW-Küste ist hingegen vor allem im NE-Monsun unter einem bedeutenden Einfluß der Dünung, die hier überwiegend aus NE aufläuft (vgl.

U.S. NAVY HYDROGRAPHIC OFFICE, 1960).

3.3 Humaninfluenz

3.3.1 Allgemein

Einen Steuerungsfaktor besonderer Art stellt der in der Naturlandschaft agierende Mensch dar, dessen Einfluß auf die Formung der Erdoberfläche von RATHJENS (1979) als "Humanvarianz" bezeichnet wird. Jedoch suggeriert dieser Begriff, der in Anlehnung an die von BÜDEL (1963) in die Geomorphologie eingeführte "Varianz"-Nomenklatur geprägt wurde, die Vorstellung qualitativer und hierarchischer Gleichwertigkeit von anthropogenen und natürlichen Steuerungs- und Formungseinflüssen der Petro-, Klima- und endogenen Varianz für die Morphologie und Morphodynamik der Erdoberfläche. Wie jedoch diese Arbeit und die global sehr zahlreichen Untersuchungen über Formen und Auswirkungen anthropogener Eingriffe in die Naturlandschaft (vgl. u.a. RATHJENS, 1979; GOUDIE, 1983 und 1986) belegen, verändert und modifiziert der Mensch durch sein Eingreifen in die Naturlandschaft sowohl qualitativ wie quantitativ die Wertigkeit der natürlichen Steuerungsmechanismen der Reliefbildung und -dynamik und ruft damit eine "quasi-natürliche" (vgl. GOUDIE, 1986) Morphodynamik und Reliefformung hervor, tritt aber in nur wenigen Fällen als eigenständiger Formungsfaktor hervor (vgl. GOUDIE, 1983 und 1986). Aus diesem Grunde ist es geboten, den irreführenden Begriff der "Humanvarianz" - auch aus Gründen einer deutlichen semantischen Trennung - zu verwerfen und die anthropogenen Formungseinflüsse auf die Morphodynamik und Reliefgestaltung unter dem Begriff der "Humaninfluenz" zusammenzufassen.

Während der präkolonialen Ära der Insel Sri Lanka waren die Küsten in nur äußerst geringem Maße anthropogenen Einflüssen ausgesetzt. Für die bedeutenden Zivilisationszentren im Landesinneren, wie Anuradhapura und Polonnaruwa, stellten die Küste und ihr Hinterland einen Puffer gegen fremde Seefahrer und Seefahrervölker dar, die die Insel wegen ihrer strategischen Lage anliefen. Blieben bis dahin bedeutende anthropogene Eingriffe in natürliche Formungsvorgänge und Morphodynamik der Küste aus, änderte sich jedoch mit dem Eintreffen der Europäer und der anschließenden Kolonialphasen unter den Portugiesen (1505 - 1658), den Niederländern (1658 - 1796) und Briten (1815 - 1948) die Situation grundlegend. Befestigungsanlagen, Straßen und Kanäle wurden errichtet, Hafenanlagen und Ankerplätze für den Export natürlicher Ressourcen gebaut und Plantagen für den Anbau von Kaffee, Tee und Kautschuk angelegt. Rodungsmaßnahmen im Küstenhinterland und im zentralen Hochland (vgl. BRAND, 1988; MARBY, 1971; WERNER, 1984) bewirkten nicht nur die Instabilität von Hängen (vgl. PREU, 1987d), sondern auch die veränderte Sedimentführung der Flüsse; Rodungen an der Küste riefen eine Destabilisierung an Lockersedimentküstenabschnitten hervor. Mit zunehmender wirtschaftlicher Bedeutung der Küstenzone - vorwiegend im SW der Insel - wurde außerdem eine Wanderungsbewegung aus dem Landesinneren hervorgerufen, die zu einer immer intensiveren Nutzung des Küstenraumes und damit einer immer gravierenderen Störung und Veränderung der natürlichen Morphodynamik an den Küsten zur Folge hatte und hat. Anstellungsmöglichkeiten in der öffentlichen Verwaltung, in Handel und Industrie sowie bessere Lebensverhältnisse und Bildungschancen führten nach der Unabhängigkeit im Jahre 1948 zu einer drastischen Zunahme des Wanderungsdrucks auf die Küstenstädte vor allem im W, SW und S der Insel und bewirkten eine rapide Bevölkerungsentwicklung, die durch die zunehmende Industrialisierung der späten 50er Jahre, dem Beginn des badeorientierten Tourismus Mitte der 60er Jahre und die Öffnung der Wirtschaftspolitik Sri Lankas seit dem Ende der 70er Jahre noch verstärkt wurde. Der damit verbundene wirtschaftliche und bevölkerungspolitische Druck auf die Küste und das Küstenhinterland sowie steigender Bedarf in der Lebensmittelproduktion hatten und haben eine zunehmende Beeinflussung und Störung der Naturlandschaft und ihrer natürlichen Steuerungs- und Einflußfaktoren zur Folge, die nicht ohne Auswirkung auf die Morphodynamik der Küsten geblieben sind.

Die sehr unterschiedlichen Formen der "Humaninfluenz" wirkten und wirken sich in sehr unterschiedlicher und vielfältiger Form sowohl auf die natürlichen terrestrischen als auch marin-litoralen Steuerungsfaktoren der Morphodynamik der Küsten Sri Lankas aus. Da hierzu vom Autor bereits eine Vielzahl von Veröffentlichungen vorliegt (vgl. PREU, 1985, 1987a, 1987c, 1987d, 1988 und UTHOFF, 1987), soll an dieser Stelle nur kurz und in Form eines Überblicks auf die Formen anthropogener Formungseinflüsse (siehe Tab. 9) und ihrer morphologischen wie morphodynamischen Auswirkungen eingegangen werden. Vorauszuschicken ist noch die Bemerkung, daß die Auswirkungen dieser "Humaninfluenz" nicht immer quantifiziert werden können, da bisher zu diese Problematik nur vereinzelt gemessenes Datenmaterial vorliegt, dessen Erhebung nicht nur einen sehr langen und hohen meßtechnischen, sondern vor allem auch finanziellen Einsatz erforderlich macht. Aus diesem Grund wurde im Jahre 1987 ein Entwicklungshilfeprogramm der DEUTSCHEN GESELLSCHAFT FÜR TECHNISCHE ZUSAMMENARBEIT (GTZ) (vgl. PREU, 1987d) begonnen, dessen Ziel u.a. die Schaffung einer entsprechenden Datengrundlage ist.

3.3.2   Humaninfluenz auf terrestrische Steuerungsdynamik

Anthropogene Veränderungen der "natürlichen" terrestrischen Steuerungsfaktoren der Küstenmorphodynamik in Sri Lanka sind zwar sehr vielgestaltig, können aber im wesentlichen auf die anthropogenen Eingriffe beschränkt werden, die sich mittelbar und/oder unmittelbar auf das Abflußverhalten der Flüsse und ihres quantitativen wie qualitativen Materialtransports auswirken.

HUMANINFLUENZ AUF NATÜRLICHE TERRESTRISCHE STEUERUNGSDYNAMIK	HUMANINFLUENZ AUF NATÜRLICHE MARIN-LITORALE STEUERUNGSDYNAMIK
<u>Land- und forstwirtschaftliche Nutzungssysteme:</u> - Rodung und qualitative Veränderung der natürlichen Vegetation - Intensivierung und Veränderung land- und forstwirtschaftlicher Nutzung <u>Folge:</u> - Veränderung fluviatilen Abfluß-/Sedimenthaushalts - Wasserverschmutzung (Düngemittel usw.)	<u>Land-, forst- und fischereiwirtschaftliche Nutzungssysteme:</u> - Rodung und qualitative Veränderung der Küstenvegetation - Intensivierung und Veränderung land-, forst- und fischereiwirtschaftlicher Nutzung <u>Folge:</u> - Veränderung marin-litoralen Sedimenthaushalts - Veränderung marin-litoraler Strömungsverhältnisse
<u>Wasserwirtschaftliche Nutzungssysteme:</u> - Bau von Bewässerungsanlagen - Bau von Wasserreservoirs zur Gewinnung von Trinkwasser und Hydroelektrizität - Flußregulierungsmaßnahmen - Abflußregulierungsmaßnahmen <u>Folge:</u> - Veränderung fluviatilen Abfluß-/Sedimenthaushalts	<u>Wasserwirtschaftliche Nutzungssysteme:</u> - Bau von Hafenanlagen - Bau von Küstenschutzmaßnahmen (Buhnen, Längswerken usw.) - Sprengung vorgelagerter Riffe für die Schiffahrt - Bau von Flußmündungssperrwerken <u>Folge:</u> - Veränderung marin-litoralen Sedimenthaushalts - Veränderung marin-litoraler Strömungsverhältnisse
<u>Technisch-industrielle Nutzungssysteme:</u> - Sandentnahme aus Flüssen - Infrastrukturelle Erschließung (Straßen, Siedlungen usw.) - Errichtung von Industrieanlagen <u>Folge:</u> - Veränderung fluviatilen Abfluß-/Sedimenthaushalts - Wasserverschmutzung (Abwässer aus Industrie, Haushalten usw.)	<u>Technisch-industrielle Nutzungssysteme:</u> - Sandentnahme von Stränden, aus Vorstrand- und Schelfbereich - Abbau von Korallenriffen - Infrastrukturelle Erschließung (Straßen, Siedlungen usw.) - Errichtung von Industrieanlagen - Intensivierung des Tourismus - Landgewinnungsmaßnahmen <u>Folge:</u> - Veränderung marin-litoralen Sedimenthaushalts - Veränderung marin-litoraler Strömungsverhältnisse - Wasserverschmutzung (Abwässer aus Industrie, Haushalten, Hotels usw.)

Tab. 9: Faktoren der Humaninfluenz und ihre Bedeutung für die rezente Morphodynamik der Küsten Sri Lankas

Als erstes seien hier Auswirkungen der bisher in Sri Lanka kaum berücksichtigten Beeinträchtigung des Flußsedimenttransports genannt, die im Zusammenhang mit der Intensivierung der Land- und Forstwirtschaft im Küstenhinterland wie im zentralen Bergland und der steigenden Zahl von Bewässerungsprojekten - besonders in der Trockenzone (z.B. "Walawe Ganga Scheme", "Mahaweli Ganga Schemes" usw.) - stehen. Gerade Bewässerungsprojekte und der damit verbundene Bau von Bewässerungskanälen und Staudämmen haben nicht nur eine Verminderung der Abflußmenge, sondern auch des Materialtransports in den Flüssen zur Folge. Die dadurch verminderte Bereitstellung von Flußsediment an den Flußmündungen kann dann an benachbarten Stränden zu Küstenerosion führen. Auf der anderen Seite bewirken Rodungsmaßnahmen, nicht angepaßte landwirtschaftliche Arbeitsmethoden und -nutzungsformen sowie die Folgen langjähriger Übernutzung im gesamten zentralen Bergland und die zunehmende Ausdehnung der "Chena cultivation" (Brandrodungsfeldbau) (vgl. HAUSHERR, 1971) eine zunehmend intensivere Bodenerosion und Hanginstabilität (PREU, 1987b), so daß hierdurch eine Erhöhung des Materialtransports in den Flüssen hervorgerufen wird.

Weitere bedeutsame anthropogene Eingriffe in natürliche Abflußverhältnisse der Flüsse Sri Lankas erfolgen durch den Bau von Hochwasserschutzanlagen ("flood control schemes") in den sehr gefällsarmen Unterläufen der wasserreichen Flüsse im SW (z.B. Nilwala Ganga) sowie durch die Errichtung langgestreckter, flächenmäßig äußerst ausgedehnter Wasserreservoirs oder Wasserreservoirtreppen zur Gewinnung von Energie oder - wie im Falle des Mittel- und Unterlaufs der Mahaweli Ganga - als Grundlage großangelegter Landerschließungsmaßnahmen und Bewässerungsprojekte. Bauwerke dieser Größenordnung modifizieren nicht nur die Abflußmenge eines Flusses, sondern greifen nachhaltig und in gravierender Form zum einen in die Abflußcharakteristika und -dynamik des Flusses unterhalb des Dammes und zum zweiten in seinen Materialtransport ein, da die gesamte Sedimentfracht aus dem Flußoberlauf im Wasserreservoir zurückgehalten wird.

Daneben wird die natürliche terrestrische Steuerungsdynamik der Küsten Sri Lankas in bedeutsamem Maß vor allem durch die

Sandentnahme aus Flüssen anthropogen beeinflußt, bleibt aber schwerpunktmäßig im wesentlichen auf die fünf großen Flußeinzugsgebiete der Feuchtzone im W und SW der Insel (siehe Abb. 8) beschränkt. Hier haben sich vor allem entlang der Flußunterläufe infolge zunehmender Bautätigkeit und steigendem Bedarf an Baugrundstoffen eine Vielzahl von Firmen niedergelassen, die mit steigender Intensität den Sand an den Sohlen dieser Flüsse abbauen und vor Ort in Mischanlagen zu Beton verarbeiten. Jedoch stellen gerade die Flußeinzugsgebiete der Maha Oya, Kelani Ganga, Kalu Ganga, Gin Ganga und Nilwala Ganga, die an der W-Küste und SW-Küste zwischen Negombo und "Dondra Head" münden, die wichtigsten Sedimentliefergebiete für die Lockersedimentküsten im W und SW der Insel dar und sind somit für die Bildung und Stabilität dieser Strände verantwortlich. Nachdem diese Flüsse das z.T. mehrere Kilometer breite Küstenhinterland durchquert (siehe Anhang 10.1) und ihre Sedimentfracht teilweise in Lagunen abgelagert haben, erreichen sie die Küste, wo ihre Flußfracht von den küstennahen Strömungen aufgenommen wird und in den Küstenlängstransport der saisonal vorherrschenden Setzrichtung (siehe Abb. 23) eingeht, bis dieses Sediment dann die Strände erreicht. Nach kalkulatorischen Berechnungen von PREU (1987c und 1988) muß angenommen werden, daß ca. 50% der rezenten Strände an der W- und SW- Küste zu 70% direkt durch die Sedimentfracht der einmündenden Flüsse versorgt werden. Zwar liegen bis heute über die Sandentnahmemengen in diesen Flüssen nur Schätzungen vor (CCD, 1986), die nach Aussagen des COAST CONSERVATION DEPARTMENT zu niedrig seien, jedoch lassen Berechnungen des potentiellen natürlichen Sedimenttransports (vgl. VANONI, 1975) dieser Flüsse erkennen, daß die Sandentnahmemengen z.T. deutlich die potentielle jährliche Sedimenttransportmenge der Flüsse übersteigen (vgl. PREU, 1987c und 1988). Diese anthropogene Reduzierung der Flußfracht führt zum einen zu einer Untersättigung der Küstenlängsströmung vor den Flußmündungen und zum anderen zu einer "Unterversorgung" der Lockersedimentstrände mit terrestrischem Material, so daß an diesen Küsten ein hydrodynamisches Gleichgewicht nur durch Sedimentaufnahme an den Lokkersedimentküsten, d.h. Küstenerosion, erlangt werden kann (siehe Abb. 22). Besonders hohe Erosionsraten treten deshalb vor allem im Umkreis von Flußmündungen in Richtung der dominanten Setzrichtung der Küstenlängsströmung (siehe Abb.23 und Abb. 24) auf.

Neben dieser unmittelbar wirkenden "Humaninfluenz" sind eine Reihe weiterer anthropogener Eingriffe von Bedeutung, die an der Küste selbst oder im Küstenhinterland und dem zentralen Bergland stattfinden und sich nur mittelbar auf die Morphodynamik der Küsten Sri Lankas auswirken. Vermehrter Einsatz von Düngemitteln, Insektiziden und Pestiziden auf den Reis- und Teeanbauflächen des Küstenhinterlandes und im zentralen Bergland, fehlende Abwasserentsorgungseinrichtungen in fast allen küstennahen Siedlungen, Städten und Touristenzentren, Abwassereinleitungen aus Industrieanlagen sowie unsachgemäßer Umgang mit Petroerzeugnissen auf Booten und Schiffen haben zu einer zunehmenden chemischen Belastung der Flüsse und Küstengewässer und zu einer Meeresverschmutzung geführt, die die Küsten- und küstennahen Ökosysteme zunehmend bedrohent.

Als repräsentatives Beispiel sei hier Hikkaduwa (siehe Abb. 19) angeführt, dessen Küste ein Saumriff mit anschließender Lagune vorgelagert ist. Der Ankerplatz in der Rifflagune bedeutet für das Korallenriff eine ökologische Belastung durch die Einleitung von Motorenöl und Schmierfetten, die infolge der morphographischen Situation nicht ins offene Meer gelangen können. Hinzu kommen die in den Hotels während der Tourismus-Hauptsaison (November bis April) gebunkerten Abwässer, die dann im SW-Monsun - bei auflandigen Winden (siehe Tab. 5) - ins Meer eingeleitet werden und nach Aussagen von Hotelbesitzern und Anwohnern oft tagelang in Küstennähe verbleiben. Wie Untersuchungen des Korallenriffes belegen, sind die meisten Korallenstöcke von einem schmierigen Film aus Braun- und Blaualgen mattenartig überzogen, der damit nicht nur das Wachstum der Korallenpolypen deutlich hindert, sondern auch zum Absterben des gesamten Korallenriffs führen kann. Dies bewirkt eine zunehmende Destabilisierung und abnehmende Resistenz des Riffes gegen anbrandende Wellen und kann nach dem Zerbrechen des gesamten Riffs oder eines Riffsegmentes zu Küstenerosion führen.

Zwar fehlt bisher aus Sri Lanka wissenschaftlich fundiertes Datenmaterial über Art und Umfang ungeklärter Abwassereinleitungen und den Grad der Meeresverschmutzung, so daß die Auswirkung dieses anthropogenen Einflusses auf die Morphodynamik der Küsten Sri Lankas nicht quantifiziert werden können. Jedoch zeigen Untersuchungen anderer Korallenriffe an der W- und SW-Küste ähnliche Ergebnisse wie in Hikkaduwa, so daß auch dort vergleichbare Entwicklungen zu erwarten sind, wie sie zudem für viele tropische Küsten nachgewiesen sind (vgl. GOUDIE, 1986).

3.3.3 Humaninfluenz auf marin-litorale Steuerungsdynamik

Wirkt sich Humaninfluenz im terrestrischen Milieu vorwiegend auf die natürlichen Abfluß- und Materialtransportverhältnisse der Flüsse aus, führen anthropogene Eingriffe in die natürliche marin-litorale Steuerungsdynamik der Küste vor allem zu Veränderungen der Hydrodynamik.

Zuerst sei hier der Abbau von Saumriffen entlang der SW-Küste zwischen Ambalangoda und "Dondra Head" genannt, der sich vor allem auf die Küste zwischen Akurala und Hikkaduwa konzentriert. Von Tauchern werden Korallenstöcke abgeschlagen, mit Flößen an den Strand transportiert und dort in Brennöfen zu ungelöschtem Kalk ("lime powder") verarbeitet. 1987 existierten im Raum Hikkaduwa 87 Kalkbrennereien, in denen nach offiziellen Angaben (vgl. CCD, 1986) 3000 bis 4000 Menschen arbeiteten.

Korallenabbau ist zwar in Sri Lanka seit präkolonialer Zeit bekannt, blieb aber auf die Produktion von "lime powder" beschränkt, der zum Verputzen und Weißeln von Tempeln und anderen bedeutenden Bauwerken benötigt wurde. Mit der Ankunft der Portugiesen (1505 - 1658) und Niederländer (1658 - 1796) wurden Korallen als Baustein für die Errichtung von Befestigungsanlagen, z.B. die Forts von Matara und Galle, und als Verputzmaterial in Kasernen und Wohngebäuden verwendet. Als im 19. Jahrhundert die Briten Sri Lanka besetzten, war die Verwendung von Korallenkalk allgemein üblich. Gegenwärtig werden jährlich durchschnittlich 3000m^3 bis 4000m^3 Korallen zwischen Akurala und Dodanduwa (S-lich Hikkaduwa) abgebaut; zusätzlich werden jährlich durchschnittlich 2000m^3 von den Stränden aufgesammelt. Der produzierte "limepowder" wird in vermehrtem Maße zur Amelioration von Böden und als Zusatz in verschiedenen Industrien des Landes verwendet. Innerhalb der letzten 50 Jahre wurde die Küstenlinie zwischen Akurala und Hikkaduwa um ca. 200m zurückverlegt, was in erster Linie auf diesen Korallenriffabbau zurückzuführen ist (vgl. PREU, 1987c).

Eine zusätzliche Dezimierung der Korallenriffe erfolgt durch "Dynamit-Fischen", die Sprengung von Riffen für gesicherte Hafeneinfahrten und die Zunahme des Tauchbetriebs; darüberhinaus ist die Entnahme von Korallen für den Souvenierverkauf nicht zu unterschätzen. Durch diese Beanspruchung werden nicht nur die Korallenriffe zunehmend abgebaut und verlieren damit ihre Funktion als "natürlicher Wellenbrecher", sondern werden auch andere Wellenklimate mit stark erodierender Wirkung geschaffen. So haben Sprengungen in den 50er Jahren für einen Navigationskanal zwischen der Küste von Hikkaduwa und der vorgelagerten Felsinsel Waal Islet (siehe Abb. 19) Ripströmungen hervorgerufen, die die Küste um mehrere hundert Meter zurückversetzt haben, so daß die Straße nur mit Hilfe von Steinschüttungen gesichert werden kann.

Einen zweiten bedeutenden anthropogenen Eingriff in die na-

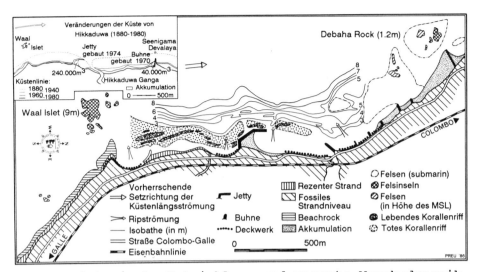

Abb. 19: Historische Entwicklung und rezente Morphodynamik der Küste von Hikkaduwa (SW-Küste)
(nach: MERGNER, H. and SCHEER, G., 1974; CCD, 1986; Luftbildern; Geländeuntersuchungen)

türliche marin-litorale Steuerungsdynamik stellen Küstenschutzbauwerke, d.h. Deckwerke, Buhnen und Hafenanlagen dar. Unkoordinierte und mangelhafte Planung und Bauausführung haben in vielen Fällen zu verstärkter Küstenerosion geführt oder diese erst initiiert, wie dies das Beispiel Hikkaduwa mit dem Neubau eines Fischereihafens und einer Buhne N-lich von Hikkaduwa belegen (siehe Abb. 19). Die im Jahre 1970 errichtete Buhne bewirkte zwar eine deutliche Akkumulation von ca. 40.000m^3 Sand in ihrem Luv, jedoch setzte sich in ihrem Lee der Küstenrückgang als Lee-Erosion verstärkt fort. Der Fischereihafen, der im Jahre 1974 zur Förderung der Küstenfischerei gebaut worden war, ist 1985 mit ungefähr 24.000m^3 Sand verfüllt und damit in seiner Nutzungsmöglichkeit sehr deutlich eingeschränkt. Dieses Sediment fehlt jedoch für den Strandaufbau in Richtung der vorherrschenden Küstenströmung und bewirkt Küstenrückgang. Vergleichbare Auswirkungen hatten der Bau des Fischereihafens in Beruwala und einer weitausschwingenden Kaianlage an der S-lichen Einfahrt des Hafens von Colombo, dessen Versandung nur durch ständige Ausbaggerungen verhindert werden kann.

Da vor allem die Flußmündungen an der W- und SW-Küste einen saisonalen Mündungsverschluß aufweisen, der häufig für die Landwirtschaft im Küstenhinterland zu negativen Folgen führen kann, wurde wiederholt versucht, mit technischen Maßnahmen eine ganzjährige Mündungsöffnung zu erreichen. Die Folgen derartiger Eingriffe in die natürlichen marin-litoralen Steuerungsfaktoren lassen sich am deutlichsten am Beispiel der Mündung der Panadura Ganga aufzeigen, die 30km S-lich von Colombo in den Indik mündet und eine Lagune mit umliegenden Reisfeldern entwässert. Während des NE-Monsuns (Oktober bis April) ist die Fließgeschwindigkeit dieses Flusses gering und seine Mündung häufig durch eine Sandbarre verschlossen. Dies führte immer wieder mit Einsetzen des SW-Monsuns zu Überflutungen des angrenzenden Reisanbaugebiets, so daß die Sandbarre mechanisch geöffnet werden mußte. Auf Veranlassung der Reisbauern errichtete im Jahre 1974 das IRRIGATION DEPARTMENT am S-Ufer der Flußmündung eine Buhne, um die Mündung ganzjährig offenzuhalten. Die Baumaßnahme zeigte jedoch rasch sehr negative Auswirkungen sowohl für die Morphodynamik der Küsten im Umkreis der Flußmündung wie das küstennahe Hinterland: Zum einen dringt nun während des SW-Monsuns Salzwasser in die Flußmündung und den Unterlauf der Panadura Ganga ein und führt zu einer zunehmenden Versalzung der Böden und damit Ertragsminderung; zum zweiten ist durch den Buhnenbau der bedeutende S-N-setzende Materialtransport (siehe Abb. 23) unterbrochen. Dies bewirkte im S der Buhne die Bildung eines mächtigen Akkumulationskörpers und im N der Flußmündung einen deutlichen Küstenrückgang zwischen Panadura und Moratuwa (siehe Abb. 24).

Einen vierten bedeutenden anthropogenen Eingriff in die natürliche marin-litorale Steuerungsdynamik stellen Veränderungen der Küstenvegetation dar. Da in präkolonialer Zeit die bedeutenden Siedlungszentren, wie z.B. Anuradhapura und Polonnaruwa, im Landesinneren lagen und sich an der Küste eine nur unbedeutende Fischerei entwickelt hatte, blieb die natürliche Küstenvegetation - nach TENNENT (1859) vor allem

aus Mangroven und "littoral woodland" mit Pandanus tectorius
bestehend - weitgehend frei von anthropogenen Veränderungen,
die auch noch zur Mitte des letzten Jahrhunderts sehr unbedeutend gewesen sein sollen (vgl. TENNENT, 1859). Diese Vegetation, die nur noch an wenigen Küstenabschnitten erhalten
ist, wurde für die Anlage von Kokosplantagen, die Gewinnung
von Bau- und Brennholz und seit Beginn des Tourismus in den
60er Jahren für den Bau von Hotelanlagen gerodet (vgl. PREU,
1987c). Die Folgen dieses anthropogenen Eingriffes und seiner Auswirkungen für die marin-litorale Steuerungsdynamik
sollen hier an zwei Beispielen aufgezeigt werden.

An der Küste von Negombo, das 30km N-lich von Colombo liegt
(siehe Abb. 27), wurde mit der Entwicklung des Tourismus in
zunehmendem Maße in einem 100m bis 150m breiten Streifen die
natürliche Küstenvegetation gerodet, um dort - perlschnurartig aufgereiht - Hotelanlagen zu errichten. S-lich Negombo
mündet die Lagune von Negombo, die durch eine 5m hohe Düne
vom Meer getrennt und von Beachrock unterlagert wird (Abb.
13). Dieser Beachrock, der ganzjährig die Sedimentaufnahme
von diesem Strandabschnitt deutlich einschränkt (siehe Kap.
3.2.1.5 und vgl.PREU et al., 1987a), dacht vor der Mündung
der Lagune gegen den Meeresboden ab und setzt dann aus. Die
Kelani Ganga, die im S dieses Küstenabschnittes in den Indik
mündet (siehe Abb. 8), muß auf Grund der dominanten S-N-setzenden Küstenlängsströmung (siehe Abb. 23) als die Hauptlieferquelle für die Sedimentversorgung der Strände der gesamten Küste zwischen Colombo und der Mündung der Maha Oya im N
von Negombo angesehen werden. Zudem ist zu berücksichtigen,
daß aus dem Unterlauf der Kelani Ganga große Sedimentmengen
entnommen werden (siehe oben), die dann nicht nur für den
Aufbau der N-lich anschließenden beachrockgesäumten Strände
fehlen, sondern auch entlang der gesamten Küste zwischen der
Mündung der Kelani Ganga und der Lagune von Negombo zu einer
"Untersättigung" der Küstenlängsströmung führen. Da erst mit
dem Aussetzen des Beachrock ein ungehindertes Auflaufen der
Wellen möglich wird, kommt es N-lich der Lagunenmündung zur

DISTANZ (in m)	ANTEIL (in %)
> 30m	7%
25m - 30m	21%
10m - 25m	22%
< 10m	50%

Tab. 10: Distanzen zwischen der Tidehochwasserlinie und den Hotelfronten an der Küste von Negombo (W-Küste) (aus: CCD, 1986)

Küstenrückverlegung (siehe Abb. 24), die durch Rodung natürlicher Küstenvegetation unterstützt wurde. Heute stehen 80% der Hotelanlagen in Negombo - vor allem die sehr nahe an der Tidehochwasserlinie gelegenen (siehe Ta. 10) - vor dem Problem, vor allem während des SW-Monsuns von auflaufenden Wellen erreicht und unterspült zu werden. Entsprechend der sedimentologischen und ozeanographischen Verhältnisse und Rahmenbedingungen dieser Küste sollte hier ein mindestens 30m breiter Streifen standortgerechter Vegetation als "Schutzzone" eingerichtet werden.

Ein zweites Beispiel der Auswirkungen anthropogener Veränderungen der Küstenvegetation für die marin-litorale Steuerungsdynamik soll ein Küstenabschnitt N-lich von Hikkaduwa (siehe Abb. 20) repräsentieren, der mit Hilfe der Ballon-Fotoeinrichtung (siehe Abb. 1) erfaßt worden ist. Entlang der Straße säumen auf einem höher gelegenen fossilen Strandniveau vor allem Häuser und Palmenanpflanzungen den rezenten Lockersedimentstrand, wohingegen natürliche Küstenvegetation - hier vor allem bodendeckende Strandwinden - nur selten erhalten ist und durch eine Vielzahl von Fußpfaden "kanalartig" durchschnitten wird. Steinhaufen, die vom COAST CONSERVATION DEPARTMENT bereits für den Bau von Deckwerken bereitgestellt wurden, deuten die Problematik dieser Küste und ihrer Bedrohung durch Küstenrückgang an. Während des NE-Monsun weist der rezente Strand eine durchschnittliche Breite von 50m auf, so daß auflaufende Wellen weder die Grundstücke noch die Front des fossilen Strandniveaus mit seiner

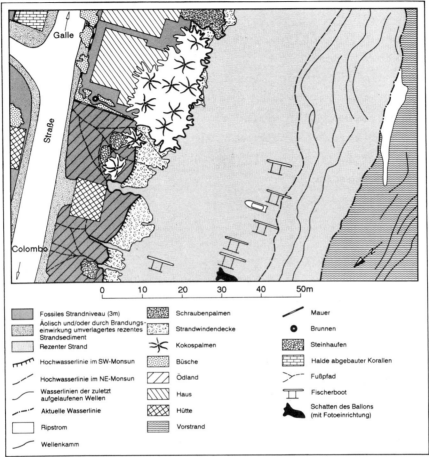

Abb. 20: Aktualmorphodynamik einer Lockersedimentküste N-lich Hikkaduwa (SW-Küste)
(Auswertung eines LAP-Luftbilds; siehe Kap. 1.4.2)

Strandwindendecke erreichen können. Hingegen laufen die höheren SW-monsunalen Wellen nicht nur bis an diese Vegetationskante auf, sondern durchbrechen in den "kanalartig" vertieften Fußpfaden den schmalen Vegetationssaum und dringen bis auf die Straße vor. Die beidseits die Fahrbahn säumenden Strandsedimente zeugen davon, daß im SW-Monsun diese Straße häufig sandverschüttet und damit unpassierbar ist. Das rücklaufende Wasser vertieft dann nicht nur diese Fußpfade, sondern bewirkt auch ihre laterale Ausweitung, so daß zunehmend die Vegetation und die Sedimente des fossilen Strandniveaus aufgearbeitet und erodiert werden.

4 KÜSTENTYPEN UND IHRE REZENTE MORPHODYNAMIK

Nach der Differenzierung der Küsten Sri Lankas in regional und sektoral dominante Küstentypen wird der Versuch unternommen, die Küsten der Insel auf der Grundlage ihrer terrestrischen wie marin-litoralen Steuerungsfaktoren und rezenten Morphodynamik zu gliedern. Zum Abschluß soll dann noch untersucht werden, inwieweit die Küsten Sri Lankas und ihre rezente Morphodynamik mit bestehenden Klassifikationssystemen erfaßt werden.

4.1 Küstentypen

Die übergeordnete Erfassung und Charakterisierung eines Küstenreliefs kann auf der Basis sehr unterschiedlicher Kriterien (vgl. GIERLOFF-EMDEN, 1980) erfolgen und sehr unterschiedliche Ordnungsaspekte, z.B. topographische Ausrichtung, Lage, Beschaffenheit des Unterwasserreliefs, Exposition zu Meeresströmungen und Wellen, Genese und Geometrie der Küste (YASSO, 1965), berücksichtigen. Hier soll jedoch von den morphographisch-morphologischen Verhältnissen des Küstenreliefs ausgegangen werden, um somit zum einen zumindest teilweise Ordnungskriterien anderer Erfassungssysteme berücksichtigen zu können, und zum zweiten die notwendige Voraussetzung für die spätere Formulierung einer "dynamischen" Küstenklassifikation (vgl. PREU, 1988) zu schaffen.

Nach ihren morphographisch-morphologischen Erscheinungsformen lassen sich die Küsten Sri Lankas in Anlehnung an SWAN (1983) in vier dominante Küstentypen (siehe Abb. 21) untergliedern, die unter Berücksichtigung ihres räumlichen Auftretens und charakteristischer Formenvergesellschaftungen weiter differenziert werden können. Auffallend ist jedoch, daß die sektorale Anordnung der dominanten Küstentypen von der hygroklimatischen Zugehörigkeit der Küsten weitgehend

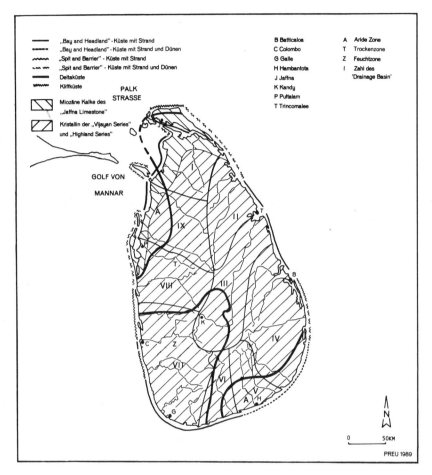

Abb. 21: Küstentypen der Insel Sri Lanka

unabhängig ist.

Die gesamte Küste zwischen Beruwala im SW und Tangalle im S, die von der Feucht- über die Trocken- in die aride Zone übergeht, eine kleine Küstensequenz zwischen Colombo und Mount Lavinia sowie die E-Küste zwischen Batticaloa und Koduwakattumalai (N-lich Kuchchaveli), die in der Trockenzone liegt, sind insgesamt als "Bay and Headland Coast" zu charakterisieren, jedoch zeigen die "Headlands" dieses Küstentyps deutliche regionale Unterschiede. Die "Headlands" der SW-Küste bei Colombo sowie zwischen Balapitiya (S-lich Beruwala) und "Dondra Head" sind Inselberge, denen vor der

Küste weitere Inselberge in Form von Riffen oder vorgelagerten Felsinseln folgen. Hingegen stellen die "Headlands" der SW-Küste zwischen Beruwala und Balapituja, der S-Küste E-lich "Dondra Head" und der E-Küste vor allem zwischen "Koddiyar Bay" und der Lagune von Kokkilai Härtlingszüge der "Southwestern Group" (SW- und S-Küste) bzw. "Highland Series" (E-Küste) dar, denen mit nur sehr wenigen Ausnahmen - z.B. "Pigeon Island" vor der Küste von Nilaveli (siehe Abb. 40) - keine weiteren Felsinseln vorgelagert sind. Häufig schließen sich hier Riffe im Anstehenden an, die in Fortsetzung der Härtlingszüge an der Küste und im Küstenhinterland streichen.

In Abhängigkeit ihrer geologisch-morphologischen Situation ändert sich nicht nur die Größe der Buchten, sondern auch die Exposition dieser meist asymmetrischen und zwischen den "Headlands" zetaförmig schwingenden Küstenabschnitte. Die Buchten an der E-Küste sind vorwiegend kleine, aber langgestreckte morphographische Einheiten, die sich N-lich Trincomalee mit S-Exposition an die im N gelegenen "Headlands" anschließen, wohingegen die Buchten S-lich von Trincomalee - mit Ausnahme der Vandeloos Bucht vor der Mündung der Valachchinai Aru (siehe Abb. 38) - in N-Exposition liegen. Im SW und S sind die Buchten hingegen insgesamt größer. E-lich "Dondra Head" schließen eine Reihe von E-exponierten, ebenfalls zetaförmigen "Pocket-Bays" an, die in das gegen die Küste ausstreichende Kristallin der "Southwestern Group" eingebettet sind und nach E an Größe zunehmen. W-lich von "Dondra Head" erreichen die Buchten - mit Ausnahme der Küste zwischen Galle und Weligama - insgesamt größere Längserstreckungen als an der S-Küste und sind nach W bzw. N exponiert. Bei Galle und Weligama ist die SW-Küste durch zwei nahezu geometrische Buchten mit SW-Exposition - eingebettet in die NW-SE-streichende "Southwestern-Group" - unterbrochen, ist darüber hinaus aber nur wenig strukturiert.

Auch die "Headlands" der "Bay and Headland Coast" entlang

der Küste zwischen Tangalle (S-Küste) und Arugambay (E-Küste), die im Bereich der ariden Zone liegen, formen Inselberge, an die sich in E- bis N-Exposition langgezogene zetaförmige Buchten anschließen (siehe Abb. 33 bis Abb. 36). Hier treten zudem bis zu 10m hohe, meist SW-NE verlaufende Longitudinaldünen mit kleineren Transversaldünen auf, die nicht selten den Inselbergen aufsitzen und dann eine Höhe von bis zu 30m erreichen können (vgl. SWAN, 1979).

Den zweiten dominanten Küstentyp stellt die "Spit and Barrier Coast" dar, die ebenfalls in allen hygroklimatischen Provinzen Sri Lankas auftritt. In der ariden Zone und der Trockenzone - mit Ausnahme der Küste von Batticaloa - charakterisieren diesen Typ an der E- und NE-Küste zudem Dünensysteme, die vor allem im NE zwischen "Point Pedro" und Koduwakattumalai (N-lich Kuchchaveli) und im E zwischen Kalmunai und Arugambay durch langgezogene, vorwiegend NNE-SSW verlaufende Longitudinaldünen geformt werden. An der W-Küste herrschen N-lich Chilaw zuerst Longitudinaldünen vor, die dann an der N-Spitze der Halbinsel Kalpitiya (Lagune von Puttalam), auf der Insel Karaitivu, entlang der NW-SE-verlaufenden Küste der Insel Mannar und am S-Ufer der Halbinseln von Pooneryn und Jaffna von Transversaldünensystemen barchanähnlicher Ausprägung abgelöst werden. Diese Dünen erreichen Höhen von 3m bis 5m und sitzen teilweise fossilen Dünen auf (siehe Abb. 25). Der "Spit and Barrier Coast" an der E-Küste entlang der Lagune von Batticaloa (Trockenzone) und entlang der SW-Küste zwischen Mount Lavinia und Beruwala (Feuchtzone) fehlen rezent Dünen.

Auch die W-Küste zwischen Colombo und Chilaw ist eine "Spit and Barrier Coast" (siehe Abb. 26 und Abb. 27), deren Nehrungshaken in Lage und Länge sowohl im Bereich der Lagune von Negombo wie der Lagune von Chilaw von einer ca. 1.50m mächtigen Beachrockplatte bestimmt werden. Fehlen rezente Dünensysteme im S dieser Küste, die im Bereich der Feuchtzone liegt, setzen nach N in der Trockenzone zunehmend lokal begrenzte Dünenfelder ein, die im Raum Chilaw eine Höhe von 2m bis 3m erreichen.

Den dritten dominanten Typ stellen die durch Deltaschüttungen geformten Küsten dar, der fast auschließlich im NW und an den Küsten der Palk Straße S-lich von Jaffna auftritt. Das Hinterland dieser Küsten, die entweder der ariden Zone angehören oder in räumlicher Nähe zu ihr liegen und an denen die meist nur sehr kurzen Flußläufe der "Drainage Basins" I und IX (siehe Abb. 8) münden, prägen sebkah-ähnliche "saline flats". Auch das Mündungsgebiet der Mahaweli Ganga an der E-Küste bei Trincomalee gehört diesem Küstentyp an, jedoch haben hier ausgedehnte Drainagemaßnahmen und eine intensive landwirtschaftliche Nutzung zu einer weitgehenden Veränderung der natürlichen Verhältnisse geführt.

Auf Grund ihres lokal begrenzten Auftretens an der N-Küste der Halbinsel von Jaffna und im N der Lagune von Puttalam sind Kliffküsten in den miozänen Kalken des "Jaffna Limestone" von nur untergeordneter Bedeutung. Dies gilt auch für andere lokal begrenzte Küstenformen und -typen wie Lagunen, Strandseen und Flußmündungen.

Die Flußmündungen an der "Bay and Headland Coast" der SW- und S-Küste schließen meist unmittelbar N-lich der "Headlands" an und zeigen häufig gegen die dominante Setzrichtung der küstennahen Strömungen verschleppte Mündungen, sind jedoch insgesamt lagestabil. Münden Flüsse aber an Lockersedimentküsten, sind die Mündungen in der Regel sehr instabil und können saisonal wie langjährig in ihrer topographischen Lage sehr deutlich variieren. Als Beispiel sei hier von der SW-Küste die Kalu Ganga (siehe Anhang 10.6) genannt, deren Flußmündung bei Kalutara unter dem Einfluß des saisonalen Wechsels der dominanten Küstenströmungssetzrichtung (siehe Abb. 23) nahezu periodisch verlagert wird. Der bedeutendste Flußmündungstyp sind Ästuare, die infolge der postpleistozänen Meerestransgression an fast allen großen Flüssen aller

Küsten - z.B. Walawe Ganga an der S-Küste und Valachchinai Aru an der E-Küste (siehe Abb. 38) - entstanden sind.

Mehr oder weniger vom Meer abgeschlossene Wasserbecken formen im Hinterland fast aller Küsten Sri Lankas ein charakteristisches Bild: Lagunen mit direktem Abfluß zum Meer und Strandseen, die heute durch künstliche Kanäle eine Verbindung zum Meer haben. Die Bildung der Lagunen setzte bereits mit der postpleistozänen Meerestransgression ein, als dominante Küstenlängsströmungen eine "Glättung" der Küste bewirkten und Sandbarren wie Nehrungshaken Lagunen abschnürten. Wie das Beispiel des "Mundal Lake" (siehe Abb. 26) an der W-Küste S-lich der Lagune von Puttalam zeigt, erfolgte dann im Laufe des Holozän eine teilweise oder vollständige Verfüllung der Lagunen. Die Genese von Strandseen, die vor allem an der S- und E-Küste auftreten, ist in der Regel mit der Bildung von Dünen und Sandbarren verbunden, die sich - an Inselbergen wurzelnd - in Setzrichtung der dominanten Küstenlängsströmung entwickelt haben und so kleine Buchten und Flußmündungen abgetrennt haben.

Diese deskriptive Erfassung und Gliederung der Küsten Sri Lankas vermittelt zwar einen allgemeinen Überblick über das Formeninventar des Küstenreliefs, erlaubt jedoch keine Aussagen über ihre morphologischen und morphodynamischen Formungsbedingungen und -verhältnisse, so daß dann auf Grund fehlender Berücksichtigung der einwirkenden terrestrischen und marin-litoralen Steuerungsfaktoren nicht geklärt werden kann, inwieweit und ob die Qualität und Quantität der Genese und rezenten Morphodynamik eines abgegrenzten Küstenabschnittes küstentyp-immanent oder steuerungsfaktoren-abhängig ist. Wie oben ausgeführt (siehe Abb. 7), resultieren Genese und Morphodynamik einer Küste aus dem komplexen System der einwirkenden Steuerungsfaktoren auf eine bereits bestehende Küste. Da Qualität und Quantität der Steuerungsfaktoren - mit Ausnahme tektonisch bestimmter Küsten - klimaabhängig sind, sind nicht nur die rezenten, sondern auch die zeitlich, d.h. stratigraphisch differenzierten klimatischen Verhältnisse der Vorzeit von Bedeutung. Die Berücksichtigung dieser Zusammenhänge kann mit der deskriptiven Erfassung und Klassifizierung von Küstenformen und ihrer Typisierung nicht geleistet werden, so daß somit auf Grund der Verwendung nur allgemeiner, d.h. letztlich "azonaler" Gliederungskriterien ein Vergleich zwischen unterschiedlichen Küsten und Küstenabschnitten - nicht nur innerhalb Sri Lankas - unmöglich wird. Dies sei am Beispiel der wichtigsten Küstentypen, d.h. der "Bay and Headland Coast" und der "Spit and Barrier Coast", erläutert. Beide Küstentypen, die in erster Ordnung in nahezu allen hygroklimatischen Provinzen der Insel auftreten, werden erst in zweiter Ordnung mit einem einzigen zusätzlichen Unterscheidungskriterium, d.h. dem Auftreten bzw. Nichtauftreten von Dünen, weiter differenziert. Wird hingegen bei der Typisierung dieser Küsten das System der natürlichen Steuerungsfaktoren zugrunde gelegt, die zur Bildung dieser scheinbar an allen Küsten Sri Lankas gleichförmig auftretenden Küstentypen geführt hat, zeigt sich die deutlich klimatisch gesteuerte Formung. Sicherlich können Küsten in den verschiedenen hygroklimatischen Provinzen der Insel eine gewisse Formenkongruenz aufweisen, jedoch ist dies dann das Ergebnis - in Quantität wie Qualität - sehr unterschiedlicher Steuerungsfaktoren und daraus resultierender Morphodynamik.

4.2 Küstentypisierung auf der Grundlage der rezenten Steuerungs- und Morphodynamik

Wie bereits ausgeführt (siehe Kap. 4.1), ermöglicht die deskriptive Klassifizierung des Küstenreliefs weder die Erfassung der Genese noch die Berücksichtigung der rezenten Morphodynamik einer Küste. Ausgangspunkt einer Differenzierung der Küsten Sri Lankas nach ihrer rezenten Morphodynamik muß deshalb die rezente Morphodynamik selbst sowie die

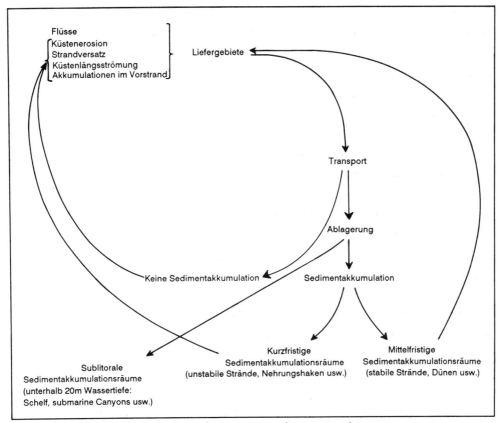

Abb. 22: Genetisch-dynamischer Sedimentkreislauf an den Küsten der Insel Sri Lanka

Bedeutung ihrer rezenten terrestrischen wie marin-litoralen Steuerungsdynamik sein. Da in Sri Lanka insgesamt Lockersedimentküsten überwiegen, soll hier zuerst allgemein auf den "Sedimentkreislauf" und seine Dynamik eingegangen werden, bevor dann eine Gliederung der Küsten auf der Grundlage ihrer rezenten Steuerungs- und Morphodynamik vorgenommen wird.

Der bedeutendste Sedimentlieferant für die Küsten Sri Lankas (siehe Abb. 22) sind die Flußsysteme, die aus dem Küstenhinterland und - in den meisten Fällen (siehe Abb. 8) - dem zentralen Bergland an ihre Mündungen terrestrische Verwitterungsprodukte transportieren, die dort von Wellen und Strömung aufgenommen und den Küsten, d.h. Stränden, Nehrungen usw., in Abhängigkeit der dominanten Setzrichtung zugeführt werden. Ist dieser Sediment-Input zu gering, um gegen einwirkende Wellen- und Strömungsdynamik ein stabiles Gleichgewicht zu halten, setzt die Abtragung von Strandsediment, d.h. Küstenerosion ein. Dieser Prozeß ist nach der Einleitung fluviativen Sediments die rezent wohl zweitwichtigste Sedimentquelle für die Küsten Sri Lankas. Darüberhinaus steht Sediment aus dem allgemeinen Küstenlängstransport und z.T. den im Vorstrand saisonal akkumulierten Sedimenten ("Sommerstrand" - "Winterstrand") zur Verfügung.

Das durch Wellen und Strömungen aufgenommene Sediment wird vorwiegend küstenparallel verlagert und kommt bei Veränderungen der hydrodynamischen Bedingungen zur Ablagerung. Wie dauerhaft diese Akkumulation ist, hängt dabei vor allem von wellenklimatischen Verhältnissen der jeweiligen Küsten ab. Erreicht das Sediment jedoch Wassertiefen von mehr als 20m, verläßt es den "Sedimentkreislauf", da die in den Küstengewässern Sri Lankas dominanten Wellenklimate (siehe Abb. 18) dieses Sediment nicht wieder aufzunehmen vermögen.

Wie die Analyse der natürlichen Steuerungsfaktoren (siehe Kap. 3.2) gezeigt hat, zeigt zwar sowohl die terrestrische wie die marin-litorale Formungsdynamik eine übergeordnete klimatische Abhängigkeit, beginnt und endet jedoch an den Küsten der Insel zeitlich versetzt. Dieser "time lag" ist das bestimmende zonale bzw. regionale Moment für die rezente Morphodynamik der Küsten Sri Lankas. Unter Einbeziehung der zeitlichen Dimension müssen neben diesem zonal-regionalen "Grundmodell" zum einen der ozeanweite eustatische Meeresspiegelanstieg - ein azonaler Faktor, der sich aber modifizierend auf den marin-litoralen Formungsanteil auswirkt, - und zum zweiten die interannuellen und innerannuellen Niederschlagsschwankungen, die sich nicht nur für das Abfluß-verhalten, sondern auch den Materialtransport der Flüsse auswirken, berücksichtigt werden. Um diese beiden Ebenen im folgenden klar trennen zu können, soll hier in (1) die genetisch-morphodynamische Betrachtung der rezenten Morphodyna-

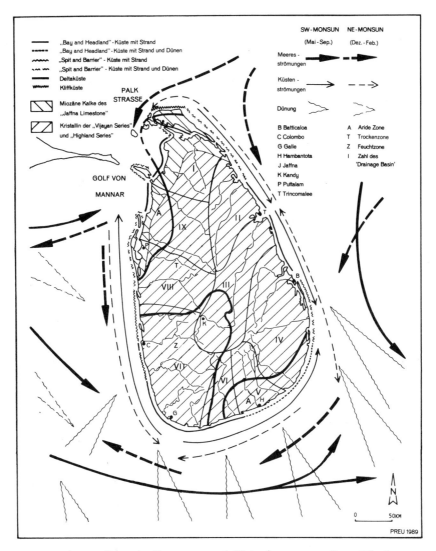

Abb. 23: Saisonale Strömungsverhältnisse an den Küsten und im Seeraum um Sri Lanka

mik auf der Ebene ihrer Steuerungsfaktoren, d.h. auf der Ebene des "Grundmodells", und (2) die Untersuchung der aktual-morphodynamischen Prozesse, die unter Einbeziehung der zeitlichen Dimension die Veränderungen der Küste berücksichtigt, unterschieden werden.

Ausgangspunkt einer Küstendifferenzierung muß nach dem genetisch-morphodynamischen "Sedimentkreislauf" (siehe Abb.

22) die terrestrische Sedimentzufuhr sein. Da die Küsten der Insel aber hinsichtlich ihrer Sedimentdynamik ein offenes System darstellen, kann nur sehr bedingt von den einzelnen "Drainage Basins" ausgegangen werden. Dies zeigt am deutlichsten die E-Küste, wo die Bedeutung des fluviatilen Sedimenteintrags der Mahaweli Ganga für die rezente Morphodynamik weiter Bereiche der E-Küste den der anderen an dieser Küste mündenden Flüssen der "Drainage Basins" I und II (siehe Abb. 8, Abb. 9 und Anhang 10.2) deutlich übertrifft. Diese Flüsse erreichen zwischen dem Ende des zweiten Intermonsuns und zu Beginn des NE-Monsuns, d.h. zwischen November und Januar (siehe Tab. 4), ihr Abfluß- und somit Materialtransportmaximum, können aber insgesamt aufgrund der Vielzahl von Lagunen nur durchschnittlich 2/3 der mitgeführten Flußfracht für die rezente Küstenmorphodynamik zur Verfügung stellen, so daß der von Oktober bis Februar (zweiter Intermonsun und NE-Monsun) anhaltende Sedimenteintrag durch die Mahaweli Ganga für diese Küste eine herausragende Bedeutung gewinnt. Die im NE-Monsun N-setzenden Küstenlängsströmungen (siehe Abb. 23) nehmen die Flußfracht vor der Mündung der Mahaweli Ganga in der "Koddiyar Bay" auf und führen es der N-lich von Trincomalee anschließenden NE-Küste zu, wie dies Sedimentakkumulationen im S der "Headlands" und die Lage und Ausrichtung von Nehrungshaken sowie der Sandbarrieren belegen (siehe Abb. 40). Dies bedeutet, daß sich die hier nach morphographisch-morphologischen Kriterien ausgegliederten "Bay and Headland Coast"- und "Spit and Barrier Coast"-Küstenabschnitte aus genetisch-morphodynamischer und hydrodynamischer Sicht kaum unterscheiden und sich im wesentlichen nur durch das Vorhandensein oder Fehlen von "Headlands" differenzieren lassen. Im SW-Monsun wird der Sedimenteintrag der Mahaweli Ganga auf Grund der S-setzenden Küstenströmungen, wie dies auch die Analyse der SW-monsunalen Driftsetzrichtung der Sedimentfahnen vor der "Koddiyar Bay" (siehe Abb. 12) belegen, an die Küsten S-lich von Trincomalee verlagert. Da jedoch zu dieser Phase die Mahaweli Ganga an der Mündung ihr Abfluß- und damit Material-

transportminimum (siehe Abb. 11) erreicht und der Sedimenteintrag auf Grund nur geringer Küstenströmungssetzgeschwindigkeiten bedingt verlagert werden kann, bleibt die Bedeutung dieses fluviatilen Sedimenteintrags im SW-Monsun für die rezente Morphodynamik dieser Küste räumlich relativ begrenzt. Hingegen erreicht diesen Küstenabschnitt vor allem zwischen Februar und März Sediment aus den Flüssen des "Drainage Basin" IV, das durch die zumindest teilweise N-setzende Küstenströmungen verlagert wird; aus genetisch-morphodynamischer Sicht spielen hingegen die SW-monsunalen Strömungsverhältnisse eine nur geringe Rolle.

Dies ändert sich jedoch sehr deutlich an der gesamten Küste zwischen Batticaloa und Galle, entlang der die Flüsse der "Drainage Basins" IV, V, VI und VII münden. Da die Flüsse der "Drainage Basins" IV, V und VI ihr Materialtransportmaximum erst während des zweiten Intermonsuns und zu Beginn des NE-Monsuns erreichen (siehe Abb. 8, Tab. 4 und Anhang 10.2), bewirken vor allem die anfangs noch dominanten SW-monsunalen, d.h. E-setzenden Küstenlängsströmungen (siehe Abb. 23) zwischen Galle und Arugambay eine intensive Umverlagerung von Strandsediment aus dem E der jeweiligen "Headlands" ins Luv des darauffolgenden. Diese Sedimentumverlagerung führt N-lich von Arugambay in Verbindung mit der aus SSE auflaufenden Dünung zu bedeutenden Sedimentakkumulationen, wie dies u.a. das Beispiel des großen Nehrungshakens vor der Lagune von Batticaloa (siehe Abb. 37) belegt.

Auch die gesamte SW- und W-Küste zwischen Galle und der N-Spitze der Lagune von Puttalam zeigt eine zeitlich versetzte, zweiphasige Dynamik der terrestrischen und marin-litoralen Steuerungsfaktoren. Ein erstes Materialtransportmaximum erreichen die Flüsse des "Drainage Basin" VII mit dem Beginn des SW-Monsuns (siehe Abb. 8 und Anhang 10.2), wenn die SW-monsunalen hydrodynamischen Verhältnisse an dieser Küste noch nicht voll entwickelt sind. Dies führt zu Mündungsverschlüssen vorwiegend kleinerer Flüsse. Erst mit einer zeitlichen Verzögerung wird dann dieses Sediment von N-setzenden Küstenlängsströmungen (siehe Abb. 23) aufgenommen und küstenparallel verlagert. Dies bedeutet, daß Genese wie Dynamik der großen Nehrungen an der W-Küste vor den Lagunen von Negombo (siehe Abb. 27), Chilaw und Puttalam (Halbinsel Kalpitiya) (siehe Abb. 26) überwiegend von den fluviatilen Sedimenten des "Drainage Basin" VII abhängen. Da im SW-Monsun die Oberflächenmeeresströmungen die SW-Küste - hier vor allem in der Umgebung von Galle - in stumpfem Winkel erreichen und zu meist großen Setzgeschwindigkeiten der Küstenlängsströmungen (siehe Tab. 7) führen, kommt es dann an den Lockersedimentstränden der SW-Küste zu einem teilweise sehr bedeutenden "natürlichen" Sedimentverlust (siehe Abb. 24), der jedoch im darauffolgenden NE-Monsun durch eine aus NW auflaufende Dünung und vor allem infolge des sekundären Abfluß- bzw. Materialtransportmaximums der Flüsse des "Drainage Basin" VII (siehe Abb. 9) während des zweiten Intermonsuns zumindest teilweise kompensiert wird.

Auch die NW-Küste N-lich der Lagune von Puttalam und weite Küstenabschnitte entlang der Halbinsel von Jaffna mit ihrem ausgedehnten Lagunensystem sind im Sinne des genetisch-morphodynamischen "Sedimentkreislaufs" vor allem durch terrestrische Einflüsse geprägt, wie die Deltaschüttungen an den Mündungen der "Drainage Basins" IX und I (siehe Abb. 8 und Abb. 21) belegen.

Die Untersuchung der "Aktual-Morphodynamik" zeigt, daß die Küsten Sri Lankas - mit Ausnahme zweier Küstenabschnitte N-lich und S-lich von Trincomalee - von einer zwar sektoral unterschiedlichen, jedoch insgesamt z.T. sehr intensiven positiven Verschiebung der Küstenlinie gekennzeichnet sind (siehe Abb. 24, Anhang 10.6.2 und Anhang 10.6.3). Inwieweit die für die letzten 25 Jahre ermittelten Erosionsraten die tatsächlichen Verhältnisse widerspiegeln, kann nur vermutet werden, da Maßstab und Genauigkeit der verwendeten Karten wie Luft- und Satellitenbilder auf Grund der nur schmalen

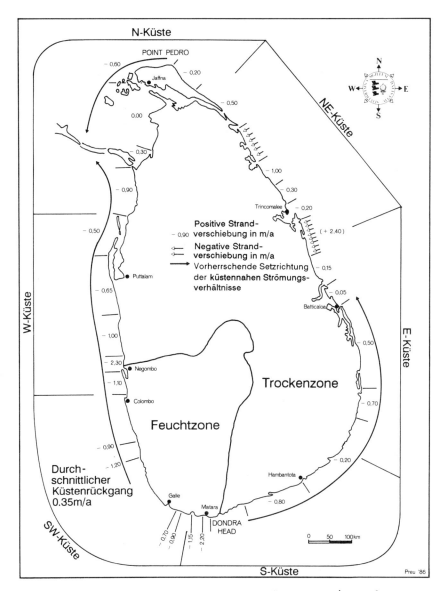

Abb. 24: Rezente Veränderungen der Küsten Sri Lankas

Strandsäume häufig keine exakte Lokalisierung und Erfassung der Strandverschiebung zulassen. Aus diesem Grunde wurden zusätzlich Ergebnisse einer Befragungsaktion des COAST CONSERVATION DEPARTMENT (1986) verwendet, die zwar die gesamte Küste des Landes berücksichtigte, jedoch infolge der sehr unterschiedlichen Siedlungsdichte an den Küsten der Insel nur begrenzt aussagekräftig ist. Dessen ungeachtet kann festgehalten werden, daß (1) die Küsten Sri Lankas insgesamt zurückweichen, (2) kein spezifischer Zusammenhang zwischen Küstenrückgang allgemein und den hygroklimatischen Provinzen der Insel hergestellt werden kann, (3) das Auftreten von Küstenrückgang unabhängig von Qualität und Quantität der terrestrischen und marin-litoralen Steuerungsdynamik erfolgt, und (4) Küstenrückgang kein ursächlich anthropogen verursachtes Problem ist, wie dies von einer Reihe srilankischer Behörden angenommen wird. Wie bereits oben ausgeführt (siehe Kap. 3.3), wird der Küstenrückgang in Sri Lanka durch anthropogenes Eingreifen in die natürliche Steuerungsdynamik der Küsten zwar beeinflußt und modifiziert oder an vielen Küstenabschnitten erst initiiert, jedoch sind diese Eingriffe nicht ursächlich für den an allen Küsten zu beobachtenden Küstenrückgang verantwortlich. Vielmehr konterkarieren, überprägen oder verstärken anthropogene Einflüsse die kurz-, mittel- und langfristigen Veränderungen der verantwortlichen natürlichen Steuerungsdynamik der rezenten Morphodynamik der Küsten, so daß der derzeitige Rückgang der Küsten Sri Lankas wesentlich auf folgende drei Ursachen zurückzuführen ist:

(1) Der derzeitige eustatische Meeresspiegelanstieg (siehe Kap. 3.2.3.4) verursacht zunehmend ein gegenüber dem terrestrischen Niveau höheres Auflaufen der Wellen.

(2) Wie eigene Auswertungen von Daten der Küsten-Klimastationen Colombo und Trincomalee (siehe Anhang 10.3) sowie Untersuchungen von SUPPIAH et al. (1984a und 1984b) belegen, zeigen zum einen die Niederschlagsverhältnisse der vergangenen 100 Jahren insgesamt sehr deutliche und z.T. rhythmische Schwankungen mit markanten Unterschieden in den großen hygroklimatischen Provinzen der Insel und deuten zum zweiten eine allgemeine Abnahme der Niederschläge in den letzten 30 Jahren bis 40 Jahren an. Dies bedeutet allgemein, daß während Phasen verringerter Niederschläge auch die Abflußmengen und damit das

Materialtransportvermögen der Flüsse abnimmt. Das wiederum hat zur Folge, daß an der Küste von Wellen und Küstenlängsströmungen zur Erhaltung ihres hydrodynamischen Gleichgewichtes Sediment von den Lockersedimentstränden aufgenommen werden muß.

Negative Veränderungen der Niederschlagssummen sind für die Flüsse der "Drainage Basins" I bis VI und VIII bis IX, die in der Trockenzone und der ariden Zone liegen, von weitaus größerer Bedeutung, da sie zum einen eine gegenüber den Flüssen der Feuchtzone kürzere saisonale Niederschlagsperiode (NE-Monsun) haben und zum zweiten einen wesentlich längeren Küstenabschnitt mit terrestrischem Sediment versorgen müssen (siehe Tab. 4).

(3) Ein besonderes Charakteristikum der "Bay and Headland Coast" vor allem an der SW-Küste zwischen "Dondra Head" und Ambalangoda (N-lich Galle) sind die der Küste vorgelagerten Felsinseln (siehe Anhang 10.6.2). Diese Inseln repräsentieren die Lage einer ehemaligen Küstenlinie und sind fossile "Headlands", die entweder infolge des allgemeinen Meeresspiegelanstiegs oder außergewöhnlicher Sturm- und Wellenereignisse mit anschließendem intensiven Küstenrückgang von der Küste abgeschnürt worden sind, wie dies z.B. im Falle des Debaha Rock im N von Hikkaduwa (siehe Abb. 19) für das Jahr 1915 nachweisbar ist (vgl. PREU, 1987d). Da nun diese Küsten die Funktion der "Headlands" als bedeutendes Steuerungselement für den Sedimenthaushalt verloren haben, d.h. keine ausreichende Unterbrechung des Küstenlängsstroms erfolgen kann, setzte sich auch weiterhin der Küstenrückgang fort.

Nur die beiden N-lich und S-lich von Trincomalee anschließenden Küstenabschnitte der NE- bzw. E-Küste zeigen rezent eine negative Verschiebung der Küstenlinie, was auf das durch saisonal unterschiedliche Setzrichtungen der Küstenlängsströmungen verfrachtete fluviatile Sediment der Mahaweli Ganga zurückzuführen ist. Dies läßt sich zumindest für den S-lich anschließenden Küstenabschnitt nachweisen (siehe Kap. 3.2.1.4), hingegen kann das Vorrücken an der NE-Küste bisher nur unzureichend erklärt werden. Vor allem erstaunt, daß die unmittelbar N-lich Trincomalee gelegene "Bay and Headland Coast" (siehe Abb. 21) Küstenrückgang, jedoch die N-lich davon anschließende "Spit and Barrier Coast" eine negative Verschiebung der Küstenlinie zeigt. Deshalb muß angenommen werden, daß neben der N-setzenden Küstenlängsströmungen im SW-Monsun der nach N zunehmend flachere und breitere Schelf (siehe Abb. 4) eine entscheidende Rolle spielt. Ausgeschlossen werden kann jedoch, daß dieses Vorrücken der Küstenlinie auf einen bedeutenden und vermehrten Sedimenteintrag aus den Flüssen des "Drainage Basin" II zurückzuführen ist, da sonst auch andere Küsten entlang des "Drainage Basin" II ähnliche Entwicklungen zeigen müßten.

Faßt man diese Analyse zusammen und setzt sie zur Gliederung und Typisierung der Küsten nach morphographisch-morphologischen Kriterien (siehe Abb. 21) gegenüber, so kann festgestellt werden, daß

(1) die räumliche Gliederung der morphographisch-morphologischen Küstentypen nur selten mit der genetisch-morphodynamischen Entwicklung der Küsten übereinstimmt;

(2) nur bei der Berücksichtigung aller natürlichen terrestrischen und marin-litoralen Steuerungsdynamik Genese und Morphodynamik einer Küste deutlich werden;

(3) für die rezente positive Verschiebung der Küstenlinie Veränderungen aller natürlichen Steuerungsfaktoren verantwortlich sind;

(4) der anthropogene Formungsanteil an der genetisch-morphodynamischen wie aktual-morphodynamischen Küstenentwicklung eine nur untergeordnete Rolle spielt, die zwar lokal von großer Bedeutung sein kann, unter Berücksichtigung des Gesamtsystems jedoch hinter den Einflüssen der natürlichen Steuerungsfaktoren zurückbleibt.

4.3   Einordnung in andere Küstenklassifikationen

Wie in den vorangegangenen Kapiteln gezeigt werden konnte, führt die deskriptive Erfassung der Küsten Sri Lankas aufgrund "azonaler" Ordnungskriterien zu keinem befriedigenden Ergebnis und läßt vor allem nicht die prägenden zonalen wie regionalen Charakteristika der Küsten erkennen. Aus diesem Grunde soll hier versucht werden, die Stellung der Küsten Sri Lankas im Lichte der wichtigsten bestehenden Klassifikationssysteme zu untersuchen, um feststellen zu können, ob damit die natürlichen Formungsbedingungen und die rezente Morphodynamik der Küsten Sri Lankas besser erfaßt werden können.

Eine sehr einfache, "klassische" Klassifikation verwendet DOMRÖS (1976), der die Küsten in Aufbau- und Zerstörungsküsten untergliedert und ihre regionale Abgrenzung durch das Auftreten von Lagunen, Nehrungen und Strandseen als Kriterien für eine Aufbauküste bzw. Rias und Kliffe als Kriterien für eine Zerstörungsküste vornimmt. Abgesehen von der Tatsache, daß DOMRÖS (1976) verschiedentlich falsch zuordnet, besitzt diese Klassifikation nur geringe Aussagekraft. Auch Mc GILL's (1958) Typisierung bleibt in einer oberflächlichen Unterscheidung der Küsten stecken, da sie nur in Alluvial- und Festgesteinsküsten untergliedert. Diesen beschreibenden Charakter besitzt auch die Küstenklassifikation von JOHNSON, D.W. (1919), die zwar nach ihrem Charakter eine genetische Küstenklassifikation ist, nach der aber fast alle Küsten Sri Lankas den "compound coasts" zuzuordnen sind.

Die von srilankischen Küstenmorphologen wie FERNANDO, A.D.N. (1982), HERATH, L. (1962) und WEERAKKODY (1985a) sehr häufig verwendete Küstenklassifikation nach SHEPARD, F.P. (1937 und 1976) ist zwar überaus detailliert, kann aber für Sri Lanka auf Grund des hier verwendeten Ansatzes keine Anwendung finden, da die Trennung in Primär- und Sekundärküsten sowohl die Dynamik wie die zyklischen Abläufe an der Küste gänzlich unberücksichtigt läßt und zudem die Bedeutung der natürlichen terrestrischen Steuerungsfaktoren für die Morphodynamik einer Küste vernachlässigt.

Auch SWAN (1974 und 1983) trennt Formung und Dynamik der Küste, faßt beide aber nicht wie SHEPARD, F.P. (1937) in einer Klassifikation zusammen, sondern entwickelt zwei getrennte Systeme, die jedoch zu einer unterschiedlichen Untergliederung der Küsten führen. In seiner ersten Klassifikation gliedert SWAN (1974 und 1983) die Küsten der Insel nach seiner Meinung dominanten Steuerungsfaktoren in "bedrock related coasts", "wave constructed coasts" und "wind constructed coasts". Abgesehen von der Tatsache, daß eine räumliche Trennung in keinem Fall nachvollziehbar ist, da zumindest immer jeweils zwei Kriterien auf einen Küstenabschnitt zutreffen, bleibt der terrestrische Steuerungsfaktor gänzlich unberücksichtigt. So ist aber gerade dieser entweder unmittelbar, wie für viele Küsten im W und NW der Insel, oder mittelbar, d.h. über das System der küstennahen Strömungen, für die Sedimentversorgung von Stränden verantwortlich. Für lange Küstenabschnitte im W und E steht neben den Flüssen keine weitere Sedimentquelle zur Verfügung. Die zweite SWAN'sche (1974 und 1983) Küstenklassifikation, die die Küsten nach ihrer rezenten Morphodynamik gliedert, geht zwar von der richtigen Vorstellung aus, daß die dynamischen Prozesse einer Küste von "resistance variables" (Korngrößenspektrum des Strandsediments und Küstenform) und "force variables" (marin-litorale, terrestrische und anthropogene Steuerungsfaktoren) gesteuert werden, sieht aber die "force variables" ebenso wie DAVIES, J. L. (1964) und PRICE (1955) als konstant an und bringt sie nur als "black box" in das System ein. Mit diesem sehr bedenklichen Ansatz kann unter Umständen noch die Geometrie eines kleinen Küstenabschnittes erklärt werden (vgl. YASSO, 1965), jedoch ermöglicht er keine Aussagen zur Bedeutung der einzelnen Steuerungsfaktoren. Wie aber die Analyse der natürlichen Steuerungsdynamik (siehe Kap. 3.2) gezeigt hat, unterliegen alle Steuerungselemente der Küsten Sri Lankas saisonalen, interannuellen und inneranuellen Schwankungen mit nicht parallel-laufenden Oszillationen und werden zudem noch durch lokale, regionale, zonale und - im Falle des eustatischen Meeresspiegelanstieges - ozeanweiten bzw. globalen Veränderungen der klimatischen Verhältnisse beeinflußt. Der SWAN'sche Gedankenansatz ist deshalb für die Formulierung eines Klassifikationssystems nach dem Kriterium der Morphodynamik zu verwerfen und in keinem Falle geeignet.

Alle bisher analysierten Küstenklassifikationssysteme bleiben entweder in der deskriptiven Erfassung von Küstenformen verhaftet oder versuchen, die Küsten und ihre Morphodynamik nach nur einem einzigen Steuerungsfaktorenelement zu untergliedern, so daß die spezifischen Charakteristika der Küste Sri Lankas als eine sich unter den morphologisch-morphodynamischen Bedingungen und Verhältnissen der wechselfeuchten Tropen gebildete und sich verändernde Küste dabei nicht zum Ausdruck kommen. Die Verfolgung eines klimazonalen Ansatzes mag zwar nicht die Intension bei der Formulierung der einzelnen Klassifikationssysteme gewesen sein (vgl. SHEPARD, F.P., 1976), jedoch zeigen bereits die Küsten der relativ kleinen Insel Sri Lanka, daß Intensität und Ursachen der regional äußerst differenzierten Morphodynamik ohne die Berücksichtigung des Faktors Klima nicht erklärt werden können, und dieser Faktor deshalb unbedingt in einer praxisorientierten Küstenklassifikation zu berücksichtigen ist.

Die Problematik der "Klima"-zonalität von Küstentypen und ihrer Prozeßdynamik wurde bereits von VALENTIN (1952) aufgegriffen und von ihm in seinem "System der zonalen Küstenmorphologie" (VALENTIN, 1952 und 1979) weltweit angewandt. Danach gehören die Küsten Sri Lankas der "Zone der organisch gestalteten Küsten" (1952) bzw. der "tropischen Küstenzone" (1979) an, die durch Nehrungen und Dünen, das Auftreten von Mangroven und vorgelagerten Korallenriffen gekennzeichnet ist. Aufgrund ihrer Zugehörigkeit zu den "würmzeitlich sommer- bis immerfeuchten Subtropen und Tropen" (VALENTIN, 1979) soll die Küste Sri Lankas im Bereich der Trockenzone "tropische Kastental Rias", die infolge des postglazialen Meeresspiegelanstiegs geflutet und teilweise bereits durch terrigene Sedimente verfüllt wurden, und im Bereich der Feuchtzone weitgehend verschüttete "Flachmuldental-Rias" und Inselbergküsten, die ebenfalls als Folge des postglazialen Meeresspiegelanstiegs entstanden sind, aufweisen. Diese Charakteristika treffen zwar zum großen Teil zu (siehe Kap. 5), ermöglichen aber nur die Genese einiger weniger Küstenabschnitte als ertrunkenes Prä-Relief zu erklären. Die übrigen Küstenformen jedoch und die rezente Morphodynamik der Gesamtküste, die durch das System der terrestrischen und marin-litoralen Steuerungsfaktoren bestimmt werden, bleiben unberücksichtigt.

Auch ELLENBERG (1980) geht von der "Klima"-zonalität der Küsten aus, untergliedert aber die VALENTIN'sche "Zone der tropischen Küsten" weiter nach dem Grad ihrer Humidität und ihren Auswirkungen auf die Morphodynamik der Küsten. Dabei kommt er zu dem Ergebnis, daß eine hygrische Differenzierung wohl nachweisbar, aber nicht sehr deutlich sei, da der marin-litorale Formungsanteil den bestimmenden Steuerungsfaktor für die Morphodynamik tropischer Küsten darstelle. Dies mag für viele tropische Küsten richtig sein, jedoch zeigt gerade das Beispiel Sri Lanka mit seinen sehr unterschiedlichen Niederschlags- und Abflußregimen, daß ohne die Berücksichtigung des klimatisch gesteuerten terrestrischen Formungsanteils die differenzierte rezente Morphodynamik an den Küsten in der Feuchtzone, Trockenzone und ariden Zone nicht erklärt werden kann.

Zusammenfassend soll aus diesem Grunde dazu aufgerufen werden, in Zukunft im Rahmen küstenmorphologischer und küsteningenieurwissenschaftlicher Untersuchungen auch die Fragestellung zu berücksichtigen, inwieweit an anderen Küsten in den Tropen dieser enge Zusammenhang zwischen Küstendynamik im Sinne der genetisch-morphodynamischen Betrachtungsweise und den hygrisch-klimatologischen Verhältnissen einer Küste und ihres Hinterlandes nachzuweisen und von Bedeutung ist. Dies könnte zur Formulierung einer neuen, aber praxisorientierten Küstenklassifikation führen, die die Bedeutung der der gesamten Steuerungsdynamik einer Küste - im Gegensatz zu DAVIES (1964) - weit mehr als bisher berücksichtigt oder ausschließlich auf den Steuerungsfaktoren basiert. Ein erster Ansatz hierzu wurde bereits von PREU (1988) gemacht.

5 DARSTELLUNG DER GELÄNDEBEFUNDE ZUR ENTWICKLUNG DER KÜSTEN SRI LANKAS IM QUARTÄR

In einem zweiten Hauptteil soll nun Genese und Morphynamik der Küsten Sri Lankas im Laufe des Quartär untersucht und an Hand ausgewählter und repräsentativer Küstensequenzen vorgestellt werden. Nach einer detaillierten Darstellung und Analyse der wichtigsten Gelände- und Laborbefunde folgt die Rekonstruktion und Diskussion der zeitlich wie räumlich differenzierten Steuerungs- und Morphodynamik der Küsten im Quartär (siehe Kap. 6), bis dann diese Ergebnisse zu einem klimazonalen Modell zusammengefaßt werden (siehe Kap. 7). Die sektorale Untergliederung der Küste erfolgt dabei im wesentlichen nach der von srilankischen Geomorphologen und Geologen verwendeten Abgrenzung und löst sich nur dort, wo dies sinnvoll erscheint.

5.1 NW-Küste

Die erste Küstensequenz umfaßt den NW Sri Lankas (siehe Abb. 25). Sie erstreckt sich von "Devil's Point" im N (S-lich des W-lichen Ausgangs der Lagune von Jaffna) bis nach Mullikkulam im S (N-licher Ausgang der Lagune von Puttalam) und bezieht auch die Insel Mannar mit ein. Gemäß ihrer morphographischen Gliederung läßt sich diese Küstensequenz in (1) die Küste der Hauptinsel Sri Lanka, (2) die Insel Mannar und (3) den Schelf der NW-Küste untergliedern.

5.1.1 Küste der Hauptinsel Sri Lanka

Die gesamte NW-Küste zwischen "Devil's Point" im N und Mullikkulam im S, deren rezente Morphodynamik vor allem durch die Deltaschüttungen der einmündenden Flüsse aus den "Drainage Basins" I und IX geprägt wird (siehe Abb. 8), weist S-lich und N-lich von Mantai eine Reihe unterschiedlicher morphologischer Formen und Sedimente auf, die Genese und Morphodynamik dieser Küstensequenz im Quartär anzeigen (siehe Abb. 25 und Anhang 10.7).

Die Küste säumen im Eulitoral über weite Strecken Strandwälle geringer Höhe und Breitenerstreckung, die von Beachrock und/oder "algae mats" (GUNATILAKA, A., 1975) unterlagert und meist nahezu geschlossen von Mangroven bestanden sind. An den rezenten Strand schließt sich der meist nur schmale Saum eines fossilen Strandniveaus ("raised beach") an, das sich durchschnittlich nur 1.20m über dem rezenten Meeresspiegel erhebt und entweder - wie bei "Devil's Point" - den miozänen Kalken oder den Sedimenten fossiler Deltaschüttungen - hier der Alluvialphase I - aufsitzen. Diese Sedimente setzen sich in das Küstenhinterland hinein fort und bilden ein breites küstenparalleles Alluvialgebiet, das sich von N nach S weitet und im Bereich der Aruvi Aru eine Breite von über 15km erreicht. Obwohl dieses nur gering reliefierte Gebiet eine intensive landwirtschaftliche Nutzung aufweist und dadurch sicherlich eine Vielzahl von Oberflächenstrukturen verwischt sind, lassen sich zwei Höhenniveaus ausgliedern, die sich im Gelände durch einen markanten Reliefknick voneinander abset-

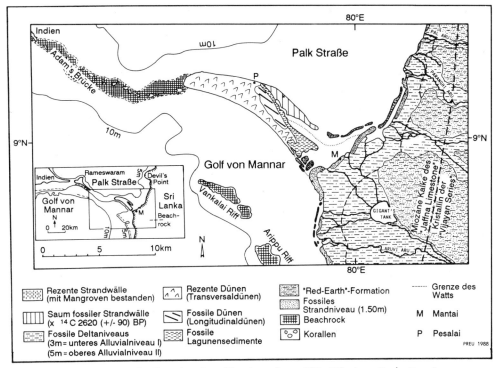

Abb. 25: Geomorphologische Karte der NW-Küste Sri Lankas

zen. Das untere Niveau, das einer jüngeren Alluvialphase I zugeordnet wird, setzt im Küstenhinterland in durchschnittlich 3m über dem rezenten Meeresspiegel ein und dacht sanft gegen die Küste ab. Es setzt sich aus mehreren, von N nach S angeordneten und auch morphographisch abgrenzbaren sehr flachen Deltas zusammen, die überwiegend dort wurzeln, wo die Anastomosierung der Flußunterläufe, die meist nur 1m in diese Delatasedimente eingetieft sind, einsetzt. Wie Bohrungen (vgl. COLLAR et al., 1978 und WIJESINGHE, M. W., 1977) belegen, weisen diese Deltas einen sehr einfachen sedimentologischen Aufbau auf und lassen sich in folgende zwei Strata untergliedern: Unter einer ca. 10m mächtigen tonig bis sandigtonigen Deckschicht folgen durchschnittlich 5m mächtige, in der Regel ungeschichtete Mittelsande, die den z.T. oberflächig verkarsteten miozänen Kalken aufsitzen (siehe Anhang 10.7).

Nach E schließt daran ein zweites fossiles Deltaniveau an, das einer älteren Alluvialphase II zugeordnet wird. Dieses Niveau, das sich landeinwärts entlang der Flußläufe fingerförmig in das umgebende Relief verzweigt, wurzelt meist weit im Küstenhinterland - im Falle der Aruvi Aru ca. 10km E-lich der rezenten Küstenlinie - und schließt an die sanft nach W abdachenden Oberläufe der sehr weiten, in das Kristallin der "Vijayan Series" eingebetteten Flachmuldentäler an. Von hier dachen diese fossilen Deltaschüttungen nach W ab, bis sie in einer durchschnittlichen Höhe von 5m über dem rezenten Meeresspiegel enden, und dann nach einem markanten Gefällsknick in einer Höhe von 3m über dem rezenten Meeresspiegel das untere Deltaniveau der Alluvialphase I einsetzt. Dieses Deltaniveau II, das die Flüsse in 1.50m bis 2m tiefen Flußbetten durchqueren, säumen im N und S der Mittelläufe aller Flußtäler 5m bis 10m hohe Steilstufen, die von den nach W abdachenden und von Sedimenten der "Red-Earth-Formation" überdeckten miozänen Kalken gebildet werden.

Sedimentologisch wie stratigraphisch unterscheiden sich die Deltaschüttungen der Alluvialphase II sehr deutlich von denen der jüngeren Alluvialphase I (vgl. COLLAR et al., 1978 und WIJESINGHE, M. W., 1977). Über den z.T. oberflächig verkarsteten miozänen Kalken folgen 5m mächtige und teilweise grobsandige Mergel, über denen kalkreiche Tone lagern. Erneut folgen Tone, die aber z.T. mit Quarzschottern vermischt sind, und anschließend sehr kalkreiche Tone, bis dann sandige Tone den Abschluß bilden (siehe Anhang 10.7). Diese Sedimentabfolge resultiert aus einem mehrfachen Wechsel in der terrestrischen Morphodynamik des Küstenhinterlandes und der Ablagerungsbedingungen an der Küste. Die mächtigen kalkreichen Tone über den Sedimenten des Mergelhorizontes deuten auf Flachwasserbuchten oder ehemalige Lagunen hin, die jeweils im N und S von den steil aufragenden miozänen Kalken gesäumt wurden. Als sich dann im Zuge veränderter klimatischer Verhältnisse auch die Abtragungsbedingungen im Küstenhinterland änderten, konnten auch gröbere Sedimente aus dem terrestrischen Milieu herangeführt werden. Dabei wurden von den Flüssen auf ihrem Lauf zur Küste auch Grobsedimente der "Red-Earth-Formation" aufgenommen, wie der Anteil von Quarzschottern in diesen Sedimenten belegt. Diese Morphodynamik hat entweder zu einer relativ raschen Verlandung der Lagunen geführt oder endete - auf Grund des bereits abgesenkten Meeresspiegels - in einer Akkumulation in einem ebenfalls terrestrischen Milieu, da in den Sedimenten Nachweise mariner oder lakustrischer Ablagerungsbedingungen fehlen. Die überlagernden kalkreichen Tone zeugen nicht nur von einem nachfolgenden marinen Ablagerungsmilieu infolge eines erneuten Anstiegs des Meeresspiegels, sondern auch von einer Veränderung der klimatischen Verhältnisse und terrestrischen Abtragungsbedingungen, die sich anschließend erneut änderten und zur Schüttung der sandig-tonigen Deltasedimente führten. Eine vergleichbare Abfolge und stratigraphische Differenzierung zeigen z.B. auch Sedimente des "Beira Lake" bei Colombo (siehe Anhang 10.9).

Über den Deltasedimenten der Alluvialphasen I und II erhebt sich im Hinterland der NW-Küste ein "rolling relief", das nach E bis auf Höhen von 60m bis 80m sanft ansteigt. Dieses Relief ist im W durch teilweise anstehende, nach W abdachende miozäne Kalke, die in allen untersuchten Aufschlüssen (z.B. bei Parappakkadantan) oberflächig intensiv verkarstet sind, und im Bereich des E-lich anschießenden Kristallin der "Vijayan Series", das nach W unter diese miozänen Kalke abtaucht, durch Flachmuldentäler und Schildinselberge gegliedert. Außerdem prägen dieses Relief über weite Bereiche und unabhängig des geologischen Untergrundes bis zu einer W-E-Erstreckung von 30km dunkelrotbraune (2,5 YR - 3/4 bis 3/6) sandige Lehme (vgl. SPÄTH, 1981b), die meist in Form küstenparalleler Rücken auftreten und nach COORAY (1967) als "Red-Earth"-Formation bezeichnet werden. Die Mächtigkeit dieser ungeschichteten und nicht horizontierten Sedimente variiert zwischen 1m und 8m und überzieht E-lich der Rücken den geologischen Untergrund als dünner Schleier, dünnt aber im W

der Rücken gänzlich aus. Hier werden diese Sedimente von den
grob- bis mittelkiesigen limonistischen Eisenaggregaten der
"basal ferruginous gravel" unterlagert, die als häufig verfestigte Pisolithdecken einen "nodular ironstone" (COORAY,
1967) bilden und in sehr unterschiedlicher Mächtigkeit der
verkarsteten Oberfläche der miozänen Kalke aufsitzen. Im E
folgen unter den "Red-Earth"-Sedimenten gerundete Quarzgerölle, die unmittelbar dem kristallinen Untergrund auflagern
und gemäß ihres sedimentologischen und petrographisch-mineralogischen Charakters, ihrer morphologischen Position und
ihrer topographischen Lage mit den "Erunwela Gravels" der W-Küste (siehe Kap. 5.2.3 und Abb. 28) genetisch wie stratigraphisch parallelisiert werden müssen.

5.1.2 Insel Mannar

Vor der NW-Küste der Hauptinsel Sri Lanka und von ihr durch
ein Wattgebiet mit inselhafter Mangrovenvegetation getrennt,
schließt nach NW als ca. 20km langer Sporn die Insel Mannar
an (siehe Abb. 25), die sich nur maximal 5m über dem rezenten Meeresspiegel erhebt. Grenzt im S der durchschnittlich
nur 3km breiten Insel an die weit geschwungene konkave Küste
der Golf von Mannar an, säumt die konvex geschwungene N-Küste die Palk Straße, die sich im E der Insel als lagunenartiger schmaler Meeresarm zwischen die Insel Mannar und die
Küste der Hauptinsel Sri Lanka schiebt und nach W gegen die
Insel vordringt. Im W der Insel Mannar schließt die "Adam's
Brücke" an, die die Inseln Mannar und Pamban verbindet und
damit eine "Brücke" zum indischen Subkontinent herstellt.

Den W der Insel Mannar nehmen über die gesamte Inselbreite
rezente Parabeldünenfelder ein, die eine durchschnittliche
Höhe von 2m bis 3m über dem rezenten Meeresspiegel erreichen
und nach E und SE auskeilen. Aus- wie Verlaufsrichtung der
Dünenkämme sowie Typ und Form der Dünen selbst, deren Alter

nach VERSTAPPEN (1987) von der S- zur N-Küste zunimmt, zeigen den beherrschenden Einfluß SW-monsunaler Windrichtungen an. Die Mächtigkeit der Dünensande und die petrographischen wie morphologischen Verhältnisse des unterlagernden Reliefs sind auf Grund fehlender Aufschlüsse weitgehend unbekannt. Zwei Grundwasserbohrungen an der N-Küste (vgl. RAO, K. V. et al., 1984 und siehe Abb. 25) zeigen, daß bei Pesalai die rezenten Dünen in ca. 30cm über dem rezenten Meeresspiegel einem ca. 80cm mächtigen Beachrock aufsitzen, der von über 10m mächtigen wechselgelagerten Grob- und Feinsanden und wiederholt zwischengeschalteten mergelig-tonigen Sedimenten einer Flachwasser- oder Lagunenfazies unterlagert ist; anstehendes Gestein wurde dabei nicht erreicht. Wie mehrere Beobachtungen in Trinkwasserbrunnen gezeigt haben, trifft eine derartige stratigraphische und altimetrische Differenzierung auch für die Sedimente an der Dünenbasis der S-Küste zu. Dagegen muß nach Aussagen des GEOLOGICAL SURVEY DEPARTMENT (Colombo) für das Zentrum der Insel davon ausgegangen werden, daß hier entweder fossile Dünensande, wie sie weiter E-lich anstehen, oder mehrere, vorwiegend NW-SE-streichende Rippen miozäner Kalke die rezenten Dünen in unbekannter Tiefe unterlagern.

Nach E hebt sich mit durchschnittlich 4m bis 5m über dem rezenten Meeresspiegel ein schmales Band überwiegend WNW-ESE verlaufender Longitudinaldünen mit kleinen aufgesetzten primären Transversaldünen von den rezenten Dünenfeldern ab. Die Longitudinaldünen, die nach Form, Farbe und Tongehalten der Dünensedimente als fossile Dünen anzusprechen sind und sich deutlich von den rezenten Parabeldünen unterscheiden, sitzen ebenfalls einer NW-SE streichenden Rippe miozäner Kalke auf (vgl. RAO, K.V.R. et al., 1984), die nach NW gegen das Zentrum des "Cauvery Basin" (siehe Abb. 5) abdacht.

Im E des fossilen Dünengürtels schließt ein schmales Band fossiler Lagunensedimente an, das sich von der N-Küste bei Pesalai nach SE bis an die S-Küste erstreckt und dort die gesamte Inselbreite einnimmt. Diese durchschnittlich 10m mächtigen Sedimente, deren Basis ein Beachrock unbekannter Mächtigkeit bilden soll (vgl. RAO, K. V. et al., 1984), bestehen aus Wechsellagerungen tonig-schluffiger und kalkreicher toniger Sande, die ca. 1m bis 1.50m über das Niveau des Tidehochwassserstandes aufragen und teilweise von einem rezenten Dünenschleier überlagert sind. Daten über die Tiefenlage der miozänen Kalke fehlen.

Im E der N-Küste schließt an den Saum fossiler Lagunensedimente ein System mehrerer Strandwälle an, das sich keilförmig nach E in die Palk Straße vorschiebt und auch rezent in diese Richtung zuzunehmen scheint. Vergleichbar den Verhältnissen der NW-Küste der Hauptinsel, sind diese Strandwälle von Beachrock und/oder "algae mats" (GUNATILAKA, A., 1975) unterlagert und meist nahezu geschlossen von Mangroven bestanden. Die Sedimente im W-lichen Teil dieses Strandwallsystems, das sich nur geringfügig - genauere Höhenangaben sind hier nicht möglich - über das Niveau des Tidehochwasserstandes erhebt, weisen nach VERSTAPPEN (1987) ein ^{14}C-Alter von 2620 (+/- 90) BP an, wohingegen der E-liche Teil des Standwallsystems, der wie an der NW-Küste der Hauptinsel im Eulitoral liegt, rezentes Alter haben dürfte.

Die Gesamtmächtigkeit der quartären Sedimente auf der Insel Mannar ist nur sehr bedingt faßbar. Legt man jedoch die Ergebnisse der Bohruntersuchungen auf der Hauptinsel entlang der Aruvi Aru zugrunde (siehe Anhang 10.7) und geht zudem von einer mehr oder weniger gleichmäßig nach W bis NW abdachenden Oberfläche der miozänen Kalke aus, so scheint eine Gesamtmächtigkeit von 30m durchaus realistisch.

5.1.3   Schelfgebiet einschließlich der "Adam's Brücke"

Den Golf von Mannar zeichnet ein sehr langgestreckter und flacher Schelf aus (siehe Abb. 4), der an der NW-Küste vor der Mündung der Aruvi Aru eine Breite von 40km erreicht, bis dann nach einem nur 1km breiten zwischengeschalteten Absatz in 20m Wassertiefe in einer Wassertiefe von 40m mit deutlichem Knick der Kontinentalabhang einsetzt (siehe Anhang 10.7 und Abb. 25). Auffälligstes Merkmal sind langgestreckte, nahezu küstenparallel verlaufende und 1m bis 2m mächtige (vgl. COORAY, 1968a) Beachrockriffe, die bis zu 10km vor der Küste fleckenhaft auftreten und bis auf durchschnittlich 2m bis 3m unter dem rezenten Meeresspiegel aufragen.

Vergleichbare Beachrockriffe in ähnlichen Wassertiefen bilden die Basis der 30km langen und durchschnittlich 1km breiten "Adam's Brücke" (WALTHER, 1891) und setzen sich weiter nach W entlang der Insel Pamban (Indien) und der S-Küste Indiens fort (STODDART, D.R. et al., 1972). Diesen Beachrockriffen sitzen fleckenhaft Korallenstöcke auf, die besonders zahlreich im Bereich der "Adam's Brücke" ausgeprägt sind.

An den Küsten der Insel Pamban (Indien) bilden Beachrockriffe die Basis für mehrere rezente Strandwallsysteme, die im E der Insel gegen die "Adam's Brücke" vordringen und wie vor der NW-Küste Sri Lankas meist nahezu geschlossen von Mangroven bestanden sind. Hinter den Strandwällen säumt plattformartig weite Abschnitte der S-Küste ein gehobenes Beachrockriff ("raised-reef"), das nach Untersuchungen von STODDART, D. et al. (1972) nur ca. 0.75m über den rezenten Meeresspiegel aufragt und auf Grund von ^{14}C-Datierung eingeschlossener Korallen ein Alter von 4020 (+/- 160) BP hat.

Weitere Beachrockriffe treten vereinzelt vor der S-Küste der Pamban Insel (Indien) in einer Wassertiefe von 10m (vgl. HYDROGRAPHIC DEPARTMENT, 1975 und 1982) auf. Das Beachrockriff, das in einer Wassertiefe von 18m bis 20m die Schelfaußenkante vor der NW-Küste der Hauptinsel säumt (siehe Abb. 25 und Anhang 10.7), läßt sich als ein nur teilweise unterbrochenes Band an der gesamten NW- und W-Küste bis nach Colombo nachweisen.

5.2 W-Küste

5.2.1 Lagunen von Puttalam und Chilaw

Die W-Küste Sri Lankas erstreckt sich zwischen "Kudremalai Point" bei Mullikulam (N-Ausgang der Lagune von Puttalam) im N und der Mündung der Kelani Ganga (N-lich von Colombo) im S. Auffälligstes morphographisches Charakteristikum dieser Küstensequenz sind die drei großen Lagunen von Puttalam (siehe Abb. 26), Chilaw und Negombo (siehe Abb. 27), die im W durch langgezogene, N-S verlaufende Nehrungs- und Strandwallsysteme einer mehrphasigen Entwicklung vom offenen Meer weitgehend abgeschlossen sind.

Die Lagune von Puttalam (siehe Abb. 26 und Anhang 10.8) hat im N eine durchschnittliche Wassertiefe von 5m und erreicht bei einer durchschnittlichen Breite von 10km eine Länge von 30km. Die gesamte Lagune ist von einem Gürtel fossiler Lagunensedimente umrahmt, die sich durchschnittlich 1m über den rezenten Meeresspiegel erheben und vereinzelt von einem Schleier äolischer Sedimente überzogen sind. Am NW- und W-Ufer sind diesem Gürtel in wenigen Dezizentimetern über dem rezenten Meeresspiegel stellenweise jüngere Lagunensedimente vorgelagert, die nach VERSTAPPEN (1987) stratigraphisch weiter differenziert werden können und ein ^{14}C-Alter von 2670 (+/- 50) BP bzw. 1790 (+/- 50) BP haben. Am E- und S-Ufer, wo das Niveau dieser Lagunensedimente fehlt, säumen die höher gelegenen fossilen Lagunensedimente vorwiegend im Bereich der Mündungen von Kala Oya, Mi Oya und des "Mundal Lake" Lagunensedimente der jüngsten, rezenten Akkumulationsphase, die im Eulitoral liegen und teilweise noch vollständig mit Mangrovenvegetation bestanden sind.

Der Gürtel der ältesten erhaltenen fossilen Lagunensedimente setzt sich auch S-lich der Lagune von Puttalam fort und säumt terrassenartig einen Wasserarm, über den der "Mundal Lake" in die Lagune von Puttalam entwässert und der teilwei-

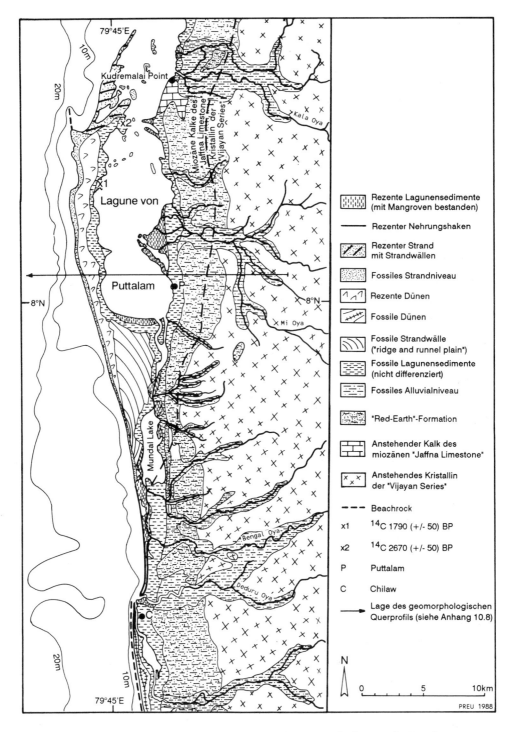

Abb. 26: Geomorphologische Karte der W-Küste Sri Lankas zwischen den Lagunen von Puttalam und Chilaw

se durch Deltaschüttungen, die nur von kleinen Bachläufen gequert werden, partiell verlandet ist. Entlang des E- und W-Ufers des "Mundal Lake" setzt sich dieser Gürtel fossiler Lagunensedimente fort und erstreckt sich weiter nach S über die Deduru Oya hinweg, wo er dann anschließend auch die Lagune von Chilaw umrahmt. Die Sedimentoberkante steigt dabei von durchschnittlich 1m über dem rezenten Meeresspiegel S-lich des "Mundal Lake" ohne einen nachvollziehbaren Geländeknick nach S an, bis sie dann im Bereich der Mündung der Deduru Oya eine 4m hohe Terrasse bildet. S-lich der Deduru Oya setzt sich dieses 4m-Niveau vor allem entlang des E-Ufers der Lagune von Chilaw fort und wird von einem Gürtel vorgelagerter jüngerer Lagunensedimente in durchschnittlich 1m über dem rezenten Meeresspiegel gesäumt, der die gesamte Lagune von Chilaw umgibt. S-lich Chilaw keilt der fossile Lagunengürtel bei Mattakotuwa aus. Hier nähert sich der Küste aus dem Hinterland ein langgezogener Rücken der "Red-Earth"-Formation, der dann weiter S-lich bei Himbuntuwala ein 5m hohes fossiles Kliff bildet, dessen Basis in 3m über dem rezenten Meeeresspiegel nur wenige Meter von der rezenten Strandlinie entfernt liegt.

Im W des fossilen Lagunensedimentgürtels schließt zwischen der Lagune von Puttalam im N und dem "Mundal Lake" im S ein "ridge and runnel plain" (COORAY, 1968b) an, der sich bis zu 3.50m über den rezenten Meeresspiegel erhebt und sich aus parallellaufenden Strandwällen zusammensetzt, die durch Rinnen voneinander getrennt sind. Vor allem die meist hell- und dunkelgrauen mittel- bis feinsandigen Strandwälle (vgl. COORAY, 1968b) sind von einem häufig nur dünnen Schleier heller bis weißer rezenter Dünensande überzogen. Dieses Relief, das in ca. 1m über dem rezenten Meeeresspiegel einem sehr muschelbruchreichen, aber kaum verbackenen Beachrock aufsitzt, erhebt sich im E der Lagune über dem fossilen Lagunensedimentgürtel und bildet im S die Uferlinie des "Mundal Lake". Nach W reicht der "ridge and runnel plain" bis an den rezenten Dünengürtel, der den zentralen Bereich der

Halbinsel Kalpitiya einnimmt. Wie sedimentologische Untersuchungen von Trinkwasserbrunnenschächten zwischen Palaikkuda und St. Annes belegen, überlagern die rezenten Dünen auf nahezu der gesamten Länge der Halbinsel ein 3m-Niveau, das die Fortsetzung des S-lichen "ridge and runnel plain" darzustellen scheint. Ob dabei ähnliche Strandwallsysteme auftreten, konnte nicht beobachtet werden.

Nach COORAY (1968b) ist der "ridge and runnel plain" in der Phase eines höheren Meeresspiegelstands vor der Küste auf Grund intensiver Dünung als ein Saum küstenparalleler Megarippeln entstanden, die nach der folgenden Meeresspiegelabsenkung trockengefallen und zurückgeblieben sind. Wie aber die Analyse der natürlichen Steuerungsfaktoren und die Untersuchung der rezenten Küstenmorphodynamik (siehe Abb. 24 und Anhang 10.6.3) gezeigt haben, ist rezent die marin-litorale Formungsdynamik der W- und auch SW-Küste in erster Linie durch die N-setzenden Küstenströmungen geprägt (siehe Abb. 23), die zu küstenparalleler Sedimentverlagerung und zu einem allgemeinen Rückgang der Küstenlinie führen. Da auch für die Zeiträume des Holozäns und der pleistozänen Interglazialphasen vergleichbare marin-litorale Verhältnisse angenommen werden dürfen (vgl. Kap. 6.2), kann COORAY hier nicht gefolgt werden. Vielmehr ist anzunehmen, daß die Formung des "ridge and runnel plain" - wie die Genese der gesamten Halbinsel Kalpitiya (vgl. VERSTAPPEN, 1987) - durch die Bildung neuer Strandwälle vor den jeweils älteren entstanden ist, als im Laufe des Holozäns der Meeresspiegel von seinem postglazialen Hochstand auf sein rezentes Niveau abgesunken ist.

W-lich der rezenten Dünenfelder auf der Halbinsel Kalpitiya schließt über die gesamte Länge der Nehrung bis in Höhe des S-Ufers des "Mundal Lake" der schmale Saum eines fossilen Strandniveaus an, das sich nur 1m bis 1.50m über den rezenten Meersspiegel erhebt und seewärts in das rezente Strandniveau übergeht. Wie sedimentologische Untersuchungen von

Trinkwasserbrunnenschächten gezeigt haben, sind diese beiden Strandniveaus von Beachrock unterlagert, der sich auch noch weiter nach E bis unter die Dünenfelder verfolgen läßt (siehe Anhang 10.8) und nur wenige Dezizentimeter über den rezenten Meeresspiegel aufragt. Im N der Halbinsel Kalpitiya tritt dieser Beachrock als schmales Band unter dem fossilen Strandniveau hervor und dacht nach N sanft gegen den Meeresboden bis auf eine Wassertiefe von 10m ab. E-lich des fossilen Strandniveaus schließt ein rezentes bis subrezentes Strandwallsystem an, das die N-Spitze der Nehrung der Halbinsel Kalpitiya bildet.

Im S der Lagune von Puttalam keilt das 1m-Strandniveau fast gänzlich aus, so daß die rezenten Dünen nahezu bis an die Strandlinie heranreichen. Sie werden hier von einem Beachrock unterlagert, der nur wenige Dezizentimeter über den rezenten Meeresspiegel aufragt und sich bis S-lich Udappu in Höhe des S-Ufers des "Mundal Lake" fortsetzt, wo dann auch das fossile Strandniveau endet. Nach S schließt sich dann bis an die Mündung der Deduru Oya ein Küstenabschnitt an, der durch die Bildung von rezenten Nehrungshaken und Strandwällen, die teilweise ein Initialstadium noch nicht überschritten haben, gekennzeichnet ist. Die an ihren Rückseiten eingeschlossenen Wasserbecken bilden küstenparallele Wasserarme, über die der "Mundal Lake" nach S in die Deduru Oya entwässert.

S-lich der Deduru Oya-Mündung tritt erneut Beachrock in Erscheinung, der jedoch im Gegensatz zur Küste der Halbinsel Kalpitiya infolge intensiver Küstenerosion (siehe Abb. 24) nicht von rezenten Strandsedimenten überlagert wird. Dieser Beachrock, der wie unter dem großen Nehrungshaken der Lagune von Puttalam nur wenige Dezizentimeter über den rezenten Meeresspiegel aufragt, besitzt eine durchschnittliche Mächtigkeit von 1.50m und setzt sich vorwiegend aus gerundeten mittel- und grobsandigen Quarzen zusammen, die mit Muschel- und Korallenbruch verbacken sind. Die Kreuzschichtung dieses

Sedimentpakets wird durch eingelagerte, meist feinsandige
Ilmenit-Bänder noch unterstrichen. Diesem Beachrock, der die
gesamte Küste entlang der Lagune von Chilaw bis in Höhe ihres S-Ufers säumt und die rezente Strandlinie darstellt,
sitzt eine durchschnittlich 5m hohe fossile Düne auf, an die
sich nach N im Bereich der Lagunenmündung ein ca. 2.50m hoher Nehrungshaken anschließt. N-lich des Nehrungshakens
taucht dann vor der Lagunenmündung der Beachrock gegen den
Meeresboden ab.

E-lich des fossilen Lagunensedimentgürtels der Lagunen von
Puttalam und Chilaw und des "Mundal Lake" schließen als ein
durchschnittlich 3km breites Band über die Gesamtlänge dieser Küstensequenz die Sedimente der "Red-Earth"-Formation
an, die unabhängig des geologischen Untergrunds sowohl den
miozänen Kalken im W wie dem E-lich anschließenden Kristallin der "Vijayan Series" aufsitzen (siehe Anhang 10.8 und
Abb. 26). Diese Sedimente bilden langgezogene, N-S verlaufende und teilweise mehrfach gestaffelte Rücken, die sich
von S nach N zunehmend über den fossilen Lagunengürtel erheben und E-lich von Puttalam durchschnittliche Höhen von 30m
erreichen. Im Querprofil sind diese Rücken, die nur von den
E-W-verlaufenden Flußtälern durchbrochen werden, häufig
asymmetrisch und dachen mit ihren flacheren Hängen nach E
ab. Dagegen sind die W-exponierten Hänge wesentlich steiler
und erheben sich vor allem zwischen dem "Mundal Lake" und
dem N-Ausgang der Lagune von Puttalam kliffartig über dem
vorgelagerten fossilen Lagunensedimentgürtel, so daß hier
fast überall sehr gute Aufschlußbedingungen gegeben sind. In
diesen Aufschlüssen, deren Basis meist 1.50m über dem rezenten Meeresspiegel liegt, bilden das Liegende meist 1m mächtige Tone bis schluffige Tone, deren helle weißliche bis
gelbliche Farben auf eine kaolinitische Verwitterungsmasse
hindeuten und die sich mit einer scharfen Grenze gegen die
hangende Pisolithdecke absetzen. Der Argumentation COORAY's
(1967), es handele sich hier um einen vom Meerwasser gebleichten Horizont der hangenden "Red-Earth"-Sedimente, kann

in keiner Weise zugestimmt werden. Zum ersten läßt die scharfe Grenze zu den hangenden Pisolithen und die sehr unterschiedlichen Korngrößenspektra beider Horizonte weder eine gemeinsame sedimentologische, noch gemeinsame genetische Zuordnung zu. Zum zweiten deutet diese scharfe farbliche Grenze an, daß eine postsedimentäre Bleichung der Tone nicht stattgefunden haben kann, da jeglicher Übergangshorizont fehlt, der aber gerade bei einer Bleichung durch Meerwasser auf Grund des Tidenhubs hätte entstehen müssen. Ein letztes Gegenargument ist schließlich, daß auch in einer Entfernung von 3km in fast allen Trinkwasserbrunnenschächten derartige helle Tone unter einer Pisolithdecke nachgewiesen werden können. Da diese Tone keine postsedimentäre Bleichung erfahren haben, müssen sie kaolinitische Verwitterungsprodukte sein, die aus dem terrestrischen Milieu des Hinterlandes nach W transportiert wurden. Wie noch zu belegen sein wird (siehe Kap. 5.2.3 und 6.3), ist die Akkumulation dieser Tone nicht in einem marinen Milieu erfolgt.

Mit einer scharfen Grenze schließt sich über den Tonen eine Pisolithdecke an, die meist 3m bis 5m mächtig und nur mäßig verfestigt ist. Diese Pisolithdecke ist von schmitzen- oder bänderartigen Horizonten gut gerundeter Quarzgerölle durchsetzt, die einem anderen Liefergebiet zuzuordnen sind. Dabei handelt es sich um umgelagerte Sedimente einer älteren Akkumulationsphase, die stratigraphisch den "Erunwala Gravels" im Hinterland der Lagune von Negombo (siehe Abb. 28) gleichzusetzen sind und während der Akkumulationsphase der Pisolithdecke von den Flüssen im Küstenhinterland aufgenommen und nach W transportiert wurden.

Diese Pisolithdecke überlagern - häufig unter Einschaltung eines 20cm bis 30cm mächtigen Übergangshorizontes kantengerundeter Quarze - die durchschnittlich 4m bis 5m mächtigen, nicht-geschichteten und nicht-horizontierten dunkelrotbraunen sandigen Lehme der "Red-Earth"-Formation. Zwischen den langgezogenen Rücken der "Red-Earth"-Formation steht bis an die Geländeoberfläche die Pisolithdecke, die von W nach E an Höhe zunimmt, an oder liegt vereinzelt unter "red yellow latosol"- oder "reddish brown earth"-Böden (vgl. ALWIS, K. A. et al., 1972) begraben. S-lich des "Mundal Lake" nimmt die Mächtigkeit der "Red-Earth"-Sedimente zunehmend ab, bis sie dann S-lich der Lagune von Chilaw bei Himbuntuwala, wo diese Sedimente bis an die Küste heranreichen (siehe oben), nur noch eine Mächtigkeit von durchschnittlich 1m besitzen.

Am E-Ufer des Ausgangs der Lagune von Puttalam erheben sich über den Sedimenten der "Red-Earth"-Formation miozäne Kalke, die bis in Höhen von 60m über dem rezenten Meeresspiegel als nahezu küstenparallele Rippen anstehen. Im W bilden sie an der Küste ein 15m hohes rezentes Kliff, das sich nach N bis zum "Kudremalai Point" fortsetzt, wo sich dieses Kliff über den fossilen Lagunen- und Alluvialsedimenten im Mündungsbereich der Kala Oya erhebt. Entlang der Küste, die in mehrere kleine "pocket bays" gegliedert ist, wird das Kliff von einem nur sehr schmalen Saum rezenter Strandsedimente gesäumt, über dem sich plattformartig ein nach W abdachender Beachrock als "raised reef" in einer durchschnittlichen Höhe von 1m bis 2m über dem rezenten Meeeresspiegel erhebt.

Die miozänen Kalke, deren Oberflächen Formen teils intensiver Verkarstung zeigen, tauchen nach E und SE unter die bis zu 7m mächtigen Sedimente der "Red-Earth"-Formation ab. Die von KATZ (1975) beschriebenen "zwei dünnen Bändchen mariner Muscheln", die er in "Red-Earth"-Sedimenten im Bereich des "Wilpattu National Park" (im N dieser Küstensequenz) gefunden hat, konnten innerhalb dieser Küstensequenz nicht beobachtet werden. Der Annahme von KATZ (1975), diese Muschelhorizonte belegten eindeutig zwei fossile Strandniveaus des Quartärs, kann deshalb nicht gefolgt werden. Da der von KATZ (1975) beschriebene Aufschluß nicht auffindbar war und in KATZ (1975) notwendige Angaben über Höhenlage, Mächtigkeit, sedimentologische Verhältnisse und Alter der Muscheln fehlen, kann nur vermutet werden, daß diese Muschelbändchen das Ergebnis einer äolischen Umlagerung von Vorstrand- oder Strandsediment sind, das während außergewöhnlicher Sturmereignisse transportiert und verlagert wurde.

Aus E durchbrechen mehrere Flüsse und eine Vielzahl kleinerer Bachläufe die "Red-Earth"-Formation und den W-lich anschließenden fossilen Lagunensedimentgürtel, bis sie dann in Form meist vorgeschobener Mündungsdeltas die E-Ufer der Lagune von Puttalam sowie des "Mundal Lake" und die S-lich des "Mundal Lake" vom offenen Meer abgeschnittenen kleinen Wasserbecken erreichen. Eine Ausnahme stellt nur die Deduru Oya dar, der ein Mündungsdelta weitgehend fehlt und die in Form einer nach N verschleppten Flußmündung den Indik erreicht. Alle Flüsse dieser Küstensequenz entspringen im kristallinen Untergrund des Küstenhinterlandes und durchqueren in meist 3.50m bis 4m tiefen Flußbetten einen fluviatilen Alluvialkörper, der vor allem die Flußunterläufe säumt und in einer Höhe von meist 5m über dem rezenten Meeresspiegel am E-Rand des fossilen Lagunensedimentgürtels abrupt abbricht (siehe Anhang 10.8). Flußaufwärts nimmt die Mächtigkeit des Alluvialkörpers zunehmend ab, bis dann die weiten Flachmuldentäler einsetzen, über denen sich die insgesamt nach W abdachenden Rahmenhöhen (vgl. LOUIS, 1964) und die Inselberge erheben. Nach ALWIS, K.A. et al. (1972) tragen die Rahmenhöhen eine geringmächtige "reddish brown earth"- oder "red yellow latosol"- Decke, die sich beide durch hohen Skelettanteil und erdiges Gefüge auszeichnen und unter einem braunen humushaltigen Oberboden einen rotbraunen, sandig-tonigen Lehm mit verkitteten Quarzkörnern und vorwiegend kleinen Pisolithen zeigen (vgl. SPÄTH, 1981b). Pisolithdecken, wie sie in Küstennähe zu beobachten sind, finden sich nur als vereinzelte Überreste am E-Rand der "Red-Earth"-Formation (siehe Kap. 5.2.3).

5.2.2   Küste von Negombo

Die S-lichst gelegene Lagune der W-Küste ist die 10km lange und durchschnittlich 3km breite Lagune von Negombo, die 30km N-lich von Colombo in den Indischen Ozean mündet (siehe Abb. 27). Gemäß der rezent-hygroklimatischen Gliederung Sri Lankas (siehe Abb. 3) liegt diese Küstensequenz im Bereich der Feuchtzone, deren N-Grenze die Maha Oya bildet.

Morphographische Reliefgliederung, morphologisches Formeninventar und sedimentologische Charakteristika der W-Küste und des anschließenden Hinterlandes im Bereich der Lagune von Negombo entsprechen weitgehend den Verhältnissen, wie sie bereits für die Lagunen von Puttalam und Chilaw aufgezeigt wurden (siehe Kap. 5.2.1). Die gesamte Lagune säumt in einer durchschnittlichen Höhe von 1m über dem rezenten Meeresspiegel ein Gürtel fossiler Lagunensedimente, die am Ausgang der Lagune ein Mündungsdelta formen. Nach S setzt sich dieser Gürtel entlang der 9km langen und durchschnittlich 2km breiten Mujurathja Wela fort, die ehemals Teil der Lagune von Negombo gewesen war, heute aber fast vollständig verlandet ist und teilweise von Mangrovenbestand eingenommen wird. Dieses Gebiet, das etwa 0.50m unter dem rezenten Meeresspiegel liegt, soll nach historischen Quellen während der Regierungszeit von König Kelanitissa (185 B.C.) "fruchtbares Reisanbaugebiet" gewesen sein (vgl. BROHIER, 1950 und 1951) und muß deshalb über dem Meeresspiegel gelegen haben, der anschließend erneut anstieg. Da aber die in die Mujurathja Wela und die Lagune mündenden Bachläufe nur sehr kleine Einzugsgebiete besitzen und meist nur wenige Kilometer lang sind, ist eine Verlandung durch die Sedimentfracht der Flüsse unter den rezent vorherrschenden Abtragungs- und Abflußverhältnissen ausgeschlossen. Deshalb müssen "extremere" Materialtransportverhältnisse diese Bachläufe - verbunden mit einer vielleicht nur kurzfristig größeren Bereitstellung von Sediment - geprägt haben, die nur bei veränderten Abtragungs- und Niederschlagsverhältnissen an der W-Küste vorstellbar sind. Dies jedoch setzt eine klimatische Veränderung zu Verhältnissen, wie sie rezent in der Trockenzone gegeben sind, voraus, die zum einen die Destabilisierung von Hängen, d.h. die Bereitstellung von Sediment, bewirken konnten, und zum zweiten "torrentielle" Abflußbedingungen ermöglichten, um in den Fluß- und Bachläufen die angebotenen Sedimentmengen transportieren zu können. Daraus ergibt sich, daß für das Holozän Sri Lankas in diesem "Grenzsaum" zwischen Feucht- und Trockenzone wechselnde klimatische Verhältnisse angenommen werden müssen, die auf eine Verschiebung der hygroklimatischen Grenze zurückzuführen sind (siehe Kap. 6.1. und Kap.6.3).

S-lich der Mujurathja Wela setzt bei Hendela ein fossiles Strandniveau ein, das sich in durchschnittlich 3m über dem rezenten Meeresspiegel bis an die Mündung der Kelani Ganga fortsetzt (siehe Abb. 29) und an seinem E-Rand von einer N-S-verlaufenden Rinne gesäumt wird, die in das 1m-Niveau der fossilen Lagunensedimente eingebettet ist und eine ehemalige S-liche Verbindung zwischen dem S-Teil der Lagune von Negombo und dem offenen Meer belegt. Im N der Mujurathja Wela wird das W-Ufer der Lagune von Negombo von diesem fossilen 3m-Strandniveau gesäumt, über dem sich entlang der Küste eine fossile Düne erhebt. Da Bohrungen in diesem 3m-Niveau fehlen, konnten die sedimentologischen und stratigraphischen Verhältnisse nur in Trinkwasserbrunnenschächten untersucht werden. Danach lagert über dem Kristallin der "Vijayan Series", das in ca. 25m unter Flur ansteht, ein meist 1m mächtiger Horizont gut gerundeter Quarzgerölle, die in eine Matrix weißlich-grauer, kantengerundeter Grob- und Mittelsande - vermischt mit dunklen, meist schwarzen tonig-siltigen Feinsedimenten - eingebettet sind. Den Abschluß bilden mittel- bis grobsandige, meist 2.50m bis 3m mächtige Sedimente, die dem - mit Ausnahme des fehlenden Muschelbruchs - an der Küste anstehenden Beachrock (siehe unten) ähnlich sind.

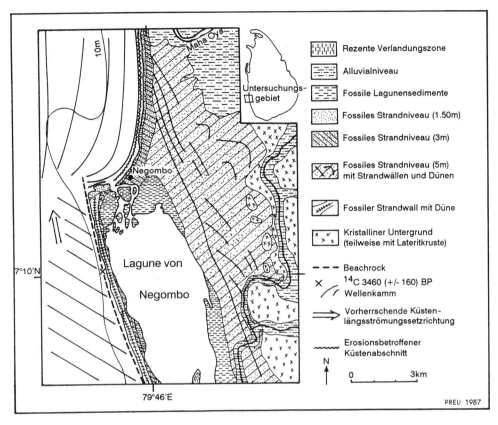

Abb. 27: Geomorphologische Karte der Küste von Negombo (W-Küste Sri Lankas)

Die dem Beachrock aufsitzende Düne ist - wie die fossile Düne auf dem Nehrunghaken der Lagune von Chilaw (siehe Kap. 5.2.1) - ein sekundäres Phänomen und sitzt einem fossilen Nehrungshaken auf, der anschließend von einer Düne überlagert wurde. Die Düne wird von einem meist 1.50m mächtigen Beachrock unterlagert (siehe Abb. 13), der sich nur wenige Dezizentimeter über den rezenten Meeresspiegel erhebt und kliffartig die Strandlinie an der gesamten Küste zwischen der Mündung der Kelani Ganga im S (siehe Abb. 29) und der N-Spitze des Nehrungshakens der Lagune von Negombo bildet, bis er dann vor der Lagunenmündung unter den Meeresspiegel abtaucht und nach ca. 300m in einer Wassertiefe von 3m aussetzt (vgl. PREU et al., 1987a). Dieser Beachrock ist sehr arm an Muschelbruch und setzt sich überwiegend aus Grobsanden zusammen, in die vereinzelt kantengerundete fein- bis mittelkiesgroße Quarze eingebacken sind. Ilmenitbänderungen treten vor allem in Nähe zur Mündung der Kelani Ganga auf und dünnen nach N zunehmend aus. Datierungen von KATUPOTHA (1987) haben für Kalkalgen, die an der Oberfläche dieses Beachrock sitzen, ein ^{14}C-Alter von 3460 (+/- 160) BP ergeben (siehe Abb. 27).

N-lich der Lagunenmündung schließt ein zetaförmiger Küstenabschnitt an, der von einem sehr schmalen fossilen Strandniveau in 1.50m gesäumt wird, an das sich im E ein weiteres fossiles Strandniveau in 3m über dem rezenten Meeresspiegel - z.T. von einem dünnen Schleier äolischer Sedimente überzogen - anschließt. E-lich davon folgt ein weiteres fossiles Strandniveau, das sich durchschnittlich 5m über dem rezenten Meeresspiegel erhebt. In diesem 5m-Strandniveau, das sich an der gesamten Küstensequenz auch nach S entlang der Mujurathja Wela verfolgen läßt und im E bis zum anstehenden Kristallin reicht, lassen sich eine Reihe von Strandwällen ausgliedern, die nahezu küstenparallel verlaufen und 1m bis 1.50m aufragen. SWAN (1983) postuliert deshalb zur Bildungsphase dieser Strandwälle einen Meeresspiegel, der 6m bis 6.50m über dem rezenten gelegen haben soll. Dem kann jedoch nicht zugestimmt werden, da zum einen alle rezenten Strandwälle der Küsten Sri Lankas, wie z.B an der NW-Küste (siehe Abb. 25 und Anhang 10.7), auch durchschnittlich 1m bis 1.50m über den rezenten Meeresspiegel aufragen, und zum zweiten Strandwalloberkanten nicht die Höhe eines Meeresspiegels, sondern von Wellenauflaufhöhen repräsentieren. Im E der Strandwälle erheben sich parabelförmige Sedimentkörper, die meist 5m bis 10m hoch und von einer dichten Trockenvegetation bestanden sind. Da in diesen Sedimenten Kennzeichen eines marinen Ursprungs fehlen, und diese Sedimentkörper in Form und Ausrichtung den rezenten Dünen auf der Halbinsel Kalpitiya (siehe Abb. 26) und der Insel Mannar (siehe Abb. 25) vergleichbar sind, können diese Sedimentkörper nicht, wie von SWAN (1983) und HERATH, L. (1962) postuliert, als

Strandwälle angesprochen werden. Vielmehr stellen diese Sedimentkörper Parabeldünen dar, die unter dem Einfluß SW-monsunaler Winde (Ausrichtung der Formen) entstanden sind. Inwieweit diese Dünen, die rezent inaktiv sind, dem 5m-Strandniveau aufliegen, kann infolge fehlender Aufschlußmöglichkeiten nicht nachgewiesen werden.

Wie sedimentologische Analysen mehrerer Aufschlüsse bei Ja Ela am E-Ufer der Mujurathja Wela zeigen, werden die marinen Sedimente des fossilen 5m-Strandniveaus, die hier eine durchschnittliche Mächtigkeit von 1.50m besitzen, von grob- bis mittelsandigen, nicht gerundeten Quarzsplittern unterlagert, die in einer roten bis dunkelrotbraunen grobschluffigen bis tonigen Matrix verfestigt sind. Diese Sedimente müssen deshalb terrigener Herkunft sein und sind sicherlich - auf Grund der Farbe - auch unter subaerischen Bedingungen abgelagert worden. Ein granulometrischer Vergleich mit den Sedimenten der "Red-Earth"-Formation im Hinterland der W-Küste (siehe Kap. 5.2.1) deutet eine ähnliche Korngrößenzusammensetzung an, jedoch sind die "Ja-Ela-Sande" besser verbacken. Trotzdem können die "Ja-Ela-Sande" genetisch wie stratigraphisch mit den Sedimenten der "Red-Earth"-Formation parallelisiert werden (siehe Kap. 6.4). Warum nach der Akkumulation der "Ja-Ela-Sande" keine Bleichung infolge eines angestiegenen Meeresspiegels erfolgte, kann nur vermutet werden. Da alle analysierten Sedimentproben nur vom E-lichen, d.h. inneren Rand des fossilen Strandniveaus genommen wurden, ist es denkbar, daß hier die "Ja-Ela-Sande" nach ihrer Ablagerung relativ rasch unter den Sedimenten des 5m-Strandniveau verschüttet und damit konserviert worden sind.

Daß unter den meist 2m bis 3m mächtigen "Ja-Ela-Sanden" Mittelsande kanten- bis gerundeter "gebleichter" Quarze, die in eine helle schluffig-tonige Matrix eingebettet sind, anschließen, unterstreicht die genetische wie stratigraphische Parallelität von "Ja-Ela-Sanden" und den "Red-Earth"-Sedimenten. Dies wird zusätzlich noch durch die morphologische

Position beider Sedimentkörper deutlich. Sowohl die "Ja-Ela-Sande" wie die Pisolithdecken der "Red-Earth"-Formation im Hinterland der W-Küste (siehe Kap. 5.2.3) sitzen einem älteren Sedimentkörper auf, der aber älter als die Pisolithe sein muß. Die morphologischen Befunde aus dem Küstenhinterland der Lagune von Puttalam belegen aber auch, daß die Pisolithdecken älter als das 5m-Strandniveau sein müssen, da sie sich kliffartig über dem jüngeren 5m-Strandniveau erheben. Da aber auch die "Ja-Ela-Sande" älter als das 5m-Strandniveau sein müssen und eindeutig keine marine Akkumulation darstellen, müssen sie ebenfalls älter als das 5m-Strandniveau sein. Auf Grund der Korngrößen kann für die Pisolithdecken der "Red-Earth"-Formation nur eine fluviatile Umlagerung aus einem höheren Relief des Küstenhinterlandes angenommen werden, wo auch rezent dem Kristallin in der Trockenzone Pisolithverwitterungsdecken aufsitzen. Hingegen fehlt in den rezenten Verwitterungsprofilen der Feuchtzone die Bildung von Pisolithen; vielmehr herrschen hier sandige bis tonige Lehme vor (vgl. SPÄTH, 1981b). Da zumindest für die feuchteren Interglazialphasen des Quartärs klimatische Verhältnisse anzunehmen sind, die den rezenten Bedingungen weitgehend vergleichbar sind (siehe Kap. 6.1), kann auch von vergleichbaren Verwitterungsverhältnissen und damit Verwitterungsprodukten im Küstenhinterland ausgegangen werden. Diese Sedimente wurden dann im Zuge klimatischer Veränderungen abgetragen (siehe Kap. 6.3) und nach W gegen die Küste umverlagert. Somit unterscheiden sich die "Ja-Ela-Sande" und die Pisolthdecken der "Red-Earth"-Formation nur hinsichtlich der hygroklimatischen Verhältnisse ihrer Liefergebiete, müssen aber stratigraphisch korreliert werden.

E-lich des fossilen 5m-Strandniveaus mit seinen Strandwällen und fossilen Dünen steht das Kristallin der "Vijayan Series" an, dessen Oberfläche ins Küstenhinterland zunehmend bis auf Höhen von 30m bis 40m ansteigt und durch ein Inselbergrelief mit langgezogenen, nach W abdachenden Rücken und zwischengeschalteten weiten Flachmuldentälern gegliedert ist. Terre-

strische Alluvialkörper säumen in den Tälern die rezenten
Fluß- und Bachläufe, deren Verläufe im Bereich des fossilen
5m-Strandniveaus die Strandwälle nachzeichnen, bis sie dann
in rezenten, vorgeschobenen Mündungsdeltas mit teilweise
dichtem Mangrovenbestand in die Lagune münden. In Küstennähe
sitzt den meist flacheren Inselbergen eine meist 50cm mächtige Latosoldecke auf, die den höheren und steileren Inselbergen nahezu ohne Ausnahme fehlt. Auf den W-abdachenden
Rücken lagern, wie z.B. E-lich Halpe in einer Entfernung von
15km zur rezenten Küste - 1m bis 2m mächtige Krusten stark
verfestigter Pisolithe, die entweder unmittelbar dem Aus-
gangsgestein aufsitzen oder durch eine kaolinitische Zersatzzone vom kristallinen Untergrund getrennt sind (siehe
Kap. 5.2.3).

Im N dieser Küstensequenz mündet die Maha Oya in den Indik
und wird von einer 3m hohen Terrasse eines fossilen terrestrischen Alluvialkörpers gesäumt. Dieser 3m-Terrasse ist
eine zweite, tiefergelegene Terrasse in einer Höhe von 1m
über dem rezenten Meeresspiegel vorgelagert, bis dann an der
Flußmündung ein rezenter, N-gerichteter Nehrungshaken folgt,
der die Mündung fast gänzlich verschließt. Ins Küstenhinterland steigt die Oberfläche des terrestrischen Alluvialkörpers der 3m-Terrasse an und erreicht in einer Entfernung von
30km bei Kotadeniyawa eine Höhe von 20m über dem rezenten
Meeresspiegel. Hier hat die Terrasse der Maha Oya, deren
Flußsohle nun im Anstehenden liegt, eine durchschnittliche
Höhe von 6m erreicht und setzt sich in dieser Höhe auch nach
E weitere 30km flußaufwärts bis zur Siedlung Alawwa fort.

Den Schelf vor der Küste von Negombo gliedern drei küstenparallele Beachrockriffe, die in Wassertiefen von 10m, 18m und
25m (dieser Beachrock liegt bereits 5km vor der Küste) liegen. Wie mehrere Taucherkundungen dieser Riffe ergeben haben, ist das 25m-Beachrockriff von besonderer Bedeutung.
Diesen Beachrock bilden vorwiegend grob- und mittelsandige,
kaum gerundete Quarze; weder Muschel- und Korallenbruch noch

bedeutende Schwermineralbeimengungen konnten beobachtet werden. Diesem Beachrock sind aber 0.5cm bis 1cm mächtige Bändchen rotbraunen sandigen Lehms mit eckigen mittel- bis feinsandigen Quarzsplittern eingebacken, die den "Ja-Ela-Sanden" unter dem fossilen 5m-Strandniveau entsprechen. Aus diesem Grunde muß angenommen werden, daß die terrestrischen "Ja-Ela-Sande" während einer Phase um- und abgelagert wurden, als der Meeresspiegel mindestens 25m unter dem rezenten lag. Auf der anderen Seite macht die morphologische Position der "Ja-Ela-Sande" eine quartäre Transgressionsphase notwendig, die über der des 5m-Strandniveaus gelegen haben muß (siehe oben). Dies bedeutet, daß die Umlagerung der "Ja-Ela-Sande" aus dem Hinterland an die Küste während eines Meeresspiegelhochstandes erfolgte, von wo diese Sedimente zu Beginn der nachfolgenden Regressionsphase erneut aufgenommen und auf den trockengefallenen Schelf gegen die weiter nach W vorrückende Küste transportiert wurden.

5.2.3 Flußterrassen

Die Flußläufe im Hinterland der W- und NW-Küste Sri Lankas besitzen sowohl Feinsediment- wie Schotterterrassen. An den Flußunterläufen treten ausschließlich Feinsedimentterrassen auf, die fossile Alluvialsedimente bilden und sich entweder nur wenige Dezizentimeter, wie z.B. an der Kala Oya und Mi Oya (siehe Abb. 26), oder mehrere Meter, wie z.B. an der Deduru Oya (siehe Abb. 26) und Maha Oya (siehe Abb. 28), über dem rezenten Flußbett erheben. An der NW- und W-Küste streichen die Terrassen bereits weit im Küstenhinterland auf ein 3m-Niveau aus und formen sanft gegen die Küste abdachende Deltaschüttungen. Besonders schöne Beispiele zeigen die Mi Oya, Kalu Oya und Deduru Oya im Hinterland der Lagune von Negombo. N-lich der Lagune dacht auch der Feinsedimentkörper der Maha Oya als großes Delta gegen die Küste ab, endet dann aber in einer durchschnittlichen Höhe von 3m über dem rezen-

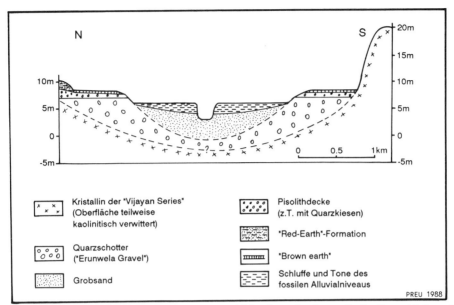

Abb. 28: Schematisches Querprofil durch das Tal der Maha Oya bei Halpe im Hinterland der W-Küste Sri Lankas

ten Meeresspiegel abrupt, wo sich dann nach einem kliffartigen Geländeknick in einer Höhe von ca. 1m ein weiterer lehmig bis sandig-lehmiger Alluvialkörper anschließt. Dieses 1m-Niveau fehlt flußaufwärts nahezu vollkommen und tritt nur vereinzelt an Gleithängen von Mäanderschlingen auf. Den Flüssen im Hinterland der Lagune von Puttalam fehlt dieses untere Terrassenniveau (siehe Abb. 26).

Entlang des Flußunterlaufs der Maha Oya stehen infolge günstiger Aufschlußverhältnisse auch die Sedimente unterhalb der Alluvialoberfläche des 3m-Niveaus an (siehe Abb. 28). Unter den bis zu 3m mächtigen schluffigen Tonen folgen bis zu 5m mächtige, schlecht gerundete, gelbliche Mittel- und Feinsande, die weder Horizontierung noch Schichtung aufweisen (vgl. COORAY, 1967). Dieser Sedimentkörper, der 9km vor der Flußmündung in einer Höhe von 5m über dem rezenten Meeresspiegel liegt, taucht anschließend unter den jüngeren Alluvialkörper ab (vgl. COORAY, 1967 und URBAN DEVELOPMENT AUTHORITY, 1981).

Die Gruppe der Schotterterrassen repräsentieren Schotterkörper, die in unterschiedlichen Höhen über den Niveaus der Alluvialterrassen viele Flachmuldentäler im Hinterland der NW- und W-Küste säumen oder in Talsystemen, die rezent von nur kleinen Bachläufen durchflossen werden, bis in Höhen von bis zu 10m über dem Talboden deutliche Hangstufen, wie z.B. bei Madampe, bilden. Diese Schottervorkommen, die eine Mächtigkeit von bis zu 6m erreichen, setzen sich aus schlecht gerundeten Quarzschottern zusammen, die weder eine Einregelung noch Sortierung zeigen (vgl. SPÄTH, 1981b) und in einer grauen bis weißlichen Matrix meist sandiger Tone bis schluffiger Sande liegen (vgl. COORAY, 1967). Diese Sedimentkörper, die dem häufig kaolinitisch zersetzten Kristallin aufsitzen, werden ohne Übergang von einer in der Regel durchschnittlich 1m mächtigen Pisolithdecke mit eingebackenen Quarzen überlagert, die stellenweise eine derartig kompakte Kruste bilden, daß nach SPÄTH (1981b) nur noch im Dünnschliff die Einzelkomponenten zu erkennen sind. Darüber folgt dann eine geringmächtige "brown earth" (ALWIS, K.A. et al., 1972).

Diese Quarzschottervorkommen, die durch COORAY (1963b und 1967) als "Erunwala Gravel" und "Kalladi Gravel" in die Literatur eingegangen sind und bisher nur an wenigen Stellen im Hinterland der W-Küste, d.h. NE-lich von Chilaw (Erunwala), E-lich von Puttalam (Kalladi) und bei Bambukuliya (NE-lich Negombo), nachgewiesen worden sind, sollen nach COORAY (1963b und 1967), DERANIYAGALA (1958) und SPÄTH (1981b) ein jungpleistozänes Alter haben und während des letztglazialen Meeresspiegeltiefststandes zerschnitten worden sein. Topographische und morphologische Position dieser Schotter wie vergleichbarer Sedimente am E-Rand der Lagunen von Puttalam und Chilaw (siehe Abb. 26) sowie die sedimentologischen Befunde aus dem Umkreis der Lagune von Negombo (siehe Kap. 5.2.2) lassen jedoch eine derartige Schlußfolgerung nicht zu. Ausgangspunkt der Gegenargumentation soll die Postulation COORAY's (1963b und 1967) sein, diese Schotter bildeten einschließlich der hangenden Pisolithdecke eine einzige stratigraphische Einheit. COORAY's (1967, S. 154) einziges Argument ist, daß "within this ironstone horizon the eye can easily pick out lenses and streak of large quartz pebbles similar to those in the gravel below. It is clear, therefore, that the nodular ironstone belongs to the gravel formation and is not a seperate bed." Jedoch zeigen pedologische Untersuchungen im Hinterland der W-Küste, daß sich unter den rezenten klimatischen Verhältnissen nur rotbraune, sandig-tonige Lehme, die sich nach TILLMANNS (1981) noch in einem Zwischenstadium der Tonmineralbildung befinden, aber nur teilweise sehr kleine Pisolithe gebildet haben, und zudem die Niederschlagssummen nicht ausreichen, um eine tiefgründige kaolinitische Verwitterung zu ermöglichen. Analysiert man die von COORAY getroffenen Aussagen und entsprechenden Aufschlüsse unter diesem Gesichtspunkt, so kann man nur zu dem Schluß kommen, daß hier nicht nur unterschiedliche Verwitterungsprodukte, die anschließend umgelagert worden sind, sondern auch Zeugnisse unterschiedlicher klimatischer Phasen übereinander liegen: Die Verwitterung und Aufbereitung des Liegenden, d.h. des eigentlichen Schotterpaketes und seiner Matrix, setzt wesentlich feuchtere klimatische Verhältnisse voraus, als dies für die Entstehung von Pisolithen erforderlich ist. Allein dieser Befund schließt eine syngenetische Bildung der Schotter und Pisolithe aus. Diese Aussage wird zudem noch durch die scharfe Grenze zwischen beiden Horizonten unterstrichen. Hinzu kommt, daß Pisolithdecken ein prägendes sedimentologisches wie morphologisches Element im Hinterland der gesamten W- und NW-Küste Sri Lankas sind (siehe Abb. 25, 26 und 27 und Anhang 10.7 und 10.8) und entweder über dem kristallinen Untergrund oder den miozänen Kalken, wie z.B. E-lich von Mantai, kaolinitischen Tonen aufliegen und von Sedimenten der "Red-Earth"-Formation überlagert sind. Gerade die Lage von Pisolithdecken über miozänen Kalken zeigt deutlich, daß diese Eisenkonkretionen weit im Küstenhinterland gebildet worden sein müssen und erst anschließend gegen die Küste verlagert wurden.

Dabei konnten von den Flüssen natürlich auch Sedimente älterer Akkumulationen, d.h. in diesem Falle der "Erunwala Gravels" und "Kalladi Gravels", fluviatil umgelagert werden.

Bleibt die Frage nach der Genese der kompakten Pisolithkruste über den Quarzschottervorkommen der "Erunwala Gravels" und "Kalladi Gravels". Im Hinterland der Küste von Negombo säumen das Tal der Maha Oya bei Halpe (siehe Abb. 28) über einer durchschnittlich 6m hohen Terrasse, die im Hangenden von tonig-schluffigen und im Liegenden von grobsandigen Sedimenten gebildet wird, sowohl im N wie S durchschnittlich 2m bis 3m mächtige Pisolithdecken, denen eine "brown earth" (vgl. ALWIS, K. A. et al., 1972) auflagert. Am N-Rande des Tales taucht diese Pisolithdecke, deren Mächtigkeit bis auf 4m bis 5m zunehmen kann, unter Sedimente der "Red-Earth-Formation" ab und sitzt kaolinitischen Schluffen und Tonen auf. Dagegen grenzt die Pisolithdecke im S an das hier sehr steil aufragende Kristallin. Innerhalb des Tales der Maha Oya lagern die Pisolithdecken über den Quarzschottern, die das Tal über die gesamte Breite unter den Grobsanden einnehmen und dem kristallinen Untergrund aufsitzen. Im N und S des Alluvialniveaus bilden die Quarzschotter mit der sie überlagernden Pisolithdecke, in der schmitzen- und linsenartig Quarzeinschlüsse beobachtet werden konnten, mehr oder weniger steil aufragende Terrassenkanten.

Die N-liche Pisolithdecke kann sich auf keinen Fall aus den liegenden kaolinitischen Schluffen und Tonen entwickelt haben, da zum ersten Pisolithdecken auch über miozänen Kalken liegen - wie im Hinterland der Küste von Puttalam, wo diese Decken durch "Red-Earth"-Sedimente überlagert werden (siehe Abb. 26) -, und zum zweiten die Pisolithdecken im Tal der Maha Oya fast ausschließlich den fluviatilen Quarzschottern aufsitzen. Zudem ist von Bedeutung, daß trotz fehlender Datierungen auf Grund morphologischer und sedimentologischer Position beide Pisolithdecken sowohl stratigraphisch wie genetisch gleichzusetzen sind. Dies bedeutet, daß die Annahme

COORAY's (1963b und 1967), das Auftreten von vergleichbaren Quarzen sowohl im liegenden Schotterkörper wie in den Pisolithkrusten belege die syngenetische Entwicklung von Pisolithdecke und Schotterkörper, nicht gehalten werden kann. Gerade das Auftreten von linsen- und bänderförmigen Quarzeinschlüssen in der Pisolithkruste zeigt deutlich, daß nach der Akkumulation des liegenden Quarzschotterkörpers - gefolgt von einer postsedimentären Zerschneidungsphase (siehe Kap. 6.4) - ein weiterer Sedimentköper, d.h. die Pisolithdecke, durch eine "Paläo"-Maha Oya akkumuliert worden ist, die aus ihrem Flußeinzugsgebiet die Pisolithe gegen die Küste transportierte und dabei auch ältere Sedimentakkumulationen, d.h. Sedimente des stratigraphisch älteren Quarzschotterkörpers, zerschnitten und aufgenommen hat. Dies belegt auch die morphologische Position von Pisolithdecke und Schotterkörper an der NW-Küste E-lich von Mantai (siehe Anhang 10.7), wo die Pisolithe im Mittellauf der Flüsse unter den "Red-Earth"-Sedimenten altimetrisch tiefer liegen als die Quarzschotter - ebenfalls unter "Red-Earth"-Sedimenten begraben - in den Flußoberläufen. Zwar soll die von COORAY (1963b und 1967) postulierte in-situ-Verwitterung des liegenden Quarzschotterkörpers und die Bildung lateritischer Fragmente nicht gänzlich ausgeschlossen werden, jedoch hat SEUFFERT (1973) für S-Indien, das im Quartär eine vergleichbare morphologische und klimatologische Entwicklung wie Sri Lanka erfahren hat und dessen Kristallin der "Vijayan Series" Sri Lankas mineralogisch wie petrographisch entspricht (VITANAGE, 1972 und 1984), nachgewiesen, daß die Bildung der "Low-Level" Laterite ohne eine maßgebliche Zufuhr sesquioxydhaltiger Lösungen aus dem humideren Hinterland nicht zu erklären ist. Daraus ergibt sich die Schlußfolgerung, daß die Bildung der Pisolithkrusten Sri Lankas entweder auf eine postsedimentäre in-situ-Verwitterung der Pisolithe selbst oder auf eine postsedimentäre Heranführung von Eisen aus dem Hinterland zurückzuführen ist. Damit läßt sich zusammenfassend sagen, daß die bisher angenommene syngenetische Entwicklung von Quarzschotterkörper und Pisolithdecke auszuschließen ist.

Von SPÄTH (1981b), COORAY (1963b und 1967) und DERANIYAGALA (1958) werden die "Erunwala Gravels" und "Kalladi Gravels" als jungpleistozäne Brandungsgerölle interpretiert. Jedoch schließen die räumliche Verteilung dieser Schottervorkommen im gesamten W und NW Sri Lankas (siehe Abb. 25, 26 und 27 und Anhang 10.7 und 10.8) sowie ihre sehr unterschiedlichen Höhenlagen eine derartige Deutung aus. Quarzschotter finden sich vor allem unter Pisolithdecken, können aber auch, wie z.B. E-lich Mantai, unmittelbar Sedimente der "Red-Earth-Formation" unterlagern (siehe Anhang 10.7). Darüberhinaus konnten diese Quarzschotter auch unter jüngeren Flußsedimenten der Maha Oya (siehe Abb. 28) nachgewiesen werden (URBAN DEVELOPMENT AUTHORITY, 1981) und entsprechen den Sedimenten, die unter dem Nehrungshaken der Lagune von Negombo dem kristallinen Untergrund in 25m unter dem rezenten Meeresspiegel aufliegen (siehe Abb. 27). Weitere Vorkommen lassen sich in einer Vielzahl von Trinkwasserbrunnenschächten beobachten, die im Hinterland der Lagunen von Chilaw und Puttalam bis zu 20km Entfernung zur rezenten Küstenlinie und bis in Höhen von über 25m über dem rezenten Meeeresspiegel liegen. Dies schließt die Deutung dieser Quarzschotter als Brandungsgerölle völlig aus. Wie bereits das räumliche und altimetrische Vorkommen dieser Schotterkörper andeutet, darf bei der genetischen Interpretation dieser Sedimente weder von den rezenten Talsystemen, noch von den rezenten Abflußverhältnissen dieser Flüsse ausgegangen werden. Die guten bis sehr guten Rundungsgrade der Quarzschotter deuten vielmehr an, daß ihre Liefergebiete weit im Hinterland - vermutlich innerhalb oder in der Nähe des zentralen Berglands - gelegen haben, von wo sie dann durch "Paläo"-Flußsysteme nach W gegen die Küste transportiert wurden. Da diese Schotter auf Grund ihrer sedimentologisch-stratigraphischen Position älter als das fossile 5m-Strandniveau sein müssen, kann diese fluviatile Verlagerung nicht ins Jungpleistozän gestellt werden. Dies deutet auch SPÄTH (1981b) an, wenn er ein zumindest gleiches Alter für die Pisolithkrusten, die den Schottern aufsitzen, und die "Altlaterite östlich von Negombo", die auf Inselbergen bis in Höhen von 20m ein Lateritdach bilden und durch eine laterale Eisenanreicherung entstanden sein sollen, nicht ausschließt. Jedoch nimmt er - wie auch BREMER (1981) - an, daß erst im Laufe der letztkaltzeitlichen Meeresspiegelabsenkung eine bedeutende Tieferlegung der Flußsohlen bis auf 15m bis 20m unter den rezenten Meeresspiegel und dadurch die Zerschneidung der Pisolithdecke und des Schotterkörpers erfolgt sei. Dem widersprechen aber in-situ-Kaolinvorkommen im Hinterland der SW-Küste bei Mitiyagoda (N-lich Galle) und Colombo (Boralasgamuwa) (vgl. HERATH, J. W., 1975) (siehe Kap. 5.3.1), die eine Mächtigkeit von 15m bis 20m erreichen und deren Basis damit dem Niveau des kristallinen Untergrunds unter den Flüssen der SW-Küste entspricht. Diese mächtigen Kaolinvorkommen können aber nur unter einem sehr beständigen, langanhaltenden feuchttropischen Klima gebildet worden sein, wie es für das Jungpleistozän auszuschließen ist. Da beide Kaolinvorkommen nur 2km bis 3km von der Küste entfernt in Tälern liegen, die direkt mit den größten Flüssen der SW-Küste (Kelani Ganga und Gin Ganga) verbunden sind, muß die kristalline Reliefoberfläche an der Basis der Kaolinvorkommen derselben Reliefgeneration wie die kristalline Basis der Flußsysteme angehören. Damit kann die von SPÄTH (1981b) und BREMER (1981) postulierte Tieferlegung der Flußsohlen bis auf 15m bis 20m unter den rezenten Meeresspiegel und damit auch die Zerschneidung der Pisolithdecke und des liegenden Schotterkörpers nicht während des Jungpleistozän erfolgt sein, sondern muß als älter angesehen werden. Auf die Frage, warum die Kaoline nicht während pleistozäner Meeresspiegeltiefststände ausgeräumt worden sind, ist an anderer Stelle noch einzugehen (siehe Kap. 5.3.1 und Kap. 6.3).

Zusammenfassend kann an dieser Stelle gesagt werden, daß an der W-Küste Sri Lankas mindestens zwei jüngere Terrassenniveaus nachgewiesen werden können. Ein drittes Terrassenniveau repräsentieren Schotter, die in sehr unterschiedlicher Entfernung zur Küste und in sehr unterschiedlichen Höhenlagen meist weit verstreut und unzusammenhängend Sedimentkörper bilden, die älter als die Pisolithdecken unter den Sedimenten der "Red-Earth-Formation" sein müssen. Darüberhinaus können diese Schotter auch über dem kristallinen Untergrund in Tiefen von 25m bis 30m unter dem rezenten Meeresspiegel nachgewiesen werden.

5.3   SW-Küste

Von der Mündung der Kelani Ganga bei Colombo schließt sich bis zur S-Spitze Sri Lankas bei "Dondra Head" die SW-Küste an, die ausschließlich der Feuchtzone angehört. Die Kelani Ganga stellt auch für die quartäre Küstengenese und -dynamik eine bedeutende morphologische Grenze dar: Beherrschen im N dieses Flusses große, N-gerichtete Nehrungen mit ihren rückseitigen Lagunen die Morphographie der Küste, erstreckt sich S-lich der Kelani Ganga das Kristallin der "Vijayan Series" und "Highland Series" meist bis unmittelbar an die Küste und wird zu einem bedeutenden morphographischen wie morphologischen Formen- und Formungselement, das in Verbindung mit den Niederschlagscharakteristika der Feuchtzone und der durch sie gesteuerten Abflußverhältnisse der Flüsse (siehe Kap. 3.2.1.2) die Morphodynamik dieser 160km langen Küste prägt.

Drei ausgewählte Küstensequenzen sollen nicht nur die Vergesellschaftung morphologischer Formen und Sedimente, sondern auch die Auswirkungen eustatischer Meeresspiegelveränderungen und Klimaschwankungen im Quartär der SW-Küste aufzeigen, die in ihrem N-lichen Abschnitt eine "Spit and Barrier Coast" und in ihrem S-lichen Abschnitt eine "Bay and Headland Coast" ist (siehe Abb. 21). Da das quartärmorphologische Formeninventar der beiden Buchten von Galle und Weligama weitgehend dem durch Klima- und eustatische Meeresspiegelschwankungen geschaffenen dieser drei ausgewählten Küstensequenzen entspricht, sollen diese Buchten bei der Untersuchung der quartären Küstengenese keine besondere Stellung einnehmen.

5.3.1   Küste von Colombo

Die Küste von Colombo (siehe Abb. 29 und Anhang 10.9) säumen drei unterschiedliche fossile Strandniveaus in durchschnittlich 1.50m, 3m und 5m bis 6m über dem rezenten Meeresspiegel, die durch Beachrock in Höhen von 0.30m, 2m und 5m über dem rezenten Meeresspiegel unterlagert sind. Diese fossilen Strandniveaus sind buchtenförmig dem sich E-lich anschließenden kristallinen Relief vorgelagert, das sich kliffartig über das vorgelagerte Relief erhebt.

Die Küste säumt in einer durchschnittlichen Höhe von 0.30m über dem rezenten Meeresspiegel ein Beachrock, der N-lich und S-lich der Mündung der Kelani Ganga das fossile 1m- bis 1.50m-Strandniveau unterlagert und sich im N der Flußmündung bis an die Mündung der Lagune von Negombo fortsetzt (siehe Abb. 27). Auf Grund seiner altimetrischen Position und eines ^{14}C-Alters von 3460 (+/- 160) BP (vgl. KATUPOTHA, 1987) muß dieser Beachrock einem postglazialen Meeresspiegelhochstand zugeordnet werden. Bei Uswetikiyawa im N der Kelani Ganga Mündung wird das 3m-Strandniveau in einer durchschnittlichen Höhe von 2m über dem rezenten Meeresspiegel von einem Beachrock unterlagert. HERATH, J.W. (1975) beschreibt ein drittes Beachrockniveau, das 2km E-lich der rezenten Küstenlinie im Stadtgebiet "Cinamon Garden" in einer Höhe von durchschnittlich 5m über dem rezenten Meeresspiegel liegt und ein fossiles Strandniveau in einer Höhe von meist 5m bis 6m über dem rezenten Meeresspiegel unterlagert, das nur noch SE-lich des "Beira Lake" erhalten ist. Obwohl für die 2m- und 5m-Beachrockniveaus keine Datierungen vorliegen, müssen sie allein auf Grund ihrer Höhenlagen älter als das 0.30m-Beachrockniveau sein; dementsprechend muß auch das 5m-Beachrockniveau älter als das 2m-Niveau sein.

Eingebettet in das fossile 3m-Strandniveau, das vor allem das W- und S-Ufer bildet und das im E stellenweise vom über 20m aufragenden Kristallin begrenzt wird, das eine geringmächtige Latosoldecke trägt, liegt nur wenige hundert Meter E-lich der rezenten Strandlinie der "Beira Lake", der nach N in das Hafenbecken von Colombo und nach W in den Indischen Ozean entwässert. Nach WADIA (1941c) haben mehrere Bohrungen (siehe Anhang 10.9) ergeben, daß am Boden der 2m tiefen Lagune unter den rezenten fluviatilen Sedimenten ein 1m mächtiges, schluffig-toniges und muschelbruchreiches Sediment folgt, unter dem sich ein meist 1m mächtiges Lagunensedimentpaket anschließt und durchschnittlich 3m mächtige tonige Sande "full of marine shells" überlagert. Wiederum folgen 3m mächtige Lagunensedimente, die in einer Tiefe von 10m unter dem rezenten Meeresspiegel von 1m mächtigen, sehr hellen bis weißen Sanden unterlagert werden, die unmittelbar dem kristallinen Untergrund aufsitzen, der stellenweise noch eine kaolinitische Zersatzzone aufweist. Danach muß diese Lagune mindestens zwei Transgressionsphasen erfahren haben, vorher aber bereits als Lagune bestanden haben. Aus diesem kann vermutet werden, daß das fossile 5m-Strandniveau ehemals eine größere Ausdehnung nach N erreichte und - in Form eines Strandwalls oder Nehrungshakens - auch das W-Ufer der Lagune umschloß. Obwohl die von WADIA (1941c) beschriebenen Sande unter den ältesten Lagunensedimenten selbst nicht beprobt werden konnten, lassen die Beschreibung WADIA's (1941c) und die stratigraphisch-sedimentologische Position dieser Sande eine große Ähnlichkeit zu den Sedimenten im Hinterland der W- und NW-Küste erkennen, die unter den Pisolithdecken und den "Ja-Ela-Sanden" sowie über dem Kristallin unter dem Nehrungshaken der Lagune von Negombo lagern (siehe Kap. 5.1 und 5.2). Aus diesem Grunde sollen die hellen Sande des "Beira Lake" mit den oben beschriebenen Sedimenten der W-

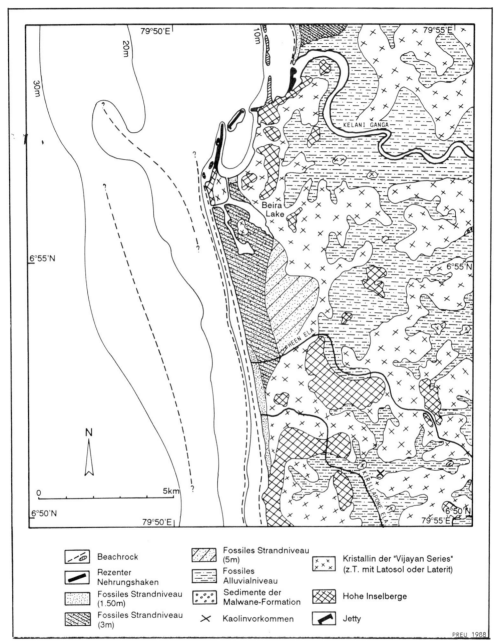

Abb. 29: Geomorphologische Karte der Küste von Colombo (SW-Küste Sri Lankas)

und NW-Küste stratigraphisch parallelisiert werden.

E-lich der fossilen Strandniveaus prägen das in Inselberge

und langgezogene, W-abdachende Rücken zerlappte Kristallin sowie die zwischengeschalteten fingerförmigen Alluvialbereiche in einer Höhe von durchschnittlich 2m über dem rezenten Meeresspiegel das Relief (siehe Abb. 29 und Anhang 10.9). Entlang der Flußläufe von Kelani Ganga im N und Panadura Ganga im S taucht dieses Alluvialniveau, in das nur kleine Bachläufe von meist weniger als 1m Tiefe eingebettet sind, gegen die Küste unter eine 1m-Terrasse ab. Die vorwiegend schluffig bis sandigen Tone der Alluvialbereiche sitzen dem kristallinen Untergrund auf, dessen Inselbergrelief diese Alluvialdecke durchbricht und auch unter dieser Decke eine stark reliefierte kristalline Oberfläche vermuten läßt. Dies wird vor allem durch 3m bis 10m mächtige Kaolinvorkommen bei Boralasgamuwa (11km SE-lich Colombo) (siehe Abb. 29) bestätigt, die unter den schluffig bis sandigen Tonen der Alluvialoberfläche dem kristallinen Untergrund aufsitzen und nach SILVA, B.D. (1986) eine in-situ-Verwitterung darstellen.

Den Unterlauf der Kelani Ganga säumt als Terrasse ein 1m-Alluvialniveau, in das der mäandrierende Flußlauf eingebettet ist. Zwei Bohrungen in Höhe der "New Kelani Ganga Bridge" (3km vor der Flußmündung) zeigen, daß auf dem kristallinen Untergrund, der in einer durchschnittlichen Tiefe von 25m unter dem rezenten Meeresspiegel liegt (URBAN DEVELOPMENT AUTHORITY, 1981), nach SWAN (1964) 10m mächtige, von ihm jedoch nicht weiter spezifizierte Sande lagern, denen 3m mächtige sandige Schluffe folgen. Darüber schließt ein 3m mächtiger Horizont von Schluffen und Tonen an, die erneut von Feinsanden überlagert werden. Darüber folgt in ca. 6m unter Flur ein 1m mächtiger Horizont von Tonen und Schluffen, denen bis zur Flußsohle in einer Höhe von 3m über dem rezenten Meeresspiegel grobe Sande aufsitzen. Die liegenden Schluff- und Tonsedimente, die teilweise mit einem geringmächtigen Schleier äolischer Sande überdeckt sind, reichen an den Flußufern bis in eine Höhe von durchschnittlich 1m über dem rezenten Meeresspiegel und säumen den Fluß als Terrasse. Obwohl keine detaillierteren sedimentologischen Analysen vorliegen, läßt sich in diesen Sedimenten dieselbe zyklische Abfolge erkennen, wie sie für die Sedimentabfolge im "Beira Lake" erkannt wurde (siehe Anhang, 10.9), so daß beide stratigraphisch parallelisiert werden können.

Das Niveau der 1m-Terrasse steigt entlang der Kelani Ganga im Küstenhinterland an und erreicht 15 km E-lich der Flußmündung bei Kaduwela eine Höhe von fast 8m über dem rezenten Meeresspiegel. An den Uferböschungen des Flusses, der in einem 4m tiefen, kastenförmigen Tal fließt, sind nicht nur der 3m mächtige Alluvialkörper, sondern auch mit einer scharfen Grenze die liegenden 1m mächtigen Quarzkiese, die dem Kristallin aufsitzen, das auch die Flußsohle bildet, aufgeschlossen. Weitere 8km flußaufwärts säumt in einer Höhe von nahezu 10m über dem rezenten Meeresspiegel an beiden Ufern die Kelani Ganga in einer durchschnittlichen Höhe von 4m über ihrem Flußbett, dessen Sohle im Anstehenden liegt, ein Terrassenkörper, der zwar in ähnlicher Höhenlage, aber meist nur als Erosionsrest erhalten noch bis in eine Länge von über 1km beidseits des Flusses zu beobachten ist. Dieser Terrassenkörper, der sich aus nicht horizontierten und nicht geschichteten Quarzkiesen zusammensetzt, ist von COORAY (1967) als "Ranale Formation" in die morphologische Literatur eingeführt worden. Da die Sedimente der "Ranale Formation" den Kiesen bei Kaduwela (siehe oben) in Zurundung und Größe, sedimentologischer und morphologischer Position vergleichbar sind, können deshalb beide auch stratigraphisch parallelisiert werden. Die Sedimente der "Ranale Formation" sind nach COORAY (1967) fluviatil abgetragene und umgelagerte Sedimente des höher gelegenen Terrassenkörpers der "Malwane Formation", deren Sedimente über der "Ranale Formation" eine eigene Terrasse bilden und nur noch zwischen Kaduwela und Ranale an beiden Flußufern als unbedeutende Erosionsreste in Höhen bis zu 6m über dem rezenten Flußbett der Kelani Ganga erhalten sind. Die "Malwane Formation" bilden Wechsellagerungen schlecht gerundeter grober Quarzkiese, die in einer lateritischen Matrix verbacken sind und gegeneinander von kiesfreien, lateritischen Verhärtungshorizonten getrennt werden (vgl. COORAY, 1967). Derartige Sedimentkörper, die ohne Übergang dem Anstehenden aufsitzen, konnten auch bei Talangama (SW-lich von Kaduwela) 10km E-lich der Kelani Ganga Mündung beobachtet werden, wo die "Malwane Formation"-Sedimente in einer durchschnittlichen Höhe von 8m über dem rezenten Meeresspiegel liegen.

Die morphologische Position der "Malwane Formation" sowie die lateritisch verfestigten Verhärtungshorizonte in diesen Sedimentkörpern deuten auf ein höheres Alter als das der Sedimente der "Ranale Formation" hin. Auszuschließen ist aber, daß sich die "Ranale Formation" aus den erodierten Sedimenten der "Malwane Formation" zusammensetzt. Allein die topographische Nachbarschaft beider Formationen, die sich beide nicht in das Hochland hinein verfolgen lassen, d.h. bisher fehlen entsprechende morphologische Befunde, schließt dies aus. Zum zweiten setzt sich die "Ranale Formation" aus homogenen Sedimentkörpern ohne weites Korngrößenspektrum zusammen, dem grobe Quarzkiese ebenso fehlen wie Feinsedimente. Zum dritten spricht auch die Mächtigkeit beider Sedimentkörper dagegen. In jedem Falle kann die Bildung beider Akkummulationskörper nur in Verbindung mit klimatischen Veränderungen erklärt werden, die im Küstenhinterland während des Quartärs zu sehr signifikanten Veränderungen von Hangstabilität und terrestrischer Morphodynamik geführt haben. Wie noch weiter unten detailliert darzustellen und zu diskutieren sein wird (siehe Abb. 30), führten Massenumlagerungen von Hangsedimenten aus dem im E anschließenden zentralen Bergland wiederholt zur Verschüttung des vorgelagerten Inselbergreliefs des Küstenhinterlandes, in dem in topographisch-morphologisch begünstigten Positionen nach der anschließenden fluviatilen Zerschneidungs- und Abtragungsphase Erosionsreste dieser Sedimente erhalten blieben. Da Sedimentumlagerungen dieser Größenordnung nur in Verbindung mit einschneidenden klimatischen Veränderungen, wie sie zwischen Interglazialen zu Glazialen gegeben sind, gesehen werden

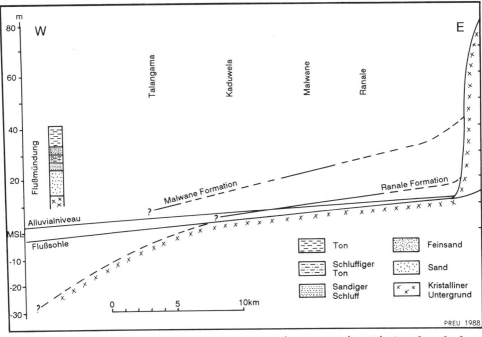

Abb. 30: Terrassenniveaus der Kelani Ganga im Hinterland der Küste von Colombo (SW-Küste Sri Lankas)

können, muß die Bildung beider Sedimentkörper zwei unterschiedlichen klimatischen Wechselphasen zugeordnet werden. Auf Grund ihrer altimetrischen Positionen ist die "Malwane Formation"-Terrasse älter als die der "Ranale Formation". Am Fuße des Berglandes führte die Schüttung der unterschiedlichen Sedimentformationen zu einer unterschiedlichen Anhebung des Flußbettes der Kelani Ganga und damit unterschiedlichen Erosionsbasen, die während der anschließenden Ausräumungs- und Zerschneidungsphase wieder tiefer gelegt wurden. Sollte jedoch die Vermutung COORAY's (1967) zutreffen, die "Ranale Formation"-Sedimente seien aus den Sedimenten der "Malwane Formation" hervorgegangen, würde dies eine sehr langanhaltende erhöhte Erosionsbasis voraussetzen, die auch während der nach- bzw. zwischengeschalteten Ausräumungs- und Zerschneidungsphasen bestanden haben müßte. Dies würde jedoch infolge Wasserrückstaus zur Bildung von Seen, z.B. im intramontanen Becken von Avissavella, führen, wofür es bisher keine Belege gibt. Zwar postuliert DERANIYAGALA (1958) für das Jungpleistozän im Gebiet von Ratnapura, wo die Kalu Ganga in ihrem Oberlauf (60km vor der Mündung) ein intramontanes Becken durchfließt, mehrere "pluviale Seen", jedoch ist deren Bildung auf eine Vielzahl lokaler Erosionsbasen in den deutlich gegliederten Flußlängsprofilen zurückzuführen (siehe Anhang 10.1).

Im E der "Ranale Formation" und "Malwane Formation" steigt steil und treppenförmig bis auf Höhen von 500m die W-Abdachung des zentralen Berglandes an. Der Flußlauf der Kelani Ganga knickt hier fast rechtwinklig ab und durchbricht anschließend diese N-S-verlaufende Stufe bei Pugoda in einer Höhe von durchschnittlich 15m über dem rezenten Meeresspiegel. Weiter flußaufwärts, wo die Flußsohle in der Regel im Anstehenden liegt, fehlen diesem Fluß weitgehend Terrassen, wie sie für das Küstenhinterland nachgewiesen werden können.

Es bleibt zu klären, wie die Genese der beiden Terrassen der "Ranale Formation" und "Malwane Formation" zu erklären ist, welches Alter sie haben und wo die Liefergebiete dieser Sedimente liegen (siehe Abb. 30). Wie oben bereits angedeutet, stellen diese beiden Sedimentkörper Akkumulationsformen dar und dürfen deshalb nicht für die Tiefenerosionswirkung der Kelani Ganga verwendet werden, wie dies von COORAY (1967) angenommen wird. Dies zeigen besonders deutlich die sedimentologischen Verhältnisse bei Kaduwela, wo die Basis der "Ranale Formation"-Sedimente, die unmittelbar dem kristallinen Untergrund aufliegen, in einem nahezu gleichen Höhenniveau wie die rezente Flußsohle liegt, die ebenfalls anstehendes Kristallin bildet. Da die Sedimente und die Terrasse der "Ranale Formation" älter als das sie überlagernde Alluvium sein müssen, dessen 1m-Terrasse in Küstennähe mit dem fossilen 1.50m-Strandniveau korreliert werden kann und wohl der jüngsten postglazialen eustatischen Transgressionsphase zuzuordnen ist, muß bereits vor der Akkumulation der "Ranale Formation"-Sedimente das Flußsohlenniveau in diesem Niveau gelegen haben. Da auch weiter flußaufwärts die rezente

Flußsohle im anstehenden Kristallin liegt, ist wohl auch dort von keiner wesentlichen fluviatilen Tieferlegung der Flußsohle seit der Bildung der "Ranale Formation" auszugehen. Bleibt die Frage nach dem Liefergebiet der Sedimente der "Ranale Formation", die immerhin eine Mächtigkeit von 4m bis 5m (vgl. COORAY, 1967) erreichen können. Rekonstruiert man an Hand der altimetrischen und topographischen Lage der Erosionsreste des höher gelegenen älteren, aber weiter verbreiteten "Malwana Formation"-Niveaus die ehemalige Oberfläche dieses Terrassenkörpers (siehe Abb. 30), so ergibt sich ein steil nach W gegen die Küste abdachender Terrassenkörper, der von Malwana in einer durchschnittlichen Höhe von 18m über dem rezenten Meeresspiegel auf einer Distanz von 10km bis nach Talagama in eine Höhe von durchschnittlich 8m über dem rezenten Meeresspiegel abdacht. Verfolgt man diese Oberfläche nach E bis zur Stufe des steil, bis auf 500m aufsteigenden Berglandes, so enden hier in einer Höhe von durchschnittlich 40m über dem rezenten Meeresspiegel eine Vielzahl von Talsystemen, die an der Steilstufe aussetzen und in die Luft ausstreichen. Diese "hanging valleys" (SWAN (1964) werden rezent von nur kleinen Bachläufen, die in eine nur geringmächtige Alluvialdecke über dem Anstehenden eingebettet sind, durchflossen, die anschließend in kleinen Wasserfällen die Steilstufe überwinden.

SWAN (1964) postuliert mit der Höhenlage der "hanging valleys" die Niveaus ehemaliger eustatischer Meeresspiegelhochstände im Quartär, auf das sich die Flüsse am W-Rand des zentralen Berglandes orientiert und dabei diese Täler durch fluviatile Tiefenerosion geschaffen oder vertieft haben. Da SWAN (1964) in den Sedimenten der Alluvialdecke dieser Täler keine zweifelsfreien Belege ihrer marinen Herkunft finden konnte, versucht er dies mit Hilfe sedimentologischer Untersuchungsmethoden nach BEAL et al. (1956) und FRIEDMAN, G.M. (1961) nachzuweisen, die jedoch ohne eine vorherige Eichung - wie dies u.a. sedimentologische Untersuchungen von SCHÖN-WOLF (1987) in südbayerischen Stauseen gezeigt haben - nicht anwendbar sind. Nach SWAN (1964) müßten dementsprechend die "Malwane Formation"-Sedimente einer Deltaschüttung entsprechen, für die es aber nach dem sedimentologischen Aufbau dieses Terrassenkörpers keine Anzeichen gibt. Hingegen deuten sowohl die sedimentologischen wie granulometrischen Verhältnisse in diesem Akkumulationskörper als auch die relativ steil gegen die Küste abdachende Oberfläche dieser Terrasse darauf hin, daß diese Sedimente zum ersten relativ rasch umgelagert und transportiert worden sind, und zum zweiten keinen langen Transportweg bis zu ihrer Akkumulation am Fuße dieser Steilstufe zurückgelegt haben. Deshalb müssen diese Sedimente vor allem aus den unmittelbar E-lich anschließenden Bereichen der W-Abdachung und der darin eingebetteten Talsysteme geschüttet worden sein, wo sich infolge klimatischer und damit auch floristischer (vgl. ERDELEN et al., 1988) Veränderungen die Stabilität der Hänge deutlich verringerte, so daß die hier über dem kristallinen Untergrund aufsitzenden Verwitterungsprodukte sehr rasch abgetragen und fluviatil umverlagert werden konnten. Da die Sedimente der "Malwane Formation" einen zyklisch-phasenweisen Transport andeuten und die Korngrößen dieser Sedimente auf "torrentielle" Abflußverhältnisse hinweisen, kann die Bildung dieses Sedimentkörpers nur stattgefunden haben, als sich im Zuge einer signifikanten klimatischen Veränderung, wie sie im Übergang eines Interglazials zu einem Glazial gegeben ist, die Grenze zwischen Feucht- und Trockenzone verschoben hat oder allgemein aridere Verhältnisse gegeben waren, die zu stark wechselnden Abflußverhältnissen in den Flüssen führten und so den Transport grober wie feiner Fraktionen ermöglichten. Wie die räumliche Verteilung der rezent noch erhaltenen Erosionsreste der "Malwane Formation" belegt, haben diese Sedimente das vorgelagerte Relief weitgehend unter sich begraben und verschüttet, so daß während dieser Phase der "Blombierung" keine fluviatile Tieferlegung des unterlagernden Reliefs möglich war. Anschließend wurde dieser Sedimentkörper bis auf das Niveau des "Präreliefs", d.h. Inselbergreliefs, wieder ausgeräumt und blieb nur auf besonders exponierten Reliefteilen als Erosionsrest erhalten. Wie seismische Untersuchungen im Schelf vor der Küste von Colombo belegen (siehe unten und Anhang 10.9), muß die Ausräumung der Sedimente bereits während des Glazials eingesetzt haben, als im Zuge der kaltzeitlichen Regressionsphase der Schelf zunehmend trockenfiel und dieses Sediment weiter nach W gegen die vorrückende Küste umverlagert wurde. In einem jüngeren Interglazial-Glazial-Zyklus wurden dann die Sedimente der "Ranale Formation" geschüttet und zeigen einen erneuten Zyklus von Hangabtragung und Akkumulation mit nachfolgender Zerschneidung an, wie er für die "Malwane Formation" dargestellt wurde. Dies bedeutet aber auch, daß die Sedimente der "Ranale Formation" kein umgelagertes Sediment der "Malwane Formation" sein können.

Aus dem Schelf vor der Küste von Colombo liegen eine Reihe seismischer Untersuchungen vor (COAST CONSERVATION DEPARTMENT, 1986), die dessen sedimentologische und stratigraphische Verhältnisse aufzeigen (siehe Anhang 10.9). An der Basis bildet der kristalline Untergrund ein deutlich erkennbares Inselbergrelief, das sich über die gesamte Breite des Schelfs erstreckt und sanft nach W abdacht. Zwischen den Inselbergen, wo dieses Relief in eine Tiefe von durchschnittlich 70m unter dem rezenten Meeresspiegel abtaucht, lagert in Küstennähe ein Sedimentkörper aus Tonen, Sanden und Kiesen, der weiter W-lich das gesamte Inselbergrelief überlagert. Diesem Sedimentkörper, dessen meist verfestigte Oberfläche in einer durchschnittlichen Tiefe von 60m unter dem rezenten Meeresspiegel liegt, sitzt ein zweiter Sedimentkörper auf, der sich überwiegend aus Kiesen und Sanden zusammensetzt, wobei von E nach W der Sandanteil zunimmt. Die Meeresbodenoberfläche bilden rezente Grob- bis Feinsande. Darüberhinaus gliedern Beachrockvorkommen in Wassertiefen von durchschnittlich 3m, 17m bis 18m und 25m unter dem rezenten Meeresspiegel den Schelf (siehe Abb. 29 und Anhang 10.9). Für diese Beachrockvorkommen, die teilweise Inselbergen aufsitzen, liegen bisher keine Datierungen vor.

Zusammenfassend läßt sich sagen, daß für die Küste von Colombo und ihr Hinterland drei fossile Strandniveaus, drei Flußterrassenniveaus und drei unterschiedliche Sedimentkörper im Schelfbereich nachgewiesen werden können. Zudem zeigen die Sedimente des "Beira Lake" eine stratigraphische Gliederung, die mit diesen marinen und terrestrischen Niveaus korrelliert werden kann, wie dies noch an anderer Stelle aufzuzeigen sein wird (siehe Kap. 6.4).

5.3.2   Küste von Hikkaduwa

S-lich Colombo liegt in einer Entfernung von 100km die SW-exponierte Küstensequenz Hikkaduwa (siehe Abb. 31 und Anhang 10.10). In der zetaförmigen Bucht, der im NW und SE zwei Felsinseln mit 0.60m und 9m über dem rezenten Meeresspiegel vorgelagert sind, mündet die Hikkaduwa Ganga, die sich im Küstenhinterland zu einer Lagune weitet und weitgehend vom Inselbergrelief des kristallinen Untergrundes umrahmt ist. Dieses Inselbergrelief läßt sich in zwei altimetrische Niveaus gliedern, die sich auch hinsichtlich ihres morphologischen Erscheinungsbildes voneinander unterscheiden lassen. Die Inselberge des tiefer gelegenen Niveaus, die zwischen 3m bis 10m über den rezenten Meeresspiegel aufragen, tragen eine 20cm bis 30cm mächtige grob- bis mittelsandige Latosolverwitterungsdecke, die den Inselbergen des höher gelegenen Niveaus, die steil und mit einem deutlichen Hangknick gegen das umrahmende Alluvialniveau abdachen, mit Höhen von bis zu 30m fehlt. In die Lagune von Hikkaduwa münden - meist unter Einschaltung einer flußmarschähnlichen Verlandungszone - kleine Bachläufe, die weite Talsysteme durchqueren, die in Lagunennähe über dem in 15m unter dem rezenten Meeresspiegel anstehenden kristallinen Untergrund marine Sedimente lagern (vgl. COORAY, 1967), die in 1m bis 2m unter Flur von einem mächtigen Muschel- und Austernhorizont abgelöst werden; im S-lich anschließenden "Ratgama Lake" setzt dieser Muschel-

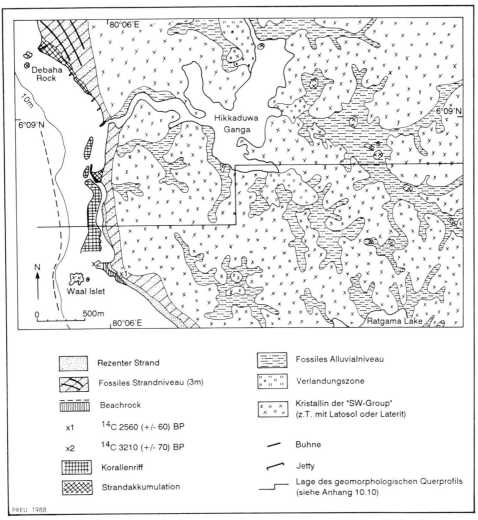

Abb. 31: Geomorphologische Karte der Küste von Hikkaduwa
(SW-Küste Sri Lankas)

und Austernhorizont bereits in 4m unter dem rezenten Meeresspiegel ein. Diese Sedimente werden von einer 1m bis 2m mächtigen Alluvialdecke siltig bis sandiger Tone überlagert und bilden in 1m bis 1.50m über dem rezenten Meeresspiegel die Reliefoberfläche.

Die Alluvialdecke der Talsysteme, die die Fluß- und Bachläufe in bis zu 1m eingetieften Betten durchqueren, verjüngt sich nach E zunehmend und ist fingerförmig in das stark gegliederte Relief des kristallinen Untergrundes eingebettet, das vor allem von breiten Rücken und Inselbergen geprägt wird. Gleichzeitig nimmt die Mächtigkeit der Alluvialdecke rasch ab und wird immer häufiger von kleinen Schildinselbergen durchbrochen. In diesem Reliefabschnitt des Küstenhinterlandes liegt 5km N-lich von Hikkaduwa bei Mitiyagoda ein Kaolinvorkommen, das in 20m unter dem rezenten Meeresspiegel dem kristallinen Untergrund aufsitzt und nach HERATH, J.W. (1975) eine in-situ-Verwitterung darstellt. Die durchschnittlich 15 m bis 18m mächtigen Kaolintone werden von einem 70cm bis 80cm mächtigen Sedimentpaket abgeschlossen, das sich aus schlecht gerundeten, grobsandig und feinkiesigen Quarzen zusammensetzt, die in einer dunkelroten bis gelblichen tonig-schluffigen Matrix liegen. Diesen Sedimentkörper schließt in 2m über dem rezenten Meeresspiegel der 10cm mächtige rezente Boden ab.

E-lich dieses Reliefabschnittes dacht das Hinterland gegen das Tal der Gin Ganga ab, die aus NE kommend bei Gangegama in nur 2.50m über dem rezenten Meeresspiegel nahezu rechtwinklig nach S umbiegt, bis sie dann bei Gintota (zwischen Hikkaduwa und Galle), wo nach COORAY (1967) der siltig bis sandig-tonige Alluvialkörper eine Mächtigkeit von 15m aufweisen soll, in den Indischen Ozean mündet. N-lich Ganegama, wo die Flußsohle der Gin Ganga auf einer Distanz von nur 3km bis auf 8m über dem rezenten Meeresspiegel bei Badegama ansteigt, nimmt die Mächtigkeit der Alluvialdecke sehr rasch ab, so daß an den Uferböschungen zunehmend im Liegenden ein Sedimentkörper ansteht, der sich aus grobsandigen bis feinkiesigen, schlecht gerundeten Quarzen zusammensetzt und bei Badegama eine Mächtigkeit von 4m erreicht. Dieser Grobsedimentkörper sitzt unmittelbar dem kristallinen Untergrund auf, das hier - wie auch weiter flußaufwärts - weitgehend die rezente Flußsohle bildet. Weiter flußaufwärts nimmt die Mächtigkeit dieses Sedimentkörpers zu und bildet bei Kottagoda über dem Flußbett eine 6m bis 7m hohe Terrasse, die gegen die bis auf 150m steil aufragende W- bis SW-abdachende

W-Flanke des zentralen Berglandes ansteigt und dort stellenweise von rezenten bis subrezenten Rutschungen und kleineren Felsstürzen überlagert ist. Am Fuße dieser Stufe, wo der Flußverlauf der Gin Ganga nach SE ins Küstenhinterland abknickt, steht an der SW-Uferböschung der Quarzsandsedimentkörper an; anstehendes Kristallin und von den steilen Hängen umgelagertes Sediment säumen das NE-Ufer.

Die Küste von Hikkaduwa säumt über die gesamte Länge ein fossiles 3m-Strandniveau, an das sich im Hinterland das Relief des kristallinen Untergrundes anschließt. Strandwälle prägen nur im N dieses fossile Strandniveau, das infolge intensiver Küstenrückverlegung eine beträchtliche Verschmälerung erfahren hat (siehe Abb. 19 und 24). Durch diese rezente Morphodynamik wurden zunehmend Beachrockbereiche freigelegt, die in einer Höhe von durchschnittlich 0.30m bis 0.50m über dem rezenten Meeresspiegel liegen und vor allem im S von Hikkaduwa plattformartig die Küste säumen. Dieser Beachrock, der über weite Strecken die rezente Strandlinie bildet, soll nach KATUPOTHA (1987) ein ^{14}C-Alter zwischen 3210 (+/- 70) BP und 2560 (+/- 60) BP haben und entspricht damit der Alterseinstufung durch SHEPARD, F.P. et al. (1967). Ein vergleichbares Alter haben auch die ^{14}C-Datierungen des jüngeren Strandwallsystems an der N-Küste der Insel Mannar (siehe Abb. 25), der jüngeren Lagunensedimente der Lagune von Puttalam (siehe Abb. 26) und des Beachrock am Nehrungshaken der Lagune von Negombo (siehe Abb. 27) ergeben.

In ähnlicher morphologischer, aber anderer topographischer Position bildet im Hinterland der Bucht von Weligama (siehe Anhang 10.11) ein Beachrock in einer Höhe von 1m über dem rezenten Meeresspiegel ein sehr breites, 1m mächtiges plattformartiges Niveau, das dem kristallinen Untergrund aufzusitzen scheint und vom rezenten Flußbett der Polwatta Ganga mäandrierend durchbrochen wird. An den Beachrock, dem mehrere nahezu parallellaufende fossile Strandwälle aufsitzen, schließt sich im Hinterland in einer Höhe von durchschnittlich 2m über dem rezenten Meeresspiegel eine verlandete Lagune an, deren nur durchschnittlich 20cm mächtige terrestrische, tonig-schluffige Alluvialdecke von marinen Sanden und Muschelbruch unterlagert wird und von einer Vielzahl kleiner Schildinselberge durchbrochen wird. Die ^{14}C-Datierungen dieser Muscheln, die ein ^{14}C-Alter von 5560 (+/- 60) BP (vgl. KATUPOTHA, 1987) haben, belegen damit nicht nur Niveau und Zeitraum eines postglazialen Meeresspiegelanstiegs, sondern belegen auch die Existenz einer Lagune oder eines Flachwasserbereichs, der nachfolgend durch die vorgelagerten jüngeren Strandwälle vom offenen Meer abgeschnürt wurde und verlandete. Von Bedeutung ist dabei der Zeitpunkt der Verlandung und die Tatsache, daß rezent die Polwatta Ganga in diesen Alluvialkörper eingetieft ist.

Wie weitere ^{14}C-Datierungen (siehe unten) belegen, ist neben der bedeutenden postglazialen eustatischen Transgressionsphase mindestens eine, wenn auch kleinere eustatische Regressionsphase für die SW-Küste Sri Lankas nachzuweisen. Da die altimetrische Lage der Muscheln von Weligama einen Meeresspiegelhochstand anzeigt, der von einer Regressionsphase gefolgt wurde, deutet die hangende Alluvialdecke an, daß mit sinkendem Meeresspiegel auch eine klimatische Veränderung einhergegangen ist, die zu erhöhter Flußfracht der Polwatta Ganga geführt hat. Das bedeutet aber auch, daß zu Beginn des nachfolgenden Meeresspiegelanstiegs die Lagune bereits verlandet war, so daß sich die Polwatta Ganga in die Alluvialdecke eingetieft hat.

Im N von Hikkaduwa überlagert bei Akurala das fossile 3m-Strandniveau ein fossiles Korallenriff, dessen Oberfläche in 1m unter dem rezenten Meeresspiegel - teilweise unter Einschaltung einer bis zu 50cm mächtigen Schlammauflage - äolianitisch verfestigte marine Fein- und Mittelsande aufsitzen (siehe Anhang 10.10). Derartige fossile Korallenriffe können in vergleichbarer morphologischer Position entlang der gesamten SW-Küste zwischen Ambalangoda und Matara beobachtet werden, sind aber am besten in den Korallentageabbaugruben bei Akurala, 8km N-lich von Hikkaduwa, aufgeschlossen. Da die Oberfläche des Riffs Korallenbruchstücke in einer kalkig sandig-tonigen Matrix bilden, die einen hohen Anteil marinen Muschelbruchs besitzt, scheint das Riffdach eingebrochen. Dies führte COORAY (1967) zur Vermutung, hier läge umgelagertes Sediment eines ehemals vorgelagerten und zerstörten Korallenriffs vor. In einer Tiefe von 3m bis 4m unter dem rezenten Meeresspiegel setzen massive Korallenbrocken mit unzerstörten Muscheln ein, die in relativ ungestörter Position zu liegen scheinen und deshalb nicht durch Stürme umverlagert worden sein können. In einer Tiefe von durchschnittlich 8m unter dem rezenten Meeresspiegel (vgl. COORAY, 1967) sitzt das Korallenriff nach Aussagen des GEOLOGICAL SURVEY DEPARTMENT dem kristallinen Untergrund auf, das im Hinterland dieses Korallenriff säumt. Aus diesem Grunde kann dieses Korallenriff als ein fossiles Saumriff angesprochen werden, das nach mehreren ^{14}C-Datierungen von KATUPOTHA (1987) ein durchschnittliches ^{14}C-Alter von 5800 (+/- 80) BP bis 6110 (+/- 80) BP besitzt. Damit ist eine bedeutende Zeitmarke für die frühholozäne postglaziale Meerestransgressionsphase gegeben. Die anschließende Zerstörung des Riffs setzte vermutlich mit einer nachfolgenden Meeresspiegelabsenkung oder einem Meeresspiegelstillstand ein, bevor dann um 3000 BP (siehe oben) ein erneuter Meeresspiegelanstieg einsetzte und zu einem Meeresspiegelniveau führte, das nach Alter und morphologischer Position des Beachrocks an der Küste von Hikkaduwa - sowie an der Küste von Colombo (siehe Abb. 29) und Negombo (siehe Abb. 27) über dem rezenten Meeresspiegel gelegen haben muß.

Der Küste von Hikkaduwa ist im S der Mündung der Hikkaduwa Ganga ein rezentes Korallensaumriff vorgelagert, dessen Dach nach W bis auf eine Wassertiefe von 5m abdacht (siehe Abb. 19, 31 und Anhang 10.10). Nach MERGNER et al. (1974) wird es von einem fossilen Korallenriff unterlagert, das weiter W-lich in einer Wassertiefe von 10m ein markantes küstenparalleles Riff bildet und in vergleichbarer Höhenlage wie die Beachrockriffe vor der gesamten NW- und W-Küste (siehe Abb. 25 und 26) sowie vor der Küste von Colombo (siehe Abb. 29) liegt - was zudem VERSTAPPEN's (1987) Annahme sehr differenzierter tektonischer Bewegungen Sri Lankas im Holozän widerlegt. Da dieses fossile Korallenriff auch in ähnlicher morphologischer Position wie die rezent verschütteten Korallenriffe zwischen Ambalangoda und Matara liegt und seine Basis in ähnlicher Tiefe unter dem rezenten Meeresspiegel ansetzt, kann auch von einem vergleichbaren Alter wie für das fossile Korallenriff bei Akurala ausgegangen werden. Damit ist es nun auch möglich, die Korallenriffbasis ebenso wie die Beachrockriffe des -10m-Niveaus zeitlich einzuordnen (siehe Kap. 6.2). In durchschnittlichen Wassertiefen von 18m und 25m unter dem rezenten Meeresspiegel können zwei weitere Beachrockriffe nachgewiesen werden, die 3km bzw. 4km vor der rezenten Küstenlinie liegen.

Der Küste von Hikkaduwa sind zwei Felsinseln vorgelagert - "Debaha Rock" im N und "Waal Islet" im S -, die nach ihrer Genese Inselberge darstellen und noch bis zum Jahre 1915 als "Headlands" die Küstenlinie bildeten (siehe Abb. 19 und Anhang 10.6.2), bis sie dann infolge der Küstenrückverlegung isoliert wurden (siehe Abb. 19). SWAN (1964) hat nun versucht, aus dem Niveau dieser Inselberge in Verbindung mit den Niveaus von Inselbergen im Küstenhinterland Höhenlagen verschiedener quartärer "Abrasionsplattformen" zu rekonstruieren und nicht nur mit den Niveaus fossiler Strandwälle, sondern auch mit den Niveaus der "hanging valleys" im Küstenhinterland zu korrellieren, deren Alluvionen Sedimente mariner Herkunft sein sollen (vgl. SWAN, 1964) - worauf an anderer Stelle bereits kritisch eingegangen wurde (siehe Kap. 5.3.1). Sicherlich ist für einzelne Inselberge des unteren Niveaus (siehe oben) eine marine Überformung im Sinne der Abrasion nicht zu leugnen, jedoch erhebt sich die Frage, in welcher Wassertiefe diese abrasive Überformung stattgefunden hat. Wie die Untersuchungen rezenter Abrasionsplatt-

formen durch DIETZ, R.S. (1963) zeigen, liegen die durch
Wellentätigkeit erzeugten Abrasionsplattformen nicht im Niveau der Wellenbasis, sondern an der wesentlich tiefer liegenden Basis der Brandung. Damit ist eine von SWAN (1964)
postulierte altimetrische und damit auch stratigraphische
Gleichsetzung von fossilen Strandniveaus mit Inselberghöhen
nicht möglich. Außerdem konnte bereits für das Küstenhinterland von Colombo nachgewiesen werden, daß die Inselberge einem "Prärelief" angehören, das während des Quartärs wiederholt von terrestrischen Sedimenten (vgl. "Ranale Formation"
und "Malwane Formation") verschüttet und anschließend wieder
von ihnen freigelegt wurde (siehe Abb. 30). Diese Morphodynamik ist auch für die Küstensequenz Hikkaduwa nachzuweisen.
Die Feinkiesquarze von Badegama entsprechen nicht nur auf
Grund ihrer morphologischen Position, sondern auch auf Grund
ihres granulometrischen Charakters den Sedimenten der "Ranale Formation" von Colombo. Zwar konnten Sedimente eines noch
älteren und höher gelegenen Akkumulationskörpers, der der
"Malwane Formation" entsprechen würde, bisher nicht nachgewiesen werden, jedoch belegen seismische Untersuchungen im
Schelf vor der Küste von Matara (siehe Anhang 10.12), auf
dem diese Sedimente wie auf dem Schelf vor der Küste von Colombo mit der Ausräumungs- und Zerschneidungsphase bei absinkendem Meeresspiegel über dem Inselbergrelief zur Ablagerung kamen (siehe Kap. 5.3.1 und Anhang 10.9), die Bildung
eines vergleichbaren Sedimentkörpers. Damit sind die Höhenniveaus von Inselbergen entweder einem wesentlich älteren,
vielleicht tertiären Meeresspiegelhochstand zuzuordnen oder
- und dies ist wahrscheinlicher - die Inselberge weisen garnicht diese gleichmäßigen Höhenniveaus auf, wie sie - nicht
nur von SWAN (1964) - angenommen werden, da die Äquidistanz
srilankischer topographischer Karten - ausgenommen exakter
Höhenangaben an Flußläufen - nur 100ft (30,48m) beträgt. Damit müssen alle von SWAN (1964) als altimetrisch identisch
und "korrellierbar" angesehenen und für die Rekonstruktion
von "Abrasionsplattformen" postulierten "notches" und Verflachungen an Inselbergen oder Inselbergkomplexen, die er an

der gesamten SW- und S-Küste zwischen Colombo und Tangalle in Höhen zwischen 10m und 70m ("Rumaswalakanda Block" bei Galle) nachweist und aus deren Höhenlage er fossile Meeresspiegelniveaus postuliert, sehr kritisch beurteilt werden. Darüberhinaus ist es verwunderlich, daß SWAN an den Kliffküsten E-lich von "Dondra Head", die intensiven SW-monsunalen Wellen- und Brandungsverhältnissen ausgesetzt sind (siehe Abb. 23), keine rezenten Brandungs- oder Abrasionsplattformen nachweisen kann (siehe Abb. 33).

5.3.3   Küste zwischen Matara und Dondra Head

Im äußersten S der SW-Küste liegt die Küstensequenz Matara, die neben der Küste von Colombo mit einer abgeschürten Lagune sowie drei fossilen Strandniveaus (siehe Abb. 29) und der Küste von Hikkaduwa mit Korallenriffen, zwei fossilen Strandniveaus, Inselbergen und einer abgeschnürten Lagune (siehe Abb. 31) die dritte Variante küstenmorphologischer Erscheinungsbilder im SW Sri Lankas darstellt (siehe Abb. 32 und Anhang 10.12).

In die zetaförmige S-exponierte Bucht von Matara mündet die Nilwala Ganga, die im Küstenhinterland das nur durchschnittlich 2m über den rezenten Meeresspiegel aufragende Alluvial in einem meist nur 1m bis 1.50m tiefen Flußbett mäandrierend durchquert, bis sie dann nach einem weiten Bogen im W eines flachen "Headland" in den Indik mündet. Im Mündungsgebiet ragt das Kristallin bis auf 1m an die Wasseroberfläche heran oder bildet kleine, häufig nur wenige Dezimeter über die Meeresoberfläche aufragende Felsinseln. Im Küstenhinterland liegt das Alluvialniveau fingerförmig in das kristalline Relief eingebettet, dessen Inselberge die Alluvialdecke durchbrechen. Muschelfunde im Liegenden der durchschnittlich 1m mächtigen terrestrischen Alluvialdecke (vgl. DERANIYAGALA, 1958) belegen eine ehemalige Lagune, die

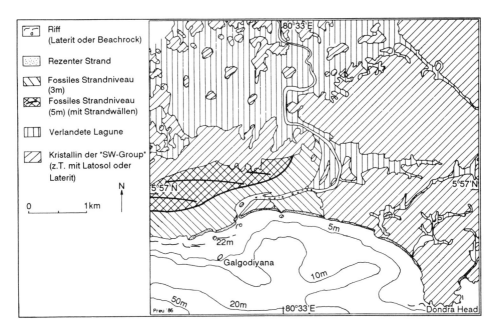

Abb. 32: Geomorphologische Karte der Küste von Matara
(SW-Küste Sri Lankas)

aufgrund ihrer morphologischen Position mit der ehemaligen Lagune im Hinterland von Weligama genetisch wie stratigraphisch parallelisiert werden kann (siehe Anhang 10. 11 und Kap. 5.3.2). Da hier der kristalline Untergrund nur wenige Meter unter der Alluvialdecke liegt, führte der Sedimenteintrag durch die Nilwala Ganga sicherlich sehr rasch zu einer Verlandung der Lagune, wie dies auch für die Lagune im Hinterland der Bucht von Weligama nachgewiesen werden konnte.

Flußaufwärts steigt diese Alluvialdecke an und hat bei Hanagala, das 9km vor der Flußmündung liegt, eine Höhe von 4m über dem rezenten Meeresspiegel erreicht. Hier sind unter den durchschnittlich 2m mächtigen tonig-schluffigen Alluvionen an den Uferböschungen grobsandige und schlecht gerundete Quarze aufgeschlossen. Weitere 9km flußaufwärts bildet dieser Quarzsandsedimentkörper bei Akuressa in einer Höhe von durchschnittlich 12m über dem rezenten Meeresspiegel eine 6m hohe Terrasse, die dem kristallinen Untergrund aufsitzt, der auch häufig an der rezenten Flußsohle ansteht.

Nach E begrenzt die Bucht von Matara "Dondra Head", dessen "Headland" die S-Spitze der Insel Sri Lanka bildet. Hier liegen in durchschnittlich 2m über und durchschnittlich 1m unter dem rezenten Meeresspiegel zwei Abrasionsplattformen, wie sie in vergleichbarer altimetrischer Position und mit vergleichbarer morphologischer Gestaltung auch am Fuß des "Watering Point" im E wie am Fuße des W-Kliffs in der Bucht von Galle und in der Bucht von Weligama bei Mirissa im E wie am Fuß des W-Kliffes nachzuweisen sind. Das obere Abrasionsniveau, das in einer durchschnittlichen Höhe von 2m über dem rezenten Meeresspiegel einsetzt und dessen anstehendem Kristallin auf der gesamten Horizontalerstreckung von durchschnittlich 50m rezent keine Verwitterungs- oder Sedimentdecke aufsitzt, bildet eine sanft gegen die Küste abdachende Reliefoberfläche, die sich mit einem markanten Knick (Höhenangaben liegen hier nicht vor) gegen ein rückwärtig steil aufragendes fossiles Kliff absetzt. Diese Abrasionsniveauplatte muß bereits sehr alt sein und kann bisher mit keiner quartären Meerestransgressionsphase eindeutig korreliert werden, da sich zum einen nach den Ergebnissen der quartärmorphologischen Untersuchungen an der NW-, W- und SW-Küste die Höhenniveaus der verschiedenen eustatischen Meeresspiegelhochstände - zumindest die der jungquartären - nur "geringfügig" voneinander unterscheiden, und zum zweiten generell die altimetrische Korrelation von Abrasionsplattformen und einem Meeresspiegelniveau überaus problematisch ist, wie dies die Untersuchungen von DIETZ, R.S. (1963) belegen. Dies gilt auch für das untere Abrasionsniveau, das in durchschnittlich 1m unter dem rezenten Meeresspiegel eine ebenfalls sanft meerwärts abdachende Schorrenoberfläche bildet, die sich mit einem kleinen Kliff gegen das obere Abrasionsniveau absetzt. Die Oberfläche dieses meist nur 15m breiten Abrasionsniveaus bilden vorwiegend kristalline Gerölle und Blöcke, die in einer tonig-schluffigen Matrix mit eckigen bis kantengerundeten grob- bis feinkiesigen Quarzen lateri-

tisch verfestigt sind und zwischen denen immer wieder der
kristalline Untergrund durchdringt. Bei Niedrigwasser fällt
dieses Abrasionsniveau trocken und ragt durchschnittlich
0.20m über den Meeresspiegel auf. Die groben kristallinen
Blöcke können keinen weiten Transportweg erfahren haben und
müssen dem rückseitigen fossilen Kliff über dem höher gelegenen Abrasionsniveau entstammen. Da ein marines Milieu in
Verbindung mit hoher Temperatur und einem Meerwassersalzgehalt von 36ppm (vgl. DIETRICH, G. et al., 1975) eine sehr
rasche Verwitterung des Kristallins erwarten lassen, können
diese Blöcke nicht sehr alt sein. Da aber auf der anderen
Seite diese Blöcke in der Feinsedimentmatrix lateritisch
verfestigt sind, scheinen sie von ihr konserviert zu werden,
so daß die Frage nach dem Alter dieses Abrasionsniveaus wie
der Gerölle offen bleiben muß. Auf Grund seiner Lage im Eulitoral erfährt dieses Abrasionsniveau sicherlich auch rezent eine Überformung, die aber infolge des nur geringen Tidenhubs (siehe Tab. 8) nicht von großer morphologischer wie
morphodynamischer Bedeutung sein kann (siehe oben und vgl.
DIETZ, R.S., 1963).

Aus dem Schelf vor der Bucht von Matara liegen eine Reihe
seismischer Untersuchungen vor (SARATHANDRA, M.J. et al.,
1986), die den Schelf auf seiner gesamten Breite abdecken
(siehe Anhang 10.12). Wie im Schelf vor der Küste von Colombo (siehe Anhang 10.9) bildet den Schelfsockel ein Inselbergrelief mit zwischengeschalteten Talsystemen, deren Basis
bis auf durchschnittlich 70m unter den rezenten Meeresspiegel hinabreicht. Diesem Relief, das stellenweise bis an die
Schelfoberfläche aufragt, sitzt ein sandig bis kiesiger Sedimentkörper auf, der an seiner Oberfläche verfestigt
scheint und dessen Mächtigkeit von der Küste gegen die
Schelfkante hin abnimmt. Darüber folgt ein zweiter Sedimentkörper, der von nicht verfestigten Sanden gebildet wird und
in einen hangenden grobsandigen und einen liegenden feinsandigen Sedimentkörper untergliedert werden kann. Die Schelfoberfläche gliedern zwei markante Stufen, die in Wassertie-

fen von durchschnittlich 25m und 60m liegen. Die höher gelegene Stufe entspricht in ihrem Höhenniveau dem tiefstgelegenen Beachrock vor der Küste von Colombo (siehe Kap. 5.3.1 und Anhang 10.9) und Hikkaduwa (siehe Kap. 5.3.2 und Anhang 10.10). Im Niveau der tiefer gelegenen Stufe setzt der Talschluß eines submarinen Canyons ein (siehe Kap. 2.2), der den Schelf durchschneidet (bathymetrische Angaben liegen hier nicht vor) und 15km vor der Küste in einer Wassertiefe von 2000m auf dem Tiefseeboden ausläuft.

5.4   S-Küste

E-lich "Dondra Head" schließt bis zur N-Grenze des "Yala Nationalpark" bei "Uda Point" die SW-NE-verlaufende S-Küste Sri Lankas an, an der der Übergang von der Trockenzone zur ariden Zone erfolgt. Die Küste zwischen "Dondra Head" und Tangalle, die nur eine Länge von 30km ausmacht und der Trockenzone angehört (siehe Abb. 3), ist vor allem durch das senkrecht zur Küstenlinie streichende Kristallin der "Southwestern Group" geprägt, das 6m bis 8m hohe Kliffe und "Headlands" mit zwischengeschalteten "pocket bays" bildet. Nur vereinzelt säumen die Küste fossile Strandwälle, die meist dem Anstehenden, das bis in Höhe des rezenten Meeresspiegels aufragt und schmale Abrasionsplattformen bildet, aufsitzen und rückseitig Strandseen und kleine Lagunen abschnüren. Im Küstenhinterland steigt bis auf Höhen von 50m die kristalline Reliefoberfläche steil an, in die die nur kleinen Einzugsgebiete der steil gegen die Küste abdachenden Tal- und Flußsysteme mit nur geringmächtigen Alluvialdecken eingebettet sind.

E-lich Tangalle wird die S-Küste, die der ariden Zone angehört und im Bereich des Kristallins der "Vijayan Series" liegt, vor allem von weit geschwungenen zetaförmigen Buchten und ihren "Headlands" geprägt, an die sich im Hinterland

Strandseen, Lagunen sowie Alluvialbereiche anschließen, die vom kristallinen Relief umrahmt werden. Aus diesem Teil der S-Küste sollen im folgenden drei repräsentative Küstensequenzen vorgestellt werden.

5.4.1   Küste zwischen Tangalle und Kahandamodara

Die S-Küste zwischen Tangalle und Kahandamodara begrenzt im W ein steil bis auf 20m über den rezenten Meeresspiegel aufragendes kristallines Kliff, das als "Headland" die E-lich anschließende Bucht nach W abschließt und an dessen Fuß im E die Kirama Oya mündet (siehe Abb. 33 und Anhang 10.13). Das Kliff säumt in einer durchschnittlichen Wassertiefe von 2m ein plattformartiges Riff und bildet eine rezente Abrasionsplattform (vgl. DIETZ, R. S., 1963). Im E des "Headland" schließt eine sich nach E weitende zetaförmige Bucht an, die im E am 15m hohen Inselberg des "Rekawa Point" endet. Dieses "Headland", dem im E erneut eine zetaförmige Bucht folgt, ist wie das "Headland" von Tangalle anstehendes Kristallin der "Vijayan Series".

Bei Tangalle steigt von der Kliffoberkante das kristalline Relief sanft ins Küstenhinterland bis auf durchschnittlich 50m über dem rezenten Meeresspiegel an und trägt eine nur sehr geringmächtige tonig-sandige "reddish brown earth"-Decke (vgl. ALWIS, K.A. et al., 1972). Von den Küsten der beiden Buchten, wo dem kristallinen Untergrund der nur geringmächtige Schleier des rezenten Strandes sowie Strandwälle und Dünen aufsitzen, steigt das kristalline Relief sanft gegen das Küstenhinterland an und erreicht erst 8km bis 10km landeinwärts eine durchschnittliche Höhe von 30m. Dieses Relief, dessen Oberfläche überwiegend anstehendes Kristallin zeigt und nur in flacheren Reliefabschnitten von einer meist nur sehr geringmächtigen Verwitterungsdecke überlagert ist, ist in sehr weitgespannte Flachmuldentäler und zwischengeschaltete Talwasserscheiden mit aufsitzenden höheren Inselbergen gegliedert. Die rückenförmigen Talwasserscheiden dachen zungenförmig gegen die Küste ab und enden dort meist mit einem Inselberg, der ein rezentes "Headland" bildet. In den Unterläufen der Talsysteme, die fingerförmig in das kristalline Relief eingebettet sind und deren Talquerschnitte sich flußaufwärts zunehmend verengen, lagern über dem Anstehenden bis zu 1m mächtige Quarzschotter, über denen sich bis zu 10m mächtige (vgl. COORAY, 1967) meist tonige Grob- bis Mittelsande anschließen. Sie werden bis zur Reliefoberfläche von einer 1.50m bis 2m mächtigen Alluvialdecke sandiger Tone überlagert, die flußaufwärts ausdünnt und vereinzelt von Schildinselbergen durchbrochen wird. Das Alluvialniveau säumen terrassenförmig bis zu 1.50m mächtige Pisolithdecken, die sich in einer Höhe von durchschnittlich 5m bis 6m über dem rezenten Meeresspiegel 2m bis 3m über das tiefer gelegene Alluvialniveau erheben und dem kristallinen Untergund aufsitzen.

Mit dem Ausdünnen der Alluvialdecke steigt das kristalline Relief zunehmend steiler bis auf Höhen von 50m bis 60m an und wird von Flachmuldentälern gegliedert, die ausgeprägte Rampenhänge aufweisen. Hier steht an den Flußuferböschungen unter den Sedimenten der Alluvialdecke im Liegenden ein Grobsandsedimentkörper an, der im Tal der Urubokka Oya bei Kotawaya über eine Höhe von 2m an der durchschnittlich 4m hohen und sehr steilen Flußterrasse aufgeschlossen ist. Darunter folgen 50cm bis 60cm mächtige, eckige und noch teilweise gänzlich ungerundete Quarzgerölle, die einem 10cm bis 20cm mächtigen Verwitterungshorizont mit noch deutlich erkennbarer petrographischer Struktur aufsitzen, bis dann unverwittertes Kristallin einsetzt, in das die Flußsohle rezent durchschnittlich 50cm eingetieft ist. Im Flußeinzugsgebiet der Walawe Ganga, das sich im E dieser Küstensequenz anschließt (siehe Abb. 8), hat sich die Walawe Ganga 16km vor ihrer Mündung bei Siyambalagoda über 1m in den kristallinen Untergrund eingetieft, über dem an den Uferböschungen

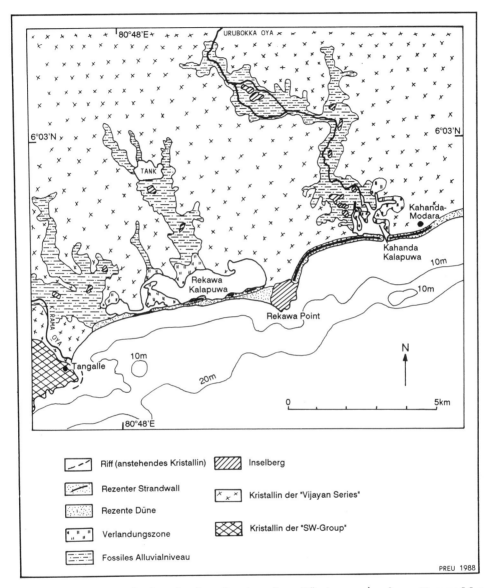

Abb. 33: Geomorphologische Karte der Küste zwischen Tangalle und Kahanda Modara (S-Küste Sri Lankas)

- nur selten unter Einschaltung eines Verwitterungshorizontes - ein Quarzgeröllkörper und darüber im Hangenden ein hier durchschnittlich 3m mächtiger Grobsandsedimentkörper aufgeschlossen ist.

Der granulometrische und sedimentologische Aufbau der Terrasse im Einzugsgebiet der Urubokka Oya bei Kotawaya sowie der Terrasse im Einzugsgebiet der Walawe Ganga bei Siyambalagoda und das morphologische Niveau der rezenten Flußsohlen beider Flüsse sind aus zweierlei Gründen von großer Bedeutung für die quartärmorphologische Reliefgestaltung Sri Lankas. Zum ersten zeigt die sedimentologische Abfolge dieser Terrassen eine stratigraphische wie granulometrische Gliederung, wie sie auch für die Terrassen der Flußmittelläufe im Hinterland der NW-, W- und SW-Küste nachgewiesen wurde. Zum zweiten entspricht die stratigraphische Position der Grobsandsedimentkörper der Terrassen in den beiden Flußtälern der Urubokka Oya und Walawe Ganga einem Grobsandsedimentkörper der Kelani Ganga, der im Hinterland der Küste von Colombo mit der Terrasse der "Ranale Formation" korrelliert werden konnte (siehe Abb. 30). Aus diesem Grunde sollen die Grobsandsedimente der Urubokka Oya und Walawe Ganga ebenfalls zeitlich mit der "Ranale Formation" parallelisiert werden. Die zeitliche Einordnung des liegenden Quarzgeröllkörpers, dessen sedimentologischer Charakter wie stratigraphische Position dem Quarzgeröllkörper der Maha Oya bei Halpe im Hinterland der Küste von Negombo entspricht (siehe Abb. 28), soll an anderer Stelle folgen (siehe Kap. 6.3). Ein drittes ist jedoch an dieser Stelle von außerordentlicher Bedeutung: Die Höhenlage der kristallinen Oberfläche, dem in der Feuchtzone der Grobsandsedimentkörper der Kelani Ganga aufsitzt, entspricht dem Niveau des kristallinen Untergrundes an der Sohle dieses Flußbettes. Hingegen haben sich die Flußsohlen der Urubokka Oya und Walawe Ganga, die in der ariden Zone liegen, spätestens mit der Ausräumung der Grobsande und der damit verbundenen Terrassenbildung durchschnittlich 0.50m bzw. 1m in den kristallinen Untergrund eingetieft. Damit kann der von BREMER (1981) postulierte Gegensatz von Flächenneubildung in der Feuchtzone und Flächenerhaltung in der Trockenzone und der ariden Zone zumindest für den Zeitraum des Quartärs in Sri Lanka nicht aufrechterhalten werden. Diese morphologischen Befunde deuten vielmehr sogar eine entgegengesetzte Morphodynamik an, worauf an anderer Stelle noch einzugehen sein wird (siehe Kap. 6.3).

Ein prägendes morphographisches Formenelement dieser Küste stellen die Wasserkörper der Rekawa Kalapuwa und der Kahanda Kalapuwa dar. Die Rekawa Kalapuwa ist ein Strandsee, der durch Strandwälle sowie ihnen vorgelagerte Dünen, die beide dem kristallinen Untergrund aufsitzen, gänzlich vom offenen Meer abgeschlossen ist. Im Hinterland quert das anschließende Alluvialniveau ein kleiner Bachlauf, dessen Quellen unmittelbar N-lich eines "Tank" liegen und der nur saisonal während des NE-Monsuns Wasser führt, so daß - zumindest rezent - keine bedeutende Verlandung des Strandsees erfolgen kann. Dies gilt auch für die Lagune Kahanda Kalapuwa, in der die Urubokka Oya mündet. Da das Quellgebiet dieses Flusses aber in der Trockenzone an der S-Abdachung des zentralen Berglandes liegt (siehe Abb. 8), wird durch seine insgesamt höheren Abflußmengen ein ganzjähriger Verschluß der Lagunenmündung verhindert. Beide Wasserkörper säumt im Übergang zum rückseitig anschließenden Alluvialniveau eine schmale marschähnliche Verlandungszone, die während der NE-monsunalen Regenzeit überflutet ist und anschließend trockenfällt, so daß sich an der Oberfläche ein kewirähnlicher Salzschleier bildet. Nur wenige Dezizentimeter unter der Reliefoberfläche schließt dann in einer Höhe von durchschnittlich 2m über dem rezenten Meeresspiegel (Qualität der topographischen Karten!) ein Sedimentkörper mariner Muscheln an, die nach einer ^{14}C-Datierung von Muschelbruch in der 4km E-lich der Kahanda Kalapuwa gelegenen Lagune Kalametiya Kalapuwa bei gleicher morphologischer wie sedimentologischer Position und in gleicher Höhenlage (Qualität der topographischen Karten!) von 2m ein ^{14}C-Alter von 5780 (+/- 120) BP (KATUPOTHA, J., 1987) haben. Dies bedeutet, daß wie an der SW-Küste (siehe Kap. 5.3) auch an dieser Küstensequenz das Meer im Zuge der postpleistozänen glazial-eustatischen Transgression weite Bereiche dieser Küste eingenommen hat und während der anschließenden Regression und klimatischen Veränderung eine Überlagerung mit Alluvialdeckensedimenten erfolgte, die mit dem oberen Alluvialdeckenniveau der anderen Küsten zu korrellieren ist.

Aus dem Schelf vor dieser Küste liegen zwar bisher keine seismischen und sedimentologisch-stratigraphischen Daten vor, jedoch kann berechtigt davon ausgegangen, daß auch hier - wie dies für den Schelf vor Matara an der SW-Küste (siehe Anhang 10.12) und den Schelf vor der Mündung der Kirindi Oya an der S-Küste (siehe Anhang 10.14) nachzuweisen ist - ein mindestens dreifach gegliederter Sedimentkörper einem kristallinen Inselbergrelief aufsitzt. Auswertungen von Seekarten und Seehandbüchern (HYDROGRAPHIC DEPARTMENT, 1975) lassen nur zwei Inselberge vermuten, die sich in relativer Küstennähe über das allgemeine Schelfniveau erheben und sich deutlich im Verlauf der Isobathen abzeichnen (siehe Abb. 33).

5.4.2 Küste von Hambantota

Die Küste von Hambantota (siehe Abb. 34), die 40km E-lich Tangalle liegt, prägen vor allem zwei Inselberge, die als "Headlands" zwei weitgespannte, zetaförmige Buchten nach W und E voneinander trennen und für die rezente Morphodynamik dieser Küste einen sehr bedeutenden Steuerungsfaktor darstellen. Das "Headland" des "Hambantota Point" ist ein 30m hoher Inselberg, dessen Kristallin von keiner Verwitterungs- oder Sedimentdecke überlagert ist. Hingegen sitzt dem Inselberg des "Headland" "Veralawinha Point", von dem sich nach W ein Kliff bis zur Mündung der Walawe Ganga anschließt, eine durchschnittlich 2m mächtige Pisolithdecke auf, die einen wallartigen küstenparallelen Sedimentkörper bildet. Im Küstenhinterland schließt ein Flachrelief an, das sanft nach S abdacht und sich in die Tiefenlinien der weitgespannten Flachmuldentäler und die höher liegenden Rücken der Talwasserscheiden gliedert, die sich zungenförmig bis an

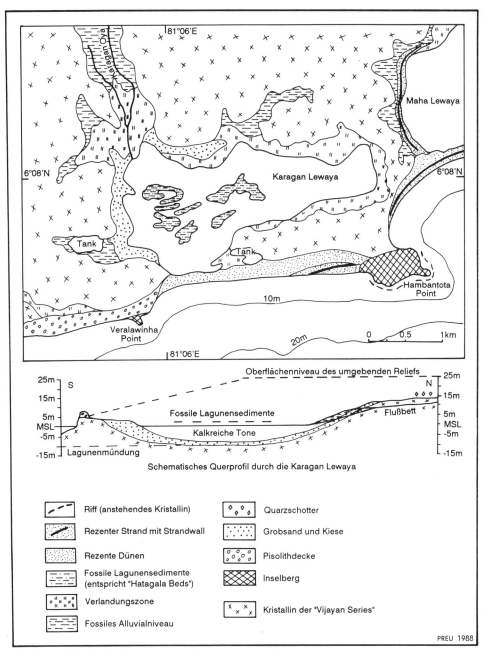

Abb. 34: Geomorphologische Karte der Küste von Hambantota (S-Küste Sri Lankas)

die Küste erstrecken und dort entweder in einem Kliff oder Inselberg enden. Das Flachmuldental der Karagan Ara, das in

30m über dem rezenten Meeresspiegel in einem dellenartigen Talschluß ansetzt, wird von diesem periodischen Bachlauf durchflossen, der anschließend in den lagunenähnlichen Strandsee der Karagan Lewaya mündet. Die Karagan Lewaya ist zwischen den "Headlands" des "Veralawinha Point" und "Hambantota Point" vom offenen Meer durch Dünen und im E durch einen fossilen Strandwall des 3m-Niveaus abgeschlossen, die beide dem kristallinen Untergrund aufsitzen und denen ein schmaler rezenter Strandsaum vorgelagert ist.

Im Oberlauf der Karagan Ara, wo in der rezenten Bachsohle das Kristallin ansteht, sitzen den umrahmenden Rücken der flachen Talwasserscheiden meist nur geringmächtige grobe Quarzgerölle auf, die WEERAKKODY (1985a) auch auf zwei fossilen "Headlands" im E der Maha Lewaya, die im NE des "Hambantota Point" liegt, und im W der Embilikala Kalapuwa, die 12km E-lich Hambantota liegt, in sehr unterschiedlichen Höhen zwischen 5m und 15m über dem rezenten Meeresspiegel nachweist. Die Höhenniveaus der Quarzgerölle belegen nach WEERAKKODY (1985a) die Oberfläche eines ehemaligen fluviatil geprägten Reliefs, das auf einen höher gelegenen interglazialen Meeresspiegel orientiert gewesen sei. Zwar kann WEERAKKODY's (1985a) Annahme einer ehemals höher gelegenen Reliefoberfläche durchaus zugestimmt werden - es bleibt nur die Frage, in welcher Höhe der quartäre Meeresspiegel anzusetzen ist -, jedoch setzt zum einen die Bildung derartiger Sedimentkörper nach LOUIS (1986) nicht unbedingt einen höher gelegenen Meeresspiegelstand voraus, und zum zweiten widerlegt gerade die altimetrische Position vergleichbarer Sedimente an der NW-, W- und SW-Küste die Annahme eines interglazialen Meeresspiegelhochstandes: Die "Erunwela Gravels" liegen in Höhen von bis zu 10m über dem rezenten Meeresspiegel (siehe Abb. 28), die Quarzschotter über dem kristallinen Untergrund des Nehrungshakens der Lagune von Negombo liegen in einer Tiefe von 25m unter dem rezenten Meeresspiegel, und die Quarzschotter über dem Inselbergrelief des kristallinen Sokkels im Schelf vor der Küste von Colombo (siehe Anhang

10.9), vor der Küste von Matara (siehe Anhang 10.12) und vor der Mündung der Kirindi Oya (siehe Anhang 10.14) liegen in Tiefen von bis zu 70m unter dem rezenten Meeresspiegel. Wie bereits ausgeführt, sind diese Sedimente an der NW-, W- und SW-Küste aus den Flußeinzugsgebieten erst nach dem Beginn einer glazial-eustatischen Regressionsphase bei bereits abgesunkenem Meeresspiegel ins Küstenhinterland verlagert und anschließend von dort auf den Schelf umgelagert worden (siehe Kap. 6.3), als im Zuge eines klimatischen Wechsels, d.h. im Übergang von einem Interglazial zu einem Glazial, sich auf Grund veränderter klimatischer Bedingungen auch die Stabilität von Hängen veränderte und ihre Verwitterungs- und Sedimentdecken umgelagert werden konnten. Dies bedeutet, daß ein höheres Meeresspiegelniveau mit interglazialen klimatischen Verhältnissen korreliert werden muß, das sich wohl nur geringfügig von den rezenten klimatischen Bedingungen unterschieden hat (siehe Kap. 6.1.). Da sich unter den rezenten klimatischen Verhältnissen die Sedimentfracht der Karagan Ara überwiegend aus einem Sand-Ton-Gemisch zusammensetzt, kann der Transport grober Quarzgerölle nur während einer Phase erfolgt sein, als unter veränderten klimatischen Bedingungen veränderte Abflußverhältnisse mit entsprechender Transportkraft, d.h. sehr ausgeprägte torrentielle Abflußverhältnisse, den Transport derartig grober Sedimente ermöglichte. Nach den morphologischen und sedimentologisch-stratigraphischen Ergebnissen der NW-, W- und SW-Küste waren derartige Bedingungen nur zu Beginn und während einer kaltzeitlichen Phase gegeben, während der aber das Niveau des Meeresspiegels bereits unter das des vorangegangenen Interglazials abgesunken war.

Flußabwärts säumt das Bachbett, dessen Sohle bis zu 50cm in den kristallinen Untergrund eingetieft ist, ein meist durchschnittlich 1.50m mächtiger Grobsandsedimentkörper, der dem kristallinen Untergrund aufsitzt und weiter flußabwärts unter eine Alluvialdecke abtaucht, die auf das Niveau der Verlandungszone der Karagan Lewaya ausläuft. Die Karagan Lewaya

Lagune, die nur während der Regenzeit im NE- Monsun wassergefüllt ist und anschließend sebkah- oder kewirähnlich trokkenfällt, ist bis an die Oberfläche mit einem bis zu 9m mächtigen kalkigen Ton-Schluff-Gemenge verfüllt, das von einem 50cm bis 60cm mächtigen Sandsedimentkörper unterlagert ist, der unmittelbar dem kristallinen Untergrund aufsitzt (siehe Abb. 34). Dieser Sandsedimentkörper, der zum einen den Grobsanden am N-Ufer der Karagan Lewaya entspricht, deren Oberfläche sich bis in eine Höhe von durchschnittlich 4m über dem rezenten Meeresspiegel über das rezente Niveau erhebt (vgl. COATES, 1935), und zum zweiten nach Korngröße, Rundungsgrad sowie stratigraphisch-morphologischer Position mit den Grobsanden im Unterlauf der Karagan Ara korrelliert werden kann, muß auf Grund seines terrassenförmigen Charakters ehemals die gesamte Hohlform eingenommen haben und wurde anschließend wieder ausgeräumt.

Als bedeutende stratigraphische wie altimetrische Markierung eines postglazialen Meeresspiegelniveaus dienen fossile Lagunensedimente, die als Erosionsreste vorwiegend an den N-Ufern, d.h. landseitigen Ufern, über das Niveau der rezenten Lagunenböden fast aller Lagunen der S-Küste zwischen der Mündung der Kirindi Oya im E und der Mündung der Walawe Ganga im W aufragen. Die Matrix dieser fossilen Lagunensedimente bilden dunkelgraue schluffige bis sandige Tone, in der marine Muscheln - kein Muschelbruch (!) - einer Spezies, die auch rezent in den Ästuaren Sri Lankas auftreten (f.m.M. Dr. Erdelen, Zoologisches Institut der Universität München), teilweise locker verkittet bis zu einer Mächtigkeit von 50cm eingebettet sind. WEERAKKODY (1985b) sieht in diesem Muschelhorizont, der von DANIEL (1908) als "Hatagale Beds" bezeichnet wird, zwar ein fossiles Strandsediment, jedoch deutet das Fehlen von Muschelbruch, die Mächtigkeit der "Hatagale Beds" sowie die überaus feinsedimentäre Matrix eindeutig auf eine Akkumulation in einer Lagune oder - dies trifft sicherlich für die Embilika Kalapuwa zu - in einem Ästuar hin. Datierungen dieser Muscheln aus der Maha Lewaya (E-lich

Hambantota) ergaben ein ^{14}C-Alter von 5650 (+/- 70) BP (KATUPOTHA, 1987). Unklar bleibt die Höhenlage der "Hatagale Beds", die auf Grund der nur sehr unzureichenden topographischen Karten nicht zu klären ist: Nach COATES (1935) und KATUPOTHA (1987), der sich offensichtlich auf COATES (1935) bezieht, sollen die "Hatagale Beds" 7m über dem rezenten Meeresspiegel, und nach WEERAKKODY (1985b) 5m über dem rezenten Meeresspiegel liegen und ein dementsprechendes Meeresspiegelniveau repräsentieren. Sollten diese Höhenangaben zutreffen, so würde dies bedeuten, daß (1) vergleichbare Muscheln sowie Sedimente, die an der SW-Küste im Hinterland der Bucht von Weligama in einer Höhe von 2m über dem rezenten Meeresspiegel liegen und nach KATUPTHA (1987) ein ähnliches ^{14}C-Alter haben (siehe Anhang 10.11), hier deutlich höher lägen, und deshalb (2) "außerordentliche" tektonische Verstellungen und Bewegungen der Küste während des Holozäns zu postulieren wären. Da es dafür jedoch keinerlei morphologische und geologische Belege gibt und vielmehr die Höhenlagen aller Beachrockniveaus, die sich häufig über viele Kilometer entlang der Küste verfolgen lassen, die tektonische Stabilität der Insel belegen, können diese Höhenangaben von COATES (1935), KATUPOTHA (1987) und WEERAKODDY (1985b) nicht zutreffen, jedoch soll ein gewisser "Wasserstau" in diesen Ästuarmündungsschläuchen und ein damit leicht erhöhtes Meeresspiegelniveau nicht ausgeschlossen werden. Somit sind dann auch für die S-Küste postpleistozäne Meerespiegelstände anzunehmen, die denen der SW-Küste gleichkommen.

Im Hinterland der Karagan Lewaya schließt das kristalline Flachrelief an. Hingegen folgt am E- und N-Ufer vergleichbarer Lagunen E-lich Hambantota, d.h. Bundula Lewaya, Embilikala Kalapuwa, Maha Lewaya und Kokalankala Lewaya, dem Grobsandsedimentkörper im anschließenden Hinterland die Pisolithdecke des "nodular ironstone", die häufig wallförmige langgezogene Rücken bildet und von einem geringmächtigen roten Feinsedimentschleier überzogen ist, der den Sedimenten der "Red-Earth-Formation" im Hinterland der W- und NW-Küste gleicht (siehe Kap. 5.1. und Kap. 5.2). WEERAKKODY (1985b), der in diesen Rücken "red dunes" sieht, geht wie COORAY (1967) von der syngenetischen Bildung der "Red-Earth-Formation" und der Pisolithdecke aus. Jedoch konnte bereits an anderer Stelle nachgewiesen werden (siehe Kap. 5.1 und Kap. 5.2), daß die Psiolithdecken kein äolisches Sediment sein können, sondern in den Flußeinzugsgebieten aus einer in-situ-Verwitterungsmasse hervorgegangen sind, die im Zuge einer klimatischen Veränderung fluviatil umgelagert worden ist. Zusätzlich wird dies durch Pisolithdeckenvorkommen belegt, die im E-lich anschließenden Unterlauf der Kirindi Oya an beiden Ufern als flache Rücken dem kristallinen Untergrund aufsitzen und terrassenförmig das 5km breite und 10km lange untere Alluvialniveau säumen. Ein derart großflächiges Auftreten kann sicherlich nicht auf eine äolische Formung zurückgeführt werden - zumal auch rezent mit Ausnahme der Insel Mannar (siehe Kap. 5.1.2) und der Küste zwischen Kirindi Oya und "Uda Point" (siehe Kap. 5.4.3) nur sehr schmale küstennahe Bereiche eine aktive Dünenformung aufweisen (siehe Kap. 4.1 und Kap. 4.2.). Dies bedeutet, daß erst postsedimentär der sicherlich äolische Feinsedimentschleier über den fluviatil umgelagerten Pisolithen zur Ablagerung gekommen ist.

5.4.3   Küste zwischen Kirindi Oya und "Uda Point"

Die Küste und ihr Hinterland zwischen der Mündung der Kirindi Oya und dem "Headland" von "Uda Point" unterscheiden sich mit ihren anstehenden kristallinen Inselbergen, die als "Headlands" zetaförmige Buchten voneinander trennen, zwar morphologisch nur geringfügig von der Küstensequenz Hambantota (siehe Abb. 34), jedoch bilden diese Buchten kleinere morphographische Einheiten als im W der Kirindi Oya. Den Dünen und Strandwällen, die entweder dem kristallinen Untergrund oder - wie an der Küste vor der Palatupana Maliya Le-

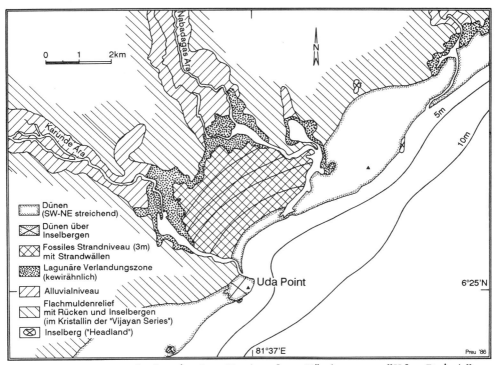

Abb. 35: Geomorphologische Karte der Küste von "Uda Point"
(S-Küste Sri Lankas)

waya - einem Beachrock aufsitzen, der durchschnittlich 0.30m über den rezenten Meeresspiegel aufragt, ist ein nur sehr schmaler rezenter Strandsaum vorgelagert. Die rückseitig anschließenden Lagunen, die häufig keine Verbindung zum offenen Meer haben und nach der NE-monsunalen Regenzeit trockenfallen, besitzen eine nur geringmächtige Lagunensedimentdecke über dem kristallinen Untergrund, der sehr häufig in Form kleiner Schildinselberge über den Lagunenboden aufragt und die landseitigen Uferböschungen bildet, die meist kliffartig aufsteigen und von einer 1m bis 2m mächtigen Pisolithdecke überlagert werden. In die Lagunen münden kleine periodische Wasserläufe, die nur wenige Kilometer im Küstenhinterland entspringen und in weiten, kaum eingetieften Flachmuldentälern, denen eine bedeutende Alluvialdecke fehlt, auf das Niveau des rezenten Lagunenbodens auslaufen.

Der S-Küste E-lich der Kirindi Wasama fehlen rezente Lagunen, so daß die Küste nur kleine, fast auschließlich im Kristallin der "Vijayan Series" ausgebildete Ästuarmündungsschläuche und Inselberge gliedern, denen entweder rezente Dünen aufsitzen oder an denen Dünen ansetzen, die die rezente Strandlinie säumen (vgl. SWAN 1979). Da diese Küste bereits im Inneren des "Yala Nationalparks" liegt und aus diesem Grunde nicht zugänglich ist, kann sich die Untersuchung des quartärmorphologischen Formeninventars nur auf vorhandenes Luftbildmaterial stützen.

Die Küste bei "Uda Point", der die E-Grenze der S- Küste bildet, prägt der 45m hohe Inselberg des "Headland" "Uda Point", an den sich nach SW und NE breite rezente Sanddünenfelder anschließen, die die Küste der beiden zetaförmigen Buchten säumen (siehe Abb. 35). Nur das Flußbett der Karunde Ara, deren Quellgebiet 15km von der Küste entfernt liegt und die ein periodisches Abflußregime besitzt, unterbricht diesen Dünengürtel am Fuße des "Headland". Die Unterläufe der Karunde Ara und Nabadaga Ara durchqueren mit ihren anastomosierenden Bachläufen ein breites Alluvialniveau, das in ein weites Flachmuldental eingebettet ist und auf eine lagunenähnliche Verlandungszone ausläuft, die nach der NE-monsunalen Regenzeit sebkah- oder kewirähnlich trockenfällt. Ein vorgelagertes Relief, das sich über das Niveau der Verlandungszone erhebt und sich bis zum Dünengürtel an der Küste erstreckt, prägen mehrere, weitgehend fast parallellaufende Rücken, die nach den Ergebnissen aus der Bucht von Weligama an der SW-Küste (siehe Anhang 10.11) als Strandwälle zu interpretieren sind. Obwohl in den topographischen Karten Höhenangaben fehlen, repräsentiert dieses Relief voraussichtlich das fossile 3m-Strandviveau, das mit dem frühholozänen postpleistozänen glazial-eustatischen Meeresspiegelhochstand korrelliert werden muß, das auch an den anderen Küsten im W und S der Insel nachgewiesen werden kann (siehe Kap. 5.2, 5.3 und 5.4).

Diesen Teil der S-Küste säumen in einer Entfernung von 5km

die beiden vorgelagerten langgestreckten, WSW-ENE streichenden Riffe der "Great Basses" mit einer Länge von 25km und "Little Basses" mit einer Länge von 20km, die sich über das allgemeine Schelfniveau bis auf Wassertiefen von 20m ("Great Basses") bzw. 10m ("Little Basses") erheben (siehe Anhang 10.14). Nur die "Little Basses" ragen an zwei Stellen bis wenige Dezizentimeter über die Meeresoberfläche auf, wo Beachrock das Fundament für einen Leuchtturm bildet. Das submarine Relief liegt zwischen den Riffen in einer durchschnittlichen Wassertiefe von 25m und steigt anschließend nach NW bis zur Mündung der Kirindi Oya sanft an. Dies bewog SWAN (1983), hier eine ehemalige Abflußrinne der Kirindi Oya zu vermuten, die zwischen den beiden Riffen verlaufen sein soll. Nach SE dacht der meerseitige Außenhang der Riffe bis auf Wassertiefen von 60m bis 70m sanft ab, bis dann der Kontinentalabhang einsetzt.

Die Untersuchungen von WIJEYANANDA, N.P. et al. (1986) belegen, daß die beiden Riffe der "Great Basses" und "Little Basses" weder zwei geschlossene Rücken darstellen noch aus Beachrocksedimenten bestehen (vgl. DONALD, J., 1937; CLARKE, A.C., 1964; SWAN, 1983), sondern aus mehreren (im Falle der "Great Basses" drei) langezogenen Rücken anstehenden Kristallins der "Vigayan Series" gebildet werden und den aufragenden Teil eines verschütteten Inselbergreliefs darstellen, dessen Talbasen in Tiefen von durchschnittlich 60m unter dem rezenten Meeeresspiegel liegen. In diesen Tälern liegt dem kristallinen Relief ein durchschnittlich 7m bis 8m mächtiger Sedimentkörper auf, dessen Mächtigkeit gegen den Kontinentalabhang hin abnimmt und der an seiner Oberfläche verfestigt zu sein scheint. Eine nähere Charakterisierung dieses Sedimentkörpers ist mit dem für diese Untersuchung eingesetzten Raytheon DE 719C Echosounder nicht möglich, jedoch vermutet WIJEYANANDA, N.P. et al. (1986) eher grobe Fraktionen. Diesem Sedimentkörper lagern sandig-kiesige Sedimente auf, die stellenweise noch in zwei unterschiedliche Horizonte differenziert werden können. Die Sedimentabfolge schließen an der Oberfläche rezente Grobsande mit Muschelbruch ab. Damit ist wie für den Schelf vor der Küste von Colombo (siehe Anhang 10.9) und dem Schelf vor der Küste von Matara (siehe Anhang 10.12) auch für die S-Küste ein dreifach gegliederter Sedimentkörper über dem kristallinen Schelfbaseninselbergrelief belegt, der auf Grund der granulometrischen Charakteristika wie der morphologisch-stratigraphischen Positionen der jeweiligen Sedimentstrata mit den Sedimenten an der Küste und im anschließenden Küstenhinterland korreliert werden kann (siehe Kap. 6.2 und 6.4).

5.5   E-Küste

Mit einem weit geschwungenen konvexen Bogen schließt im NE von "Uda Point" die insgesamt NNW-SSE-verlaufende E-Küste Sri Lankas an, die sich bis an das "Headland" "Foul Point" am S-Ufer der "Koddiyar Bay" bei Trincomalee erstreckt und hygroklimatisch der Trockenzone angehört. Eingebettet in das Kristallin der "Vijayan Series" dachen aus dem Hinterland weit gespannte Flachmuldentäler, die von flachen rückenartigen Talwasserscheiden mit aufsitzenden Inselbergen oder Inselbergketten getrennt werden, sanft gegen die Küste ab, wo sie dann vorwiegend in Lagunen auslaufen oder im Küstenhinterland in Ästuarschläuche übergehen. Taucht im S dieser Küste das Kristallin zwischen den "Headlands" von "Uda Point" im S und Punnaikkuda im N von Batticaloa bereits im Hinterland fast vollständig unter die Quartärsedimentdecke der Küste ab, steht es N-lich von Punnaikkuda bis zur "Koddiyar Bay" in den "Headlands" dieser "Bay and Headland Coast" an (siehe Abb. 21).

In weiten Bereichen prägen die Morphologie und Morphodynamik der E-Küste zwei Beachrockniveaus: Ein höheres Beachrockniveau, das sich durchschnittlich 0.30m über den rezenten Meeresspiegel erhebt, unterlagert in vielen Fällen Dünen sowie

Strandwälle und bildet vor vielen Lagunen- und Flußmündungen die Basis saisonaler Sedimentakkumulationen, die häufig zu Mündungsverschlüssen und Überflutungen im Küstenhinterland führen können; ein zweites Beachrockniveau, das dem Schelf in einer Wassertiefe von 9m bis 10m aufsitzt, säumt als vorgelagertes Riff vor allem die Küste zwischen Tirrukovil und der Mündung der Lagune von Batticaloa.

Im folgenden sollen am Beispiel von drei repräsentativen Küstensequenzen die morphologischen sowie sedimentologischen Verhältnisse der E-Küste und ihrer Dynamik und Genese im Quartär dargestellt werden, müssen aber auf Grund fehlender Untersuchungen aus dem vorgelagerten Schelf und nur sehr unzureichender alter Seekarten aus dem letzten Jahrhundert auf die Küste selbst und ihr Hinterland beschränkt bleiben.

5.5.1   Küste der Bucht von "Arugam Bay"

Die kleine zetaförmige Bucht von "Arugam Bay" schließt im N des "Headland" eines 25m hohen Inselberges anstehenden Kristallins an (siehe Abb. 36), dem nach S eine weitere zetaförmige Bucht folgt, deren Küste ein breiter rezenter Dünengürtel säumt, der am "Headland" wurzelt und sich nach S - nur unterbrochen durch eine lagunenartige Entwässerungsrinne aus einer fossilen Lagune - bis zu einem weiteren "Headland" bei Panama erstreckt. Dieser Dünengürtel sitzt einem fossilen 1.50m-Strandniveau auf (vgl. SWAN, 1979), das sich auch im N des "Headland" fortsetzt und an der gesamten Küste von "Arugam Bay" in einer durchschnittlichen Höhe von 0.30m bis 0.40m über dem rezenten Meeresspiegel von Beachrock unterlagert ist, der nur vor der Lagunenmündung der Arugam Kalapu unterbrochen ist. Im N der Mündung der Arugam Kalapu überlagern dieses fossile Strandniveau rezente Dünen, die dann N-lich von "Arugam Bay" ausdünnen. E-lich dieses 1.50m-Strandniveaus bzw. des aufsitzenden rezenten Dünengürtels, dem nur ein schmaler rezenter Strandsaum vorgelagert ist, schließt in beiden Buchten ein weiteres fossiles Strandniveau an, das sich durchschnittlich 3m über den rezenten Meeresspiegel erhebt.

Aus NW münden in die Lagune der Arugam Kalapu die anastomosierenden Wasserarme der nur periodisch wasserführenden Kirimeti Aar, die in ein Alluvialniveau eingebettet sind und auf einen schmalen Verlandungsgürtel mit dichtem Mangrovenbestand auslaufen. An den Flußsohlen dieser Wasserarme steht der kristalline Untergrund ebenso wie an der Flußsohle der ebenfalls nur periodisch wasserführenden Goda Oya an, die aus W die Alluvialdecke einer fossilen Lagune quert, bis sie dann in einem kleinen Flachmuldental an der Mündung der Arugam Kalapu die Küste erreicht. Da der kristalline Untergrund auch in der Lagune der Arugam Kalapu in Form kleiner Schildinselberge über den Wasserspiegel aufragt, ist eine nur sehr geringmächtige Sedimentdecke am Lagunenboden zu vermuten.

Im Hinterland der Arugam Kalapu schließt ein nur flachwelliges Relief an, in dem das Kristallin der "Vijayan Series" meist ansteht oder eine nur geringmächtige Verwitterungsdecke trägt, deren Sedimente in den Tiefenlinien zu einem dünnen Sedimentschleier verschwemmt worden sind. Im Hinterland steigt die Reliefoberfläche nach W sanft an und gliedert sich zunehmend in einzelne sehr weitgespannte Flachmuldentäler und die zwischenliegenden Flachrücken der Talwasserscheiden. Die Flüsse selbst, an deren Sohlen meist der kristalline Untergrund ansteht, werden von 1.50m bis 2m hohen Terrassenkörpern gesäumt, die sich vorwiegend aus Grobsanden kaum gerundeter Quarze zusammensetzen und denen eine Feinsediment-Alluvialdecke fehlt.

Zwar können bisher auf Grund der Unzugänglichkeit des Hinterlandes für die Küstensequenz von "Arugam Bay" keine älteren Sedimente, d.h. Pisolithdecken entlang der Flußläufe von Kirimeti Aar und Goda Oya nachgewiesen werden, jedoch lassen

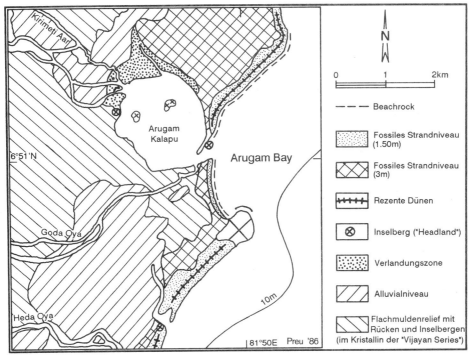

Abb. 36: Geomorphologische Karte der Küste von "Arugam Bay" (E-Küste Sri Lankas)

Untersuchungsergebnisse aus dem benachbarten Flußeinzugsgebiet der Heda Oya, die im S der "Arugam Bay" mündet, vermuten, daß auch in ihren Einzugsgebieten derartige ältere Sedimentkörper zu finden sind. Bei Siyambalanduwa, d.h. 45km vor ihrer Mündung, liegt die Flußsohle der Heda Oya in einer Höhe von 100m und wird an beiden Ufern von zwei unterschiedlichen Terrassenniveaus gesäumt: Ein unteres Terrassenniveau bildet ein durchschnittlich 3m mächtiger Grobsandsedimentkörper, der dem kristallinen Untergrund aufsitzt, der zwar auch an der Flußsohle ansteht, dessen Oberfläche hier jedoch 0.70m bis 0.80m tiefer liegt; ein oberes Terrassenniveau repräsentieren die Sedimente einer Pisolithdecke, die auf den Flachrücken der benachbarten Talwasserscheiden unmittelbar dem kristallinen Untergrund aufsitzt und eine durchschnittliche Mächtigkeit von 50cm bis 70cm aufweist. Da flußabwärts stellenweise Sedimente dieser Pisolithdecke auch über dem kristallinen Untergrund den Grobsandsedimentkörper des unteren Terrassenniveaus bis zu einer durchschnittlichen Mächtigkeit von 10cm unterlagern, muß die Pisolithdecke älter als der Grobsandsedimentkörper sein. Der Grobsandsedimentkörper des unteren Terrassenniveaus dacht 15km vor der Flußmündung in einer nur kurzen Übergangszone von wenigen hundert Metern unter die jüngere Alluvialdecke ab, nachdem das Flußbett der Heda Oya mit einer deutlichen Gefällsverminderung seinen Unterlauf erreicht hat (siehe Anhang 10.1).

Somit können für die Küstensequenz "Arugam Bay" nicht nur eine dreifach gegliederte Abfolge fluviatiler Quartärsedimente, die hier infolge nur geringer Reliefneigung in horizontaler Anordnung hintereinander angeordnet sind, sondern auch neben dem rezenten Strand- und Dünenniveau zwei fossile Strandniveaus nachgewiesen werden.

5.5.2   Küste von Batticaloa

Zentrales morphographisches Element der Küste von Batticaloa ist die gleichnamige Lagune, die mit einer N-S-Erstreckung von 40km die größte Lagune der E-Küste darstellt (siehe Abb. 37). Diese Lagune ist im S von Batticaloa durch ein fossiles 1.50m-Strandniveau, das von einem rezenten Dünengürtel überlagert ist und das eine durchschnittliche Breite von 1.2km erreicht, vom offenen Meer weitgehend abgeschlossen und hat nur bei Batticaloa selbst und N-lich Kalmunai einen Ausgang zum Golf von Bengalen. Das fossile Strandniveau wird von einem Beachrock unterlagert, der sich nur wenige Dezizentimeter über den rezenten Meeresspiegel erhebt und sowohl an der Küste selbst wie am E-Ufer der Lagune ansteht. Im N von Batticaloa setzt sich dieses Strandniveau fort, das sich dann bis zum "Headland" bei Punnaikkuda im S des Ästuars der Valachchinai Aru erstreckt. Über diesem fossilen Strandniveau erhebt sich nach W ein weiteres fossiles Strandniveau, das in einer durchschnittlichen Höhe von 3.50m über dem rezenten

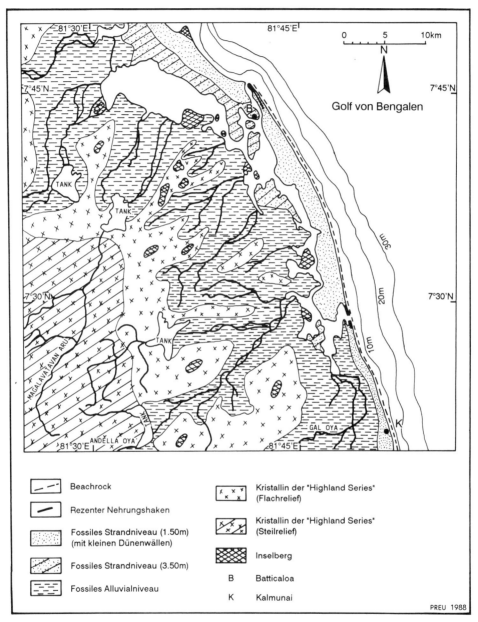

Abb. 37: Geomorphologische Karte der Küste von Batticaloa
(E-Küste Sri Lankas)

Meeresspiegel liegt und vereinzelt auch das W-Ufer der Lagune säumt. Im S der Lagune von Batticaloa, wo dieses fossile 3.50m-Strandniveau fehlt, erstreckt sich bis an das fossile 1.50m-Strandniveau und an das W- und S-Ufer der Lagune ein deltaförmig vorgeschobenes Alluvialniveau, das die meist nur kurzen und häufig anastomosierenden Fluß- und Bachläufe in bis zu 1m tiefen Fluß- und Bachbetten queren, bis sie dann meist ohne ein ausgeprägtes Verlandungsniveau in die Lagune münden.

Aus dem Küstenhinterland dacht aus einer durchschnittlichen Höhe von 30m ein Flachrelief, in dem der kristalline Untergrund meist ansteht, nach E ab und schiebt sich zungenförmig gegen das vorgelagerte Alluvialniveau vor, wo es dann unter dessen Sedimentdecke abtaucht und nur am W-Ufer der Lagune in meist 10m bis 15m hohen Inselbergen erneut reliefbildend ansteht. In Verbindung mit den fossilen Strandsedimenten der 1.50m- und 3.50m-Niveaus müssen diese Inselberge auf Grund ihrer topographischen und morphologischen Position als fossile "Headlands" einer "Bay and Headland Coast" angesprochen werden, die vor der Akkumulation des fossilen 1.50m-Strandniveaus die Küste von Batticaloa geprägt hat. W-lich dieses Flachreliefs steigt mit einem sehr markanten Geländeknick in einer durchschnittlichen Höhe von 30m das Relief sehr deutlich an und erhebt sich in einzelnen Inselbergen und Inselbergketten bis in Höhen von über 500m, die sehr steil über den Talsystemen mit Sohlenhöhen von durchschnittlich 30m bis 40m aufragen. Das Kristallin der "Vijayan Series", das hier in einer überaus verwitterungsresistenten granitischen Fazies vorliegt (COORAY, 1967), steht hier meist an oder trägt eine vorwiegend nur geringmächtige Verwitterungsdecke.

Das Tal der nur periodisch wasserführenden Gal Oya, die an der E-Abdachung des zentralen Hochlandes entspringt (siehe Abb. 8) und - mit Ausnahme der Mahaweli Ganga - der einzig bedeutende Fluß der E-Küste ist, durchquert das Hinterland dieser Küstensequenz, bis es sich dann 40km vor der Flußmündung in einer Höhe von durchschnittlich 30m über dem rezenten Meeresspiegel zu einem Becken weitet, das vom künstlichen Wasserreservoir des "Tank" der Senanayake Samudra eingenommen wird, der bereits im 1.Jahrhundert n.Chr. angelegt wurde (vgl. DOMRÖS. 1974). Am Fuße des Dammes dieses "Tank" schließt ein weiteres Flachmuldental an, in dem die Gal Oya von einem Alluvialniveau terrassenförmig gesäumt wird, das sich deltaförmig nach E bis an die Küste zwischen Batticaloa im N und N-lich Tirrukkovil im S erstreckt und am W-Rand des vorgelagerten fossilen 1.50m-Strandniveaus endet. Dieses Alluvialniveau durchqueren die stark anastomosierenden Wasserarme der Gal Oya, die zum einen nach N N-lich Kalmunai in die Lagune von Batticaloa und zum anderen nach S in verschiedene kleine Lagunen zwischen "Arugam Bay" und Tirrukkovil münden.

Nach VERMAAT (1956) sollen am Fuße des Wasserreservoirdammes Muschelpakete in die Feinsedimentmatrix dieser Alluvialdecke eingebettet sein, in denen nach DERANIYAGALA (1958) und SWAN (1983) der morphologisch-sedimentologische Beleg für einen jungquartären Meeresspiegelhochstand von mindestens 30m über dem rezenten Meeresspiegel gegeben sei. Dieser Argumentation könnte jedoch nur unter der Voraussetzung zugestimmt werden, wenn die von VERMAAT (1956) beschriebenen Muscheln einer marinen Spezies angehörten, würde dann aber eine sehr deutliche tektonische Verstellung gegenüber allen anderen Küstenabschnitten Sri Lankas bedeuten, an denen die jungquartären Strandniveaus nicht höher als 6m über dem rezenten Meeresspiegel liegen. Dies würde bedeuten, daß diese Muscheln einer noch älteren quartären Transgressionsphase zuzuordnen wären, was jedoch auszuschließen ist, da aus dem Mittel- und Altpleistozän nur äußerst verwitterungsresistente Sedimente wie Pisolithe und Quarzschotter erhalten sind. Obwohl Angaben über Art und Gattung dieser Muscheln in VERMAAT (1956) fehlen und heute die von ihm beschriebene Fundstelle durch den Neubau einer "Rice Research Station" nicht mehr zugänglich ist, kann deshalb geschlossen werden, daß die Muscheln einer lakustrischen Spezies angehören, da sie nicht älter als die Sedimente der Alluvialdecke sein können, deren Genese an allen bisher untersuchten Küstensequenzen Sri Lankas mit einer holozänen eustatischen Meeresspiegelabsenkung und klimatischen Veränderungen korreliert werden konnten, denen ein postgenetischer eustatischer Meeresspiegelanstieg und die Bildung des fossilen 1.50m-Strandniveaus folgte. Diese Sequenz belegen auch die morphographische wie altimetrische Gliederung und sedimentologische Abfolge an der Küste von Batticaloa. Aus diesem Grunde liegt die Vermutung nahe, daß die Muscheln die Existenz des Wasserreservoirs der Senanayake Samudra während der frühen Besiedlungsphase belegen, das dann - wie viele Tanksysteme im Bereich der Trockenzone Sri Lankas (vgl. BROHIER, 1950 und DOMRÖS, 1974) - während einer nachfolgenden Verlandungsphase im Laufe des ersten Jahrtausends n.Chr. verlandete. Somit können die von VERMAAT (1956) beschriebenen Muschelvorkommen kein Beleg für einen quartären Meeresspiegelhochstand sein.

5.5.3   Küste der "Vandaloos Bay"

Im N der Küste von Batticaloa steht das Kristallin der "Vijayan Series" zunehmend häufiger wieder an der Küste an und bildet mit anstehenden Inselbergen an der Küste der "Vandaloos Bay" die "Headlands" im N und S der Mündung der Valachchinai Aru, in deren 15km langen Ästuarschlauch bereits im Hinterland die Maduru Oya und Ambawinne Ela münden (siehe Abb. 38 und vgl. PREU et al., 1987b und WEERAKKODY, 1985c). Der gesamten Küste ist ein Korallensaumriff vorgelagert, das bei Niedrigwasser an der Oberfläche stellenweise trockenfallen kann und im Bereich der Ästuarmündung unterbrochen ist. An die beiden "Headlands" schließt nach N und S ein fossiles Strandniveau mit deutlich erkennbaren Strandwällen an, das von einem Beachrock in wenigen Dezizentimetern über dem rezenten Meeresspiegel unterlagert wird. Im N liegt das fossile Strandniveau in einer durchschnittlichen Höhe von 1.50m über dem rezenten Meeresspiegel und ist wesentlich schmäler als im S der "Vandaloos Bay", wo dieses fossile Strandniveau eine durchschnittliche Breite von bis zu 3km erreicht und

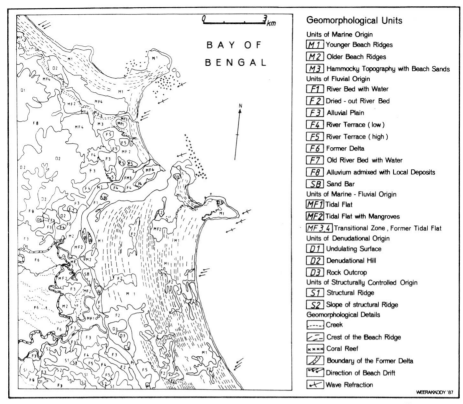

Abb. 38: Geomorphologische Karte der "Vandaloos Bay"
(E-Küste Sri Lankas) (aus: PREU et al., 1987b)

die Strandwälle bis zu einer Höhe von 6m über den rezenten Meeresspiegel aufragen. WILSON, W.N. (1984) faßt diese beiden Strandniveaus stratigraphisch zu einer gemeinsamen Bildungsphase zusammen, postuliert aber dann einen eustatischen Meeresspiegelanstieg von mindestens 5m, den er auf Grund von ^{14}C-Datierungen von Korallenbruchstücken in den Strandwällen mit einem ^{14}C-Alter von (5200 (+/- 60) BP) der postpleistozänen Transgressionsphase zuordnet. Da der Beachrock an der Basis des fossilen 1.50m-Strandniveaus in gleicher stratigraphischer wie altimetrischer Position an der Küste von Negombo mit einem ^{14}C-Alter von 3460 (+/- 160) BP (siehe Abb. 27) und an der Küste von Hikkaduwa mit einem ^{14}C-Alter zwischen 3210 (+/- 70) BP und 2560 (+/- 60) BP (siehe Abb. 31) angegeben wird (vgl. KATUPOTHA, 1987) und aus diesem Grund auch hier ein vergleichbares Alter anzunehmen ist, muß der

Argumentation WILSON's (1984) sehr kritisch begegnet werden. Richtig ist trotz unterschiedlicher Strandwallhöhen die syngenetische Bildung der fossilen Strandniveaus im S und N der "Vandaloos Bay", da beide Strandniveaus an ihrer Basis einen Beachrock in vergleichbarer Höhenlage über dem rezenten Meeresspiegel aufweisen und damit die Basis beider Strandwallabschnitte stratigraphisch gleichzustellen ist. Dagegen sind WILSON's (1984) stratigraphische Zuordnung und genetisch-dynamische Deutung sicherlich nicht zutreffend, da sie vor allem nicht die sehr unterschiedliche horizontale Erstreckung der beiden Strandniveaus im S und N der "Vandaloos Bay" erklärbar macht. Wie an anderer Stelle ausgeführt (siehe Kap. 3.2.2.2), ist gerade die E-Küste Sri Lankas den Einwirkungen tropischer Tiefdruckgebiete ausgesetzt, die zu außergewöhnlichen Wellenverhältnissen führen (siehe Kap. 3.2.3.5). So haben im Jahre 1978 der aus SE nahende "Batticaloa Cyclone" und die durch ihn erzeugten Wellen einen Teil des vorgelagerten Saumriffes im S der "Vandaloos Bay" fast vollkommen zerstört. Die Korallenbruchstücke wurden nicht nur auf das angrenzende fossile Strandniveau umverlagert, wo sie heute eine fest verbackene, nahezu beachrockartige Sedimentdecke bilden, sondern wurden auch infolge hoher Windgeschwindigkeiten bis weit ins Küstenhinterland transportiert (vgl. DAYANANDA, H. V. et al., 1980). Da auch die Bahnen fast aller seit der Mitte des letzten Jahrhunderts aufgezeichneten Zyklonen, die die E-Küste zwischen Batticaloa und "Foul Point" im S der "Koddiyar Bay" erreicht haben, eine vorwiegend NW-liche Zugrichtung aufweisen (HYDROGRAPHIC DEPARTMENT, 1975 und 1982), wurden damit durch die Tiefdruckgebiete vorwiegend NW-setzende Auflaufrichtungen der Wellen hervorgerufen, die auf Grund ihres wiederholten Auftretens und ihrer Wellenenergie für diesen Abschnitt der E-Küste zu einem bedeutenden morphodynamischen Steuerungsfaktor wurden. An der Küste der "Vandaloos Bay" treffen die Wellen dann nahezu senkrecht am S-lichen Küstenabschnitt auf, wohingegen der N-liche Küstenabschnitt zu den auflaufenden Wellen in einer relativen Leelage des N-lichen "Headland" liegt. Dies erklärt nicht nur die sehr unterschiedlichen Strandwallhöhen, sondern auch die sehr unterschiedliche Breite der Strandwallgürtel beider Küstenabschnitte. Daraus ergibt sich jedoch, daß WILSON's (1984) ^{14}C-Datierungen nicht das stratigraphische Alter der Strandniveaus, sondern eines ehemaligen Korallenriffs angeben, das diese Küste säumte und mit vergleichbarem ^{14}C-Alter auch für die Küste von Hikkaduwa nachzuweisen ist (siehe Anhang 10.10), wo es im Zuge der jungholozänen Regressionsphase trockenfiel und anschließend während einer Transgressionsphase unter einem fossilen 1.50m-Strandniveau begraben wurde.

Gesäumt vom vorwiegend anstehenden Kristallin eines Flachreliefs schiebt sich aus dem Hinterland das fossile Delta der Maduru Oya bis an den W-lichen Rand des fossilen Strand- und Standwallgürtels heran und wird von diesem häufig nur durch das schmale Band eines fossilen Marschniveaus getrennt. Die Maduru Oya umfließt rezent dieses Delta im S und mündet anschließend in den 15km langen Mündungsschlauch der Valachchinai Aru. Das N-Ufer dieses Ästuars säumt im intertidalen Niveau ein rezenter Marschgürtel, der nahezu vollständig von Mangroven bestanden ist. Darüber erhebt sich auf der gesamten Länge zwischen der Mündung der Maduru Oya und des Valachchinai Aru Ästuars das Niveau der fossilen Deltasedimente, die an der Mündung des Valachchinai Aru Ästuars eine Terrasse bilden, die durchschnittlich 1.50m über den rezenten Meeresspiegel aufragt. An der Sohle des Ästuarschlauches steht meist der kristalline Untergrund an und unterlagert deutlich erkennbar die Alluvialsedimentdecke am N-Ufer sowie den fossilen Strand- und Strandwallgürtel am S-Ufer.

5.6 NE-Küste

Vom "Headland" des "Foul Point" im S der "Koddiyar Bay" bei Trincomalee erstreckt sich nach N bis zur Lagune von Mullaitivu die 80km lange und SE-NW-verlaufende NE-Küste, die hygroklimatisch über die gesamte Länge im Bereich der Trockenzone liegt. Für Genese wie Dynamik und das morphographische Erscheinungsbild dieser Küste ist vor allem auch der geologisch-petrographische Wechsel vom Kristallin der "Highland Series" im S zum Kristallin der "Vijayan Series" im N, das nach N unter die miozänen Kalke des "Jaffna Limestone" abtaucht, von besonderer Bedeutung (siehe Abb. 5). Im S-lichen Abschnitt der Küste erstrecken sich zwischen der "Koddiyar Bay" und N-lich der Mündung der Lagune von Kokkilai die SW-NE-streichenden Härtlingszüge der "Highland Series" nahezu senkrecht aus dem Hinterland gegen die Küste, wo sie als anstehende Inselberge "Headlands" formen, an die sich in N-Exposition zetaförmige Buchten anschließen. N-lich dieser "Bay and Headland Coast" folgen mehrere "Spit and Barrier Coast"-Sequenzen (siehe Abb. 21), denen infolge des meist sedimentären Charakters des vorwiegend geologisch-strukturell inhomogeneren Kristallins der "Vijayan Series" morphodynamisch bedeutende "Headlands" fehlen. Hier prägen die Morphologie und Morphodynamik der Küste und ihres Hinterlandes sehr unterschiedlich große und meist nur sehr flache Lagunen, die durch vorgelagerte Nehrungshaken fast gänzlich vom offenen Meer abgeschlossen sind und deren meist nur sehr schmale Lagunenmündungen häufig saisonal verschlossen sind. Mit dem Abtauchen des Kristallins der "Vijayan Series" unter die W-abdachenden miozänen Kalke des "Jaffna Limestone" nimmt die Größe der Lagunen nach N zu, bis dann N-lich der Lagune von Mullaitivu aus der Palk Straße über die gesamte Inselbreite das weitverzweigte System der Lagune von Jaffna nach E vordringt, wo sie dann von einem nur schmalen Saum des fossilen 1.50m-Strandniveaus gesäumt wird, das die Küste der Halbinsel Jaffna entlang des Golf von Bengalen bildet.

Auf Grund der nur eingeschränkten Geländearbeitsmöglichkeiten (siehe Kap. 1.4.1) können im folgenden nur zwei Küstensequenzen vorgestellt werden, die beide dem Typ der "Bay and Headland Coast" angehören.

5.6.1   Küste der "Koddiyar Bay"

Die "Koddiyar Bay" bei Trincomalee, die einer der bekanntesten Naturhäfen der Erde ist, setzt sich aus mehreren kleineren Buchten, z.B. "Clappenburg Bay" (siehe Abb. 39), zusammen, die fjordähnlich von den nahezu senkrecht zur Küste auftreffenden und bis zu 30m hohen, meist anstehenden kristallinen rückenartigen Härtlingszügen der "Highland Series", denen einzelne Inselberge oder Inselbergketten in Höhen bis zu 100m aufsitzen, umrahmt werden. Entlang der Küste dachen die kristallinen Härtlingszüge in sehr steilen, meist nahezu senkrechten und bis zu 10m hohe Kliffen ab, deren Basen ein vorwiegend kiesig bis grobsandiger rezenter Strand als häufig nur sehr schmaler Saum vorgelagert ist, der dem kristallinen Untergrund aufsitzt. Weitere Wasserstandsmarken oder Abrasionsformen höher Meeresspiegelstände konnten nicht beobachtet werden.

Im Küstenhinterland, wo die Streichrichtung der Härtlingszüge zunehmend auf eine NE-SW-Richtung umschwenkt, säumen diese Härtlingszüge im E und W den Unterlauf der Mahaweli Ganga in Form vorwiegend langgezogener Rücken, die über eine Länge von fast 60km sanft bis auf Höhen von durchschnittlich 50m bei Polonnaruwa und Manampitia ansteigen, bis sich dann die kristalline Reliefoberfläche relativ steil bis auf Höhen von über 150m erhebt und anschließend in die bis zu 400m hohen Ausläufer der E-Abdachung des zentralen Berglandes übergeht (siehe Anhang 10.15). Am Fuße des Steilanstieges liegt 55km vor ihrer Mündung in die "Koddiyar Bay" das Flußbett der Mahaweli Ganga bei Polonnaruwa und Manampitia in einer durchschnittlichen Höhe von 30m und wird im NW und SE von den bis zu 200m bzw. 400m aufragenden Talhängen anstehenden Kristallins gesäumt. Das Flußbett, an dessen Sohle der kristalline Untergrund weitgehend ansteht, wird zwar an beiden Ufern neben der rezenten Hochwasserterrasse von einer 3m-Terrasse gesäumt, deren sedimentologische Verhältnisse jedoch sehr unterschiedlich sind. Am NW-Ufer überlagern die bis zu 1m mächtigen tonig-schluffigen Sedimente einer Alluvialdecke einen über 2m mächtigen Grobsandsedimentkörper, der dem kristallinen Untergrund aufsitzt oder stellenweise von Sedimenten einer Pisolithdecke unterlagert ist, die vom NW-lichen Talhang aus einer durchschnittlichen Höhe von 70m unter den Grobsandsedimentkörper abtaucht. Die 3m-Terrasse am SE-Ufer bilden die Sedimente der Pisolithdecke, die nur geringmächtig von den alluvialen Feinsedimenten überlagert wird und dem kristallinen Untergrund aufliegt.

Flußabwärts dünnt die Pisolithdecke aus, bis dann das Flußbett der Mahaweli Ganga nur noch von Grobsandsedimentterrassen gesäumt wird und auch der kristalline Untergrund an der Flußsohle von einer fluviatilen Sedimentdecke überlagert wird. Die Mahaweli Ganga beginnt zunehmend stärker zu mäandrieren und erreicht 15km vor der Mündung ihr Mündungsdelta, in dem der Grobsandsedimentkörper unter die zunehmend mächtigere Alluvialdecke abtaucht und im Flußbett nicht mehr angeschnitten wird. Gleichzeitig verzweigt sich die Mahaweli Ganga in mehrere Flußarme, die am S-Ufer der "Koddiyar Bay" mit rezenten Deltas münden.

Zwischen den einzelnen Flußmündungsarmen säumen das S-Ufer der "Koddiyar Bay" unterschiedliche Niveaus fossiler Strandsedimente, die sich durchschnittlich zwischen 1m und 6m über den rezenten Meeresspiegel erheben, jedoch derart zerschnitten sind, so daß eine stratigraphische Differenzierung und Gliederung in einzelne fossile Strandniveaus sehr problematisch ist. Zudem sind die marinen Sedimente häufig teilweise oder vollständig unter jüngeren terrestrischen Alluvialsedi-

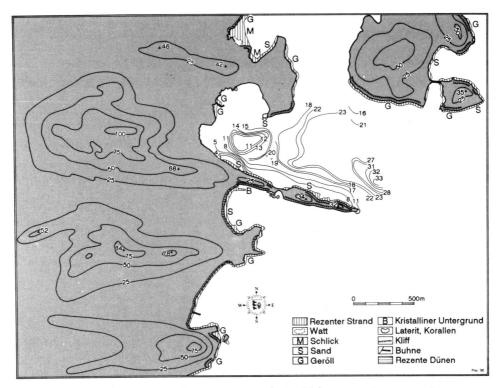

Abb. 39: Reliefoberfläche des kristallinen Untergrunds an der Küste der inneren "Koddiyar Bay" ("Clappenburg Bay") (NE-Küste Sri Lankas) (aus: CCD, 1986)

menten verschüttet, die auf sehr extreme Abflußereignisse hindeuten, die nicht nur in Verbindung mit dem Auftreten tropischer Tiefdruckgebiete an der E-Küste zu sehen sind. Hingegen säumen S-lich des "Foul Point", dessen "Headland" die SE-Spitze der "Koddiyar Bay" bildet, diesen Teil der NE-Küste zwei deutlich belegbare fossile Strandniveaus, die sich durchschnittlich 1.50m bzw. 3m bis 3.50m über den rezenten Meeresspiegel erheben und stratigraphisch wie sedimentologisch den fossilen Strandniveaus der Küsten von Batticaloa (siehe Abb. 37) und der "Vandaloos Bay" (siehe Abb. 38) vergleichbar sind.

Aus den einzelnen Buchten der "Koddiyar Bay" laufen nach NE dendritisch einzelne submarine Abflußrinnen zusammen, die sich dann zu einem submarinen Canyon vereinen, dessen Sohle am Ausgang der "Koddiyar Bay" bereits in einer Wassertiefe von 1000m liegt und anschließend im Golf von Bengalen in einer Wasssertiefe von 3600m mit eigenem Schwemmfächer auf dem "Bay of Bengal Fan" ausläuft (siehe Kap. 2.2). SWAN (1983) vermutet zwar, die Talschlüsse dieses submarinen Canyons und seiner verschiedenen Oberläufe lägen im Küstenhinterland, wo die fossile Delatschüttung der Mahaweli Ganga einsetzt, jedoch kann die Oberfläche des kristallinen Untergrundes nicht besonders tief unter der Reliefoberfläche liegen, da sonst das bis zu 15km lange Mündungsdelta nicht zu erklären ist. Den submarinen Canyon umrahmt in der "Koddiyar Bay" ein submarines Relief, das von der Basis der rezenten Kliffe gegen die Oberhänge des submarinen Canyon bis in eine Wassertiefe von durchschnittlich 100m abdacht. Die Basis dieses Reliefs bildet wie im Schelf vor der SW-Küste bei Colombo (siehe Anhang 10.9) und Matara (siehe Anhang 10.12) und vor der S-Küste im Bereich der "Great Basses" und "Little Basses" (siehe Anhang 10.14) ein Inselbergrelief, das die Fortsetzung der rückenartigen Härtlingszüge des Kritallins der "Highland Series" an der Küste und dem Küstenhinterland darstellt (siehe Abb. 39). Wie die nur wenigen seismischen Untersuchungen belegen, wird dieses Schelfbasisrelief von einem dreifach gegliederten Sedimentkörper überlagert, der die gleichen sedimentologischen Charakteristika wie im Schelf vor der SW- und S-Küste aufweist (vgl. COAST CONSERVATION DEPARTMENT, 1986). Obwohl sich diese seismischen Untersuchungen im wesentlichen nur auf den inneren Teil der "Koddiyar Bay", d.h. die "Clappenburg Bay" beschränken und nicht bis an die Hänge des submarinen Canyons reichen, können für diesen gesamten Bereich vergleichbare sedimentologische Verhältnisse angenommen werden, wie sie für den submarinen Canyon im Schelf vor der Küste von Matara belegt sind (siehe Anhang 10. 12).

5.6.2   Küste von Nilaveli

N-lich der Küste der "Koddiyar Bay" schließt zwischen den 5m bis 6m hohen "Headlands" der Inselberge des "Nilaveli Head" im S und des "Koddikaddu Aru Head" im N die Küste von Nilaveli an, das 15km N-lich Trincomalee liegt (siehe Abb. 40). Das "Headland" des "Ava Point" gliedert diese Küste in zwei nur gering geschwungene Buchten, in die jeweils eine Lagune mündet. Diese Lagunen werden vom offenen Meer fast gänzlich durch ein fossiles Strandniveau abgeschlossen, das sich bis zu 3m über den rezenten Meeresspiegel erhebt und entlang der Küste von einem Beachrock unterlagert wird, der nur wenige Dezizentimeter über den rezenten Meeresspiegel aufragt. Das Strandniveau sitzt an seinem W-Rand ebenso dem kristallinen Untergrund auf wie ein weiteres fossiles Strandniveau, das sich durchschnittlich 5m über den rezenten Meeresspiegel erhebt, aber nur das NE-Ufer der Lagune von Nilaveli zwischen der Lagunenmündung und dem "Nilaveli Head" säumt.

SW-lich der fossilen Strandniveaus schließen die Lagunen von Nilaveli und Pankulam Aru an, deren sehr flachmuldige Becken während der NE-monsunalen Regenzeit eine maximale Wassertiefe von 2m erreichen und deren meist nur 1m mächtige alluviale Feinsedimentdecke direkt dem Kristallin der "Highland Series" aufsitzt, das häufig in bis zu 5m hohen Schildinselbergen die Feinsedimentdecke durchbricht. Die Lagunen umgürtet ein bis zu 1km breiter Verlandungssaum sebkah-artiger Sedimente, die während der SW-monsunalen Trockenzeit trockenfallen, da die Wassertiefe in den Lagunen dann bis auf wenige Dezizentimeter abnimmt.

Im Hinterland der Lagunen schließt ein nur sehr leichtwelliges Flachrelief an, das sanft nach SW bis auf durchschnittliche Höhen von 15m über dem rezenten Meeresspiegel ansteigt und eine nur sehr flachgründige und meist sehr skelettreiche (vgl. SPÄTH, 1981b) "red-brownish earth"-Decke (vgl. ALWIS, K. E. et al., 1972) besitzt. Korridorartig gliedern dieses

Flachrelief die langezogenen und bis zu Höhen von 100m aufragenden Rücken der NE-SW-steichenden Härtlingszüge anstehenden Kristallins der "Highland Series", die nahezu rechtwinklig auf die Küste auftreffen und sich in den 5m bis 6m hohen Inselbergen anstehenden Kristallins der "Headlands" von "Koddikaddu Aru Head", "Ava Point" und "Nilaveli Head" fortsetzen, bis sie dann vor der Küste unter die Sedimentdecke des Schelfs abtauchen. Nur vor der Mündung der Lagune von Nilaveli steht der kristalline Untergrund erneut an und bildet dort die beiden Felsinseln von "Pigeon Island", die ebenso ein Korallensaumriff umgürtet wie die "Headlands" von "Koddikaddu Aru Head" und "Nilaveli Head".

Umrahmt von den bis zu 100m hohen Härtlingszügen durchqueren das Flachrelief in überaus flachen und sehr weitgespannten Flachmuldentälern meist kurze und nur periodisch wasserführende Fluß- und Bachläufe, die vorwiegend aus SW die Lagunen erreichen. Diese Fluß- und Bachläufe, an deren Sohlen der kristalline Untergrund ansteht und in den sie bis zu 1m eingetieft sind, säumt in den Mittelläufen die Terrasse eines meist durchschnittlich 1m mächtigen Grobsandsedimentkörpers, der dem kristallinen Untergrund aufsitzt und der in den Unterläufen unter einer nur geringmächtigen Alluvialdecke auskeilt, die dann im W der Lagunen auf das Niveau der Verlandungszone ausläuft und dort die Fluß- und Bachbetten als 1m-Terrasse säumt.

Die Fluß- und Bachläufe begleiten entlang der Flachmuldentäler schildinselartig aufragende Rücken, die Höhen von bis zu 20m über dem rezenten Meeresspiegel erreichen und wie die Rücken der bis zu 100m hohen Härtlingszüge vorwiegend SW-NE streichen. In diesen Rücken steht entweder unter einem grusartigen Sedimentschleier das Kristallin der "Highland Series" an oder ist bis zu einer durchschnittlichen Mächtigkeit von bis zu 1m von einem Sedimentkörper überlagert, der sich aus einem weder horizontierten noch geschichteten dunkelrotbraunen sandigen Lehm zusammensetzt und dem kristallinen Un-

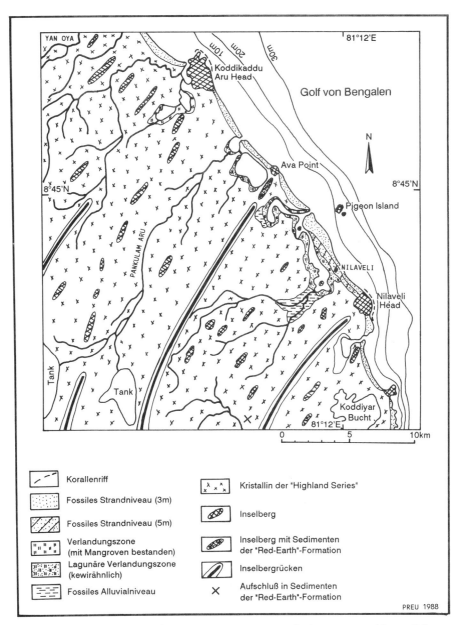

Abb. 40: Geomorphologische Karte der Küste von Nilaveli
(NE-Küste Sri Lankas)

tergrund ohne einen makroskopisch erkennbaren Verwitterungshorizont aufsitzt. Ein sedimentologisch-stratigraphisch wie granulometrisch vergleichbarer Sedimentkörper bildet auf einem 6m hohen Inselberg SW-lich des "Ava Point" eine 3m hohe "rote Düne" (vgl. HYDROGRAPHIC DEPARTMENT, 1966), die ebenfalls unmittelbar dem Kristallin der "Highland Series" aufsitzt. Da sich die rezenten und sehr flachgründigen "redbrownish earth"-Böden (vgl. ALWIS, K. E. et al., 1972) durch Skelettreichtum und erdiges Gefüge auszeichnen (vgl. SPÄTH, 1981b), können diese Sedimente keiner rezenten Bodenbildung zugeordnet werden. Da die sedimentologischen Charakteristika dieser Sedimentkörper vielmehr denen der Sedimente der "Red-Earth-Formation" entsprechen, die in der Trockenzone im Bereich der NW-, W- und S-Küste entweder den Pisolithdecken oder den Quarzschottern der "Erunwela Gravels" oder "Kalladi Gravels" aufsitzen, sollen auch diese dunkelrotbraunen sandigen Lehme stratigraphisch mit der "Red-Earth-Formation" korreliert werden.

Zusammenfassend lassen sich damit für die Küstensequenz Nilaveli neben dem rezenten Strand zwei fossile Strandniveaus und im Küstenhinterland neben dem rezenten Boden drei unterschiedlich alte Sedimentdecken nachweisen.

5.7 N-Küste

Die 200km lange Küste der Halbinsel Jaffna wird zur N-Küste Sri Lankas zusammengefaßt (siehe Abb. 41). Da auf Grund der politischen Situation nur sehr eingeschränkt Geländearbeiten durchgeführt werden konnten (siehe Kap. 1.4.1), kann hier nur eine eher allgemeine morphographisch-morphologische Charakterisierung des Küstenreliefs und seiner Genese erfolgen.

An seiner oberflächigen NW-Grenze taucht das Kristallin der "Vijayan Series" unter die miozänen Kalke des "Jaffna Limestone" ab, die den Sockel der Halbinsel Jaffna und der im W vorgelagerten Inseln bilden (siehe Abb. 5). Wie bereits ausgeführt (siehe Kap. 5.6), nimmt mit dem Abtauchen des Kristallins entlang der NE-Küste die Größe der Lagunen nach N

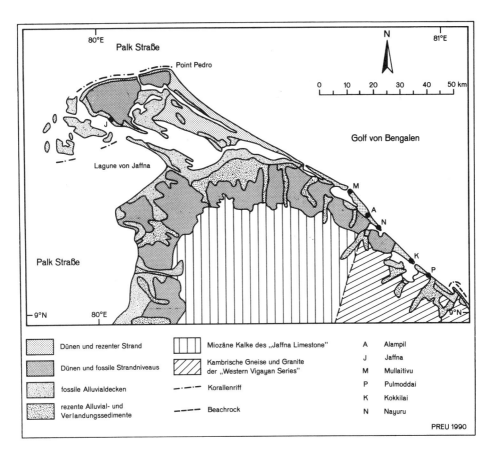

Abb. 41: Geomorphologische Karte der Halbinsel Jaffna
(N-Küste Sri Lankas)

zu, bis dann N-lich der Lagune von Mullaitivu am Übergang von der NE- zur N-Küste aus der Palk Straße nahezu über die gesamte Breite der Insel das weitverzweigte System der Lagune von Jaffna nach E vordringt, wo sie sich dann bis zum nur schmalen Saum eines fossilen 1.50m-Strandniveaus erstreckt. Dieses Strandniveau, das mit einer durchschnittlichen Breite von 10km diesen Teil der Halbinsel zwischen der Lagune von Jaffna im S und dem Golf von Bengalen im NE einnimmt und dem rezente Transversaldünenfelder aufsitzen, prägt die gesamte SE-NW-verlaufende "Spit and Barrier Coast" zwischen dem N-Ausgang der Lagune von Mullaitivu und dem Kliff von "Point Pedro", der N-Spitze Sri Lankas (siehe Abb. 21). Von hier schließt nach W entlang der Palk Straße mit einem vorgelagerten Korallensaumriff die E-W-verlaufende Kliffküste an, deren duchschnittlich 3m hohe Kliffe vorwiegend fossil sind und von einem fossilen 1.50m-Standniveau gesäumt werden, jedoch teilweise auch einer rezenten Formung unterliegen, wo dieses Strandniveau fehlt und den Kliffen ein nur schmaler rezenter Strandsaum vorgelagert ist. Landeinwärts ragt über diesen Kliffen ein fossiles 3m-Strandniveau auf, unter das die miozänen Kalke abtauchen und die plattformähnliche Basis der Halbinsel von Jaffna bilden, der vor allem in Küstennähe über den fossilen Strandsedimenten rezente Dünenfelder aufsitzen und über der sich vor allem in den zentralen Bereichen der Halbinsel ein meist nur geringmächtiger terra-rossa-ähnlicher Boden entwickelt hat.

Von der S-Küste der Halbinsel Jaffna dringt in mehreren Wasserarmen, die während des Tide-Hochwasserstandes eine maximale Wassertiefe von 2m erreichen, zwischen dem 3m-Niveau im NW und dem fossilen 1.50m-Strandniveau im E die Lagune von Jaffna nach N in die Halbinsel vor. Diese Lagunenarme werden von einem bis zu über 1km breiten Watt gesäumt, das häufig geschlossene Mangrovenbestände prägen und das sich an der S-Küste der Halbinsel zum einen nach N bis an das W-liche Ende der Kliffküste und zum anderen nach E fortsetzt, wo sich die Lagune von Jaffna bis zum W-Rand des 1.50m-Strandniveaus an der Küste des Golf von Bengalen im Übergang von der NE- zur N-Küste erstreckt und die Halbinsel nahezu vollständig von der Insel Sri Lanka abtrennt.

Im NW und W sind der Halbinsel Jaffna mehrere unbewohnte Inseln vorgelagert, die im intertidalen Niveau liegen und die meist vollständig von rezenten Strandwällen gesäumt werden. Diese Inseln, deren Sockel nach Aussagen des GEOLOGICAL SURVEY DEPARTMENT die miozänen Kalke bilden sollen, werden häufig von einem geschlossenen Mangrovenbestand eingenommen und besitzen keine morphologisch-sedimentologischen Belege höherer Meeresspiegelstände.

Zwar liegen aus dem Bereich der Palk Straße eine Reihe von Bohruntersuchungsergebnissen vor (vgl. CANTWELL, Th. et al., 1978), die jedoch keine sedimentologisch-stratigraphischen Aussagen der Quartärsedimentabfolge zulassen (siehe Abb. 6). So kann an dieser Stelle nur festgestellt werden, daß diese nur maximal 15m tiefe Wasserstraße im Pleistozän während der glazial-eustatischen Meeresspiegeltiefstände trockengefallen war und für Fauna und Flora aus S-Indien und Sri Lanka zu einer bedeutenden Landbrücke geworden ist (ERDELEN et al., 1988), die dann in den nachfolgenden glazial-eustatischen Meeresspiegeltransgressionsphasen wieder durch eine erneute Überflutung unterbrochen wurde.

6 MORPHODYNAMIK DER KÜSTEN SRI LANKAS IM QUARTÄR

Wie die Darstellung der Geländebefunde zur quartären Küstenentwicklung Sri Lankas gezeigt hat (siehe Kap. 5), sind für das Quartär an allen Küsten der Insel mehrere fossile marine Strandsedimentkörper über dem rezenten Meeresspiegel nachzuweisen, die nicht nur altimetrisch, sondern auch mit Hilfe von ^{14}C-Datierungen unterschiedlichen Strandniveaus zugeordnet werden können. Da Sri Lanka eine tektonisch stabile Insel ist (vgl. BREMER, 1981), d.h. bisher keine geologischen und geomorphologischen Belege für signifikante tektonische Bewegungen im Quartär vorliegen, die sich auf die Entwicklung der Küsten ausgewirkt haben (vgl. VITANAGE, 1972), muß die Genese dieser fossilen Strandniveaus auf Transgressionsphasen eustatischer Meeresspiegelschwankungen im Quartär zurückgeführt werden. Terrestrische Sedimente, die sowohl an der Küste unter dem rezenten Meeresspiegelniveau im Liegenden der fossilen Strandniveaus als auch über dem kristallinen Inselbergrelief an der Schelfbasis lagern, belegen marine Regressionsphasen, die zu einem wiederholten Trockenfallen des vorgelagerten Schelfs geführt haben.

Neben den zyklischen Veränderungen des Meeresspiegelniveaus zeugen im Hinterland der Küsten Sri Lankas Flußterrassensysteme, die in relativer Küstennähe teilweise von äolischen Sedimenten überlagert werden und in größerer Entfernung von der Küste häufig nur noch in Erosionsresten erhalten sind, von zyklischen Veränderungen der Morphodynamik, die sowohl auf Veränderungen der Erosionsbasis, d.h. des Meeresspiegelniveaus, als auch auf zyklische Veränderungen des Klimas im Quartär zurückzuführen sind.

Im Folgenden sollen nun auf der Grundlage der sektoral und regional gegliederten Geländebefunde für das Quartär der Gesamtinsel Sri Lanka (1) die Dynamik der klimatischen Zyklen und ihrer inneren zeitlichen Differenzierung dargelegt, (2) die Dynamik der marin-litoralen und terrestrischen Formungs- und Steuerungsfaktoren der Küsten zusammenfassend untersucht und in ihren zyklischen wie inneren zeitlichen Abläufen differenziert betrachtet, und (3) die beiden Zeitreihen der marin-litoralen und terrestrischen Morphodynamik verknüpft und in ihrer Bedeutung für die Genese und Dynamik der Küsten Sri Lankas im Quartär aufgezeigt werden.

6.1 Klimatische Verhältnisse im Quartär

Bisher liegt für das Quartär Sri Lankas nur die von DERANIYAGALA (1958) erarbeitete und von anderen Wissenschaftlern (vgl. z.B. COORAY, 1967 und SWAN, 1983) in dieser Form übernommene klimatische Differenzierung des Jungquartärs vor, in der die klimatischen Schwankungen und Verhältnisse seit dem Letztglazial in drei Phasen untergliedert werden. Die "Ratnapura Phase", die DERANIYAGALA (1958) mit dem Würmglazial gleichsetzt, soll bei sehr unterschiedlichen Niederschlägen, die zwischen "heavy" bis "moderate" gewechselt haben, sehr kühl gewesen sein. Gleichzeitig geht er davon aus, daß eine hygroklimatische Differenzierung der Insel nicht bestanden habe und das "Lowland" der Gesamtinsel von einem tropischen Regenwald eingenommen wurde. Wie noch aufzuzeigen sein wird (siehe unten), kann dies jedoch in keinem Fall zutreffen, da die klimatischen Verhältnisse von Glazialphasen eine Folge der S-wärtigen Verlagerung der NITCZ-Position sind, die den Einfluß und die Intensität SW-monsunaler Luftmassen signifikant verminderte, so daß das trockenere und kühlere Glazialklima auch zu einer Absenkung von Baum- und Schneegrenze unter die Höhenlage des rezenten Niveaus geführt hat. Aus diesem Grunde mußten die tropischen Regenwälder zurückweichen und blieben nur in wenigen geschützten Nischen und Enklaven erhalten (vgl. ERDELEN et al., 1988). Der "Ratnapura Phase" sei dann im Postglazial die Trockenphase der "Palagahaturai Phase" gefolgt, während der die "Red-Earth-Formation"-Sedimente entstanden und akkumuliert worden seien. Diesem Postulat widersprechen jedoch die Ergebnisse der geomorphologischen und sedimentologischen Untersuchungen, nach denen die sandigen Lehme der "Red-Earth-Formation" Pisolithdecken aufsitzen, die älter als das fossile 5m-Strandniveau sein müssen, da sie an der NW- und W-Küste unter den Sedimenten des 5m-Strandniveaus lagern und im Hinterland der S- und E-Küste zu Terrassensedimentkörpern gehören, die älter als das Riß-Würm-Interglazial sein müssen. Da aber diese Sedimente über den jüngeren Terrassensedimenten fehlen, müssen die "Red-Earth-Formation"-Sedimente relativ bald nach der Akkumulation der Pisolithdecken entstanden sowie umgelagert worden sein und können deshalb nicht ins Postglazial gestellt werden. Erst im Zuge der dritten Klimaphase, die DERANIYAGALA (1958) als "Colombo climate" bezeichnet und die auch rezent anhalten soll, sei dann die hygroklimatische Zonierung der Insel in die Feuchtzone, Trockenzone und aride Zone entstanden. Jedoch belegen die sedimentologischen Verhältnisse auf den Schelfen der Insel, daß diese hygroklimatische Zonierung bereits zu Beginn des Quartär bestanden haben muß (siehe unten) und sich nach Mc KENZIE et al. (1976) wohl bereits im mittleren Tertiär herausgebildet hatte, als mit dem kreidezeitlichen Auseinanderbrechen des Gondwanakontinentes und dem Driften der Antarktis gegen den S-Pol monsunale Luftmassen- und Windströmungsverhältnisse entstanden und auf der Insel Sri Lanka die regional wie saisonal sehr differenzierten Niederschlagsverhältnisse hervorgerufen haben. Zusammenfassend bedeutet dies, daß nicht nur die von DERANIYAGALA (1958) postulierte klimatische Differenzierung des Jungquartärs zu revidieren ist, sondern auch auf der Grundlage der Ergebnisse der geomorphologisch-sedimentologischen Untersuchungen die klimatischen Verhältnisse im Quartär Sri Lankas rekonstruiert werden können, die über den Zeitraum des Jungquartärs hinausgehen (siehe Abb. 44).

Wie bereits oben ausgeführt (siehe Kap. 2.4), werden rezent die klimatischen Verhältnisse der tropisch-wechselfeuchten Insel Sri Lanka durch die saisonale Verlagerung der NITCZ, d.h. des N-lichen Arms der innertropischen Konvergenzzone (ITCZ) gesteuert, die die äquatoriale Westwindzone von der N-lich anschließenden Zone der Passate trennt. Da sich im Jahreslauf durch die Wanderung des Sonnenhöchststandes und der durch ihn gesteuerten Entwicklung und Dynamik von Antizyklonen über dem Hochland von Tibet im N-Winter und über Australien im N-Sommer Lage und Horizontalerstreckung der NITCZ nach N und S verändern, führt dies über Sri Lanka und Indien zu saisonalen Windrichtungsänderungen und den saisonalen Regenzeiten des SW- bzw. NE-Monsuns. Dabei erreicht im Gegensatz zur mittelamerikanischen Landbrücke und zu W-Afrika das jährliche Wanderungsgebiet der NITCZ im Raum S-Asien eine größere Horizontalerstreckung (FLOHN, 1955 und 1981): Wenn im N-Sommer vor allem äquatoriale Westwinde und umgelenkte SE-Passate der S-Hemisphäre mit feuchtlabiler Schichtung als SW-Monsun Sri Lanka und Indien erreichen, erstreckt sich die NITCZ zwischen 28°N bis 30°N, d.h. zwischen der S-Abdachung des Himalaya und dem Äquator; hingegen verringert sich im N-Winter die Horizontalerstreckung der NITCZ deutlich und verlagert sich gegen den Äquator nach S bis auf 2°N bis 3°N, so daß nun die stabil geschichteten trockeneren Luftmassen des passatischen NE-Monsuns mit nur geringen Niederschlägen das klimatische Geschehen in Sri Lanka und Indien bestimmen; hingegen erreicht auf der S-Hemisphäre die ITCZ, die sich in diesem Zeitraum nach S bis auf 10°S bis 12°S verlagert, noch den äußersten N Australiens und führt hier zu den intensiven Niederschlägen des NW-Monsuns.

Wie Auswertungen von Jahresniederschlagsdaten der Küstenklimastationen Colombo (Feuchtzone der SW-Küste) und Trincomalee (Trockenzone der E-Küste) für die Jahre 1870 bis 1984 zeigen (siehe Anhang 10.3), zeichnen sich die Niederschlagsverhältnisse Sri Lankas in diesem Zeitraum durch teilweise sehr deutlich oszillierende Jahresniederschlagssummen aus, die positiv wie negativ bis zu 200% vom durchschnittlichen Jahresniederschlag der beiden Küstenklimastationen für die Jahre 1984 bis 1987 abweichen, der als Bezugsniveau verwendet wurde. Außerdem ist zu erkennen, daß die Jahresniederschlagssummenkurven der beiden Küstenklimastationen in den Jahren 1920 bis 1984 nahezu parallel um dieses Bezugsniveau schwingen, aber in den Jahren 1880 bis 1920 die feuchtzonale Küstenklimastation Colombo eine signifikante positive Abweichung aufzeigt, die um das Jahr 1900 mit einer positiven Abweichung von mehr als 200% ein Maximum erreicht, jedoch in diesem Zeitraum die trockenzonale Küstenklimastation Trincomalee durchschnittlich 100% negativ von den durchschnittlichen Jahresniederschlagssummen der Jahre 1984 bis 1987 abweicht. Für die ersten 10 Jahre der Meßperiode zwischen den Jahren 1870 bis 1880 zeigen die beiden Küstenklimastationen dann wieder nahezu parallel verlaufende Jahresniederschlagssummenkurven, die sich aus einer negativen Abweichung Werten nähern und jährliche Niederschlagssummen belegen, die weitgehend denen der rezenten Niederschlagsverhältnisse entsprechen. Vergleichbare Niederschlagsschwankungen, die in ihrer zeitlichen Abfolge und positiven wie negativen Abweichung von den rezenten Niederschlagsverhältnissen denen Sri Lankas entsprechen, können auch für Indien (vgl. MOOLEY, D. et al., 1981) sowie für China (vgl. WANG, 1981) und gesamt SE-Asien (vgl. SCHMIDT et al., 1951 und VERSTAPPEN, 1980) nachgewiesen werden.

Wie SUPPIAH et al. (1984a und 1984b) nachweisen, sind diese Niederschlagsoszillationen auf Schwankungen und Veränderungen der Dauer und Intensität des SW-Monsuns in der Feuchtzone und des NE-Monsuns in der Trockenzone zurückzuführen (siehe Abb. 10 und Tab. 3). Da Entwicklung und Dynamik der verantwortlichen monsunalen Luftmassen eine Folge der saisonalen Wanderung und Lage der NITCZ sind, sind auch die Niederschlagsoszillationen durch Schwankungen der NITCZ gesteuert, die ihrerseits von der Intensität und Dynamik der Antizyklonen über dem Hochland von Tibet im N-Winter und über Australien im N-Sommer abhängen. Dies bedeutet, daß während Phasen einer stärkeren Entwicklung der asiatischen Antizyklone, die eine Folge intensiverer Schneeniederschläge und längeranhaltender Schneedecken im Himalaya und dem Tibetischen Hochland sind, die NITCZ nicht nur während des NE-Monsuns von Dezember bis Februar weiter S-lich liegt, als dies während Phasen geringerer Schneeniederschläge erfolgen würde, sondern auch im nachfolgenden SW-Monsun die N-Wanderung und N-Ausdehnung der NITCZ nicht in dem Umfang erfolgt, wie dies nach geringeren Schneeniederschlägen im vorangegangenen NE-Monsun stattfinden würde, da das asiatische Hitzetief in seiner Intensität geschwächt ist. Die Folgen sind dann zum ersten die Abschwächung des SW-Monsuns und verminderte Niederschlagsmengen in der Feuchtzone, d.h. im SW Sri Lankas (Colombo), zum zweiten "normale" oder nur geringfügig schwankende NE-monsunale Niederschlagsmengen in der Trockenzone, d.h. im E und NE der Insel (Trincomalee) und zum dritten eine Verlagerung der hygroklimatischen Grenze zwischen Feucht- und Trockenzone gegen die Feuchtzone. Nehmen hingegen auf Grund verminderter winterlicher Schneeniederschläge Intensität und Dynamik der asiatischen Antizyklone im NE-Monsun ab und ist demzufolge das SW-monsunale Hitzetief im Bereich des tibetischen Hochlandes stärker entwickelt, erreicht die NITCZ eine weitaus N-lichere Position und führt damit zum ersten zu höheren SW-monsunalen Niederschlägen in der Feuchtzone, zum zweiten zu verminderten NE-monsunalen Niederschlägen in der Trockenzone und zum dritten zu einer Ausdehnung der Feuchtzone gegen die Trockenzone.

Wie die Ergebnisse der geomorphologischen und sedimentologischen Untersuchungen an allen Küstensequenzen Sri Lankas belegen, sind derartige Niederschlagsschwankungen und Veränderungen der räumlichen Ausdehnung der hygroklimatischen Zonen der Insel für das gesamte Quartär nachzuweisen, die auf wiederholte und zyklisch wiederkehrende klimatische Veränderungen zwischen den Phasen der arideren Glaziale und feuchteren Interglaziale zurückgeführt werden können, während der aber die jeweilige SW- bzw. NE-monsunale NITCZ-Position auf Grund größerer Intensität und zeitlicher Stabilität des jeweiligen SW-monsunalen Hitzetiefs bzw. des NE-monsunalen Hochdruckgebietes über dem tibetischen Hochland weitaus längeranhaltend und somit nachhaltiger und bedeutender verändert wurde (vgl. FLOHN, 1952, 1958, 1963, 1981). So war nach KUHLE (1985 und 1987) die würmeiszeitliche Vergletscherung des Himalaya, die von einer NE-Verlagerung der asiatischen Antikyklone begleitet war (vgl. FLOHN, 1981), mit einer signifikanten Temperaturabsenkung von bis zu 11°C und einer Schneegrenzdepression von 1100m bis 1500m im tibetsichen Hochland und dem Himalaya verbunden. Dadurch nahm gegenüber den rezenten Verhältnissen die Ausprägung und Intensität der asiatischen Antizyklone in einem derartigen Maße zu, daß die NE-monsunale NITCZ-Position S-licher als rezent gelegen hat, und die N-sommerliche N-gerichtete Ausdehnung der SW-monsunalen NITCZ-Position nur bedingt erfolgen konnte. Da sich dementsprechend im Bereich der rezenten Feuchtzone der Einfluß SW-monsunaler Luftmassen sehr deutlich verminderte und die Insel auch während der SW-Monsunperioden unter dem Einfluß NE-passatischer Luftmassen stand, waren dann die klimatischen Verhältnisse im SW-Sektor der Insel durch ausgedehntere saisonale Trockenzeiten oder auch durch Monsunpausen geprägt, die sowohl zu einer allgemeinen Reduzierung der Bewölkung, Luftfeuchtigkeit und Evapotranspiration, als auch zu einer sehr deutlichen Abnahme der Niederschlagsmengen geführt haben, die nach GATES (1976a und 1976b) und VERSTAPPEN (1980) wie auch in anderen asiatischen Monsungebieten 30% unter den rezenten SW-monsunalen Niederschlägen gelegen haben sollen.

Dies bedeutet, daß Sri Lanka während des Letztglazials nicht nur in den NE-Monsun-, sondern auch - zumindest teilweise - SW-Monsunperioden dem Einfluß der NE-passatischen Luftmassen ausgesetzt war, so daß damit auf der Gesamtinsel Sri Lanka nahezu ganzjährig Hauptwindrichtungsverhältnisse und Niederschlagsbedingungen überwogen, wie sie rezent nur saisonal in der Trockenzone und ariden Zone gegeben sind. Da jedoch die NE-passatischen Winde gegenüber den rezenten Verhältnissen weitaus längerfristiger einwirkten und auch höhere Geschwindigkeiten erreichten, führte dies nicht nur zu einer Temperaturabnahme, die nach GATES (1976a und 1976b) für Sri Lanka und S-Indien 6°C betragen haben soll, sondern auch zu arideren Verhältnissen, als sie rezent in der Trockenzone und ariden Zone gegeben sind (vgl. DUPLESSY, 1982). Dies belegen nicht nur die großen fossilen Longitudinaldünensysteme der Insel Mannar, deren WNW-ESE-liche Kammstreichrichtungen deutlich den prägenden Einfluß N-licher Windrichtungen aufzeigen und sich von den rezenten barchanähnlichen und kleineren Transversaldünensystemen abheben, deren Lage und Ausrichtung SW-monsunale Windrichtungen belegen, sondern auch Bohrkernanalysen aus dem NW-lichen Indischen Ozean, in denen von KOLLA et al. (1977) äolisch umgelagerte Dünensande der Arabischen Halbinsel nachgewiesen werden, die wegen langanhaltender und sehr arider klimatischer Verhältnisse, d.h. arider als rezent, durch sehr kräftige N-liche, d.h. NE-passatische Winde von der Halbinsel in das angrenzende W-liche Arabische Meer transportiert wurden. Analysen und Datierungen von Tiefseebohrkernen, die vor der SW-Küste Indiens gezogen wurden und in denen Pollen himalayischer Florenelemente nachzuweisen sind, die hier im Letztglazial durch die vorherrschenden N-lichen Windrichtungen zur Ablagerung gekommen sind, lassen CAMPO (1986) und CAMPO et al. (1982) zu

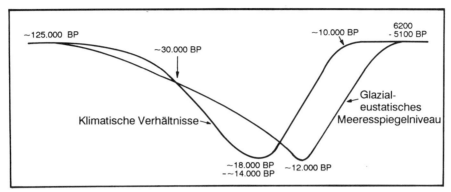

Abb. 42: Veränderungen der klimatischen Verhältnisse und des glazial-eustatischen Meeresspiegelniveaus für den letzten "Interglazial-Glazial-Interglazial-Zyklus" der Insel Sri Lanka

dem Ergebnis kommen, für den N-lichen Indischen Ozean das Maximum der letztglazialen Temperaturabsenkung mit 22.000 BP bis 18.000 BP anzusetzen (siehe Abb. 42).

Für den Zeitraum zwischen 20.000 BP und 12.000 BP belegt NICHOLSON et al. (1980) auch aus N-Afrika eine S-wärtige Ausdehnung der Sahara mit intensivierter Dünenbildung, die auf eine Zunahme der Aridität und damit ebenfalls zum einen auf die gegen den Äquator verlagerte NITCZ und zum anderen auf die weiter gegen den Äquator reichende NE-Passatzone zurückgeführt werden muß. Dies trifft auch für N-Australien zu, wo infolge der äquatorwärtigen Kontraktion und polwärtigen Blockierung der SITCZ während der letztglazialen und gegenüber den rezenten klimatischen Verhältnissen wesentlich arideren und kühleren Klimaphase die Temperaturen nach GALLOWAY, R. et al. (1973) und GATES (1976a und 1976b) ebenfalls 6°C unter den rezenten gelegen haben und so nach BOWLER (1976) und WILLIAMS, D. F. et al. (1975) auf dem Schelf vor der NW-australischen Küste letztglaziale Dünensysteme mit SE-passatisch geprägten Kammstreichrichtungen geformt wurden, die rezent jedoch unter dem Meeresspiegel liegen. Vergleichbare Nachweise äolischer Sedimentakkumulationen des Letztglazials liegen durch KOLLA et al. (1977) auch für den

SE-Indik, wie z.B. den Sundaschelf, vor und deuten ebenfalls zum einen auf aridere klimatische Bedingungen und zum anderen auf gegenüber den rezenten Verhältnissen veränderte Windrichtungsverhältnisse während des Letztglazials hin, die nur durch eine weiter N-wärts gegen den Äquator reichende SE-Passat-Zone auf der S-Hemisphäre während des Würmglazials zu erklären sind.

Als Folge der letztglazialen Luftmassenströmungsverhältnisse haben sich auch die Meeresoberflächentemperaturen (SST) des Indischen Ozeans verändert, zeigen jedoch zwischen S- und N-Hemisphäre teilweise entgegengesetzte Änderungen und Abweichungen von den rezenten Temperaturverhältnissen. Wie PRELL et al. (1979 und 1980) und WILLIAMS, D.F. (1975) aufzeigen, waren die Meeresoberflächentemperaturen (SST) während dieser Letztglazialphase in Äquatornähe nahezu unverändert oder lagen maximal 1°C über, jedoch nicht 3°C bis 5°C unter den rezenten Meeresoberflächentemperaturen (SST), wie dies für den gesamten Indik und Pazifik von FAIRBRIDGE (1961a und 1961b) und VERSTAPPEN (1980) angenommen wird. Da infolge der S-wärtigen Verlagerung der NITCZ Intensität und N-wärtige Reichweite der SW-monsunalen Winde vermindert waren, nahm demzufolge nicht nur die Durchmischung des Wasserkörpers, sondern auch das Aufdringen kalter Tiefenwässer im Arabischen Meer in einem derartigen Umfang ab, daß die Meeresoberflächentemperaturen (SST) um 3°C bis 4°C über die rezenten angestiegen sind. Im S-lichen Indischen Ozean hingegen lagen die Meeresoberflächentemperaturen (SST) während des Letztglazials um 7°C bis 8°C unter der rezenten SST.

Während des vorangegangen Riß-Würm-Interglazials (siehe Abb. 42), dessen klimatisches Maximum allgemein mit 125.00 BP anzusetzen ist (vgl. RADTKE et al., 1987), lagen auf Sri Lanka nach FAIRBRIDGE (1961) die Temperaturen durchschnittlich 2°C bis 3°C über den rezenten, und waren die Niederschlagsmengen insgesamt höher als unter den rezenten Verhältnissen. Dies ist auf eine gegenüber den rezenten Verhältnissen längeran-

haltende Intensivierung des SW-monsunalen Hitzetiefs über
dem tibetanischen Hochland zurückzuführen, dessen Stabilität
und Dynamik die Folge des Anhebens der Schneegrenze und der
Temperaturen im Himalaya und im Hochland von Tibet ist, da
sich nun die Zone der NITCZ nicht nur im SW-monunal geprägten N-Sommer wesentlich weiter nach N ausdehnt als rezent,
sondern auch im N-Winter die NE-monsunale NITCZ-Position
weiter N-lich als rezent liegt. Da damit auf der Insel Sri
Lanka der saisonale wie regionale Einfluß NE-monsunaler
Luftmassen abnimmt, werden nicht nur eine allgemeine Erhöhung von Temperatur und Niederschlägen auf der Gesamtinsel,
sondern auch die Ausdehnung der Feuchtzone gegen die Trokkenzone hervorgerufen.

Der Übergang vom Klimamaximum des Riß-Würm-Interglazials zu
dem des Letztglazials erfolgte nicht in Form einer allmählichen klimatischen "Verschlechterung" und Annäherung an die
klimatischen Verhältnisse des Würmglazials, sondern vollzog
sich - nach einer Phase eher oszillierender, aber sich graduell verändernder klimatischer Verhältnisse - in einem relativ kurzfristigen Umbruch (siehe Abb. 42). Dies belegen
nach FLENLEY (1979) Ergebnisse von Pollenuntersuchungen aus
den Tropen S-Amerikas und Afrikas sowie dem malayischen
Raum, wo signifikante Veränderungen in der Vegetation des
feuchteren und wärmeren Riß-Würm-Interglazials erst zwischen
30.000 BP und 18.000 BP erfolgt sind und eine Gras- und Savannenvegetation die interglaziale Vegetation in ökologische
Nischen verdrängte oder sie - wie im Falle von Malaysia -
gänzlich ersetzte. Auch der Übergang vom würmglazialen Klimamaximum zu den postglazialen Klimaverhältnissen, der in S-
Asien und N-Afrika nach FLOHN (1981) um 14.000 BP eingesetzt
hat, erfolgte in einem sehr markanten und relativ kurzfristigen Klimaumbruch. Auf Grund von Pollenanalysen aus mehreren Bohrkernen, die vor der NW-Küste Indiens gezogen wurden,
werden von CAMPO (1986) für Indien erneut feuchtere klimatische Verhältnisse bereits für den Zeitraum um 11.000 BP belegt, in dem sich nach BLACKMAN et al. (1966) und CONOLLY

(1967) auch im tropischen Pazifik und im S-lichen Indischen Ozean vor der W-Küste Australiens dieser klimatische Umschwung zu humideren Verhältnissen bereits vollzogen hatte. Zudem kann HILLAIRE-MARCEL, C. et al. (1986) auf Grund sedimentologisch-stratigraphischer Untersuchungen und ^{14}C-Datierung von Stromatoliten, deren ^{14}C-Alter vorwiegend zwischen 12.450 (+/- 100) BP und 9.650 (+/- 200) BP schwanken, belegen, daß in einer Reihe E-afrikanischer Seen bereits relativ rasch nach dem Ausklingen des würmglazialen Klimamaximums ein Ansteigen der Seespiegelstände erfolgte. Zum Ende dieser Umbruchphase soll der Tchadsee dann seine größte Ausdehnung mit einer Seespiegelhöhe erreicht haben, die 50m über der rezenten lag (vgl. NICHOLSON, 1981). Dies bedeutet, daß in den äquatornahen Gebieten der N- wie der S-Hemisphäre bereits relativ bald nach dem Ausklingen des würmglazialen, d.h. arideren wie kühleren Klimamaximums der Umschwung zu den klimatischen Verhältnissen des frühen Holozäns erfolgte, das sich auf Sri Lanka nicht nur durch insgesamt höhere Niederschläge als rezent, sondern nach FAIRBRIDGE (1961) auch durch höhere Temperaturen ausgezeichnet hat, die um 2°C bis 3°C über den rezenten gelegen haben. Ob dabei die Erhöhung der Lufttemperatur mit der Zunahme der allgemeinen Niederschlagssummen parallel erfolgte, ist für Sri Lanka auf Grund der Datenlage nur schwer zu beurteilen. Jedoch weist FLENLEY (1979) mit Hilfe von Pollenanalysen nach, daß in Malaysia und Neu Guinea die Baumgrenze bereits um 8000 BP über der rezenten gelegen hat und erst anschließend auf ihre rezente Höhenlage abgesunken ist. Dies bedeutet für Sri Lanka, daß die Zunahme der Temperatur nach dem würmglazialen Klimamaximum nicht erst um 8000 BP, wie dies FLOHN (1981) generell für N-Afrika und S-Asien annimmt, sondern bereits wesentlich früher eingesetzt hat. Folgerichtig beschränkt NICHOLSON et al. (1981) FLOHN's (1981) Aussagen auch auf den W-afrikanischen und zentralsaharischen Bereich.

Damit waren nach dem arideren und kühleren Würmglazial während des frühen Holozän erneut klimatische Verhältnisse in

Sri Lanka gegeben, wie sie in vergleichbarer Ausprägung auch
bereits im Riß-Würm-Interglazial vorherrschten. Die Temperatur- und Niederschlagssummenzunahme nach dem Glazial zu Verhältnissen, die über den rezenten gelegen haben, sind erneut
die Folge der sich ganzjährig weiter als rezent nach N ausdehnenden NITCZ-Position, die durch die Anhebung der Schneegrenze sowie des Zurückweichens der himalayischen Gletscher
und der damit verbundenen Abschwächung der NE-monsunalen Antizyklone sowie der Intensivierung des SW-monsunalen Hitzetiefs über dem tibetischen Hochland ermöglicht wurde. Wie
die Datierungen der Seespiegelanstiege E-afrikanischer Seen
und des Tschadsees belegen (siehe oben), ist auch im gleichen Zeitraum im benachbarten E- und N-Afrika diese N-wärtige Ausdehnung der NITCZ erfolgt. Da nun während dieser Phase
- im Gegensatz zu den letztglazialen ebenso wie den rezenten
Verhältnissen - erneut ganzjährig der Einfluß SW-monsunaler
Luftmassen den der NE-monsunalen überwog, hatte dies außerdem zur Folge, daß sich die räumliche Gliederung der hygroklimatischen Zonierung der Insel erneut interglazialen Verhältnissen angenähert und sich im SW der Insel die SW-monsunal geprägte Feuchtzone gegen die NE-monsunal geprägte Trokkenzone vorgeschoben hat.

Obwohl ausreichendes Datenmaterial über Klimaschwankungen im
Quartär vor dem Riß-Würm-Interglazial bisher nicht nur für
Sri Lanka und Indien, sondern auch für die Tropen insgesamt
nur sehr bedingt vorliegt, belegen die Ergebnisse der sedimentologischen und geomorphologischen Untersuchungen an den
Küsten der Insel, daß sich im Laufe des Quartär in Sri Lanka
vergleichbare Interglazial-Glazial-Interglazial-Klimaumbrüche zyklisch mindestens dreimal vor dem letzten bedeutenden
Klimaumschwung zwischen dem Riß-Würm-Interglazial über das
Würmglazial zum frühholozänen "Interglazial" wiederholt haben müssen (siehe Abb. 44). Da die Klimaschwankungen in den
wechselfeuchten Tropen S-Asiens durch dynamische Veränderungen der NITCZ-Position, die in Lage und Wanderungsbreite ihrerseits von der dynamischen Ausprägung und Intensität kli-

matischer Verhältnisse im Bereich des Himalaya und des tibetischen Hochlandes abhängt, gesteuert werden (siehe oben), sind auch für die klimatischen Umbrüche der älteren Interglazial-Glazial-Interglazial-Zyklen und der jeweiligen Veränderungen von Niederschlags- und Temperaturverhältnissen die Verschiebungen der NITCZ als unmittelbarer Steuerungsfaktor verantwortlich. Dies bedeutet aber auch, daß DERANIYAGALA's (1958) Annahme, die hygroklimatische Zonierung Sri Lankas sei erst unter den rezenten klimatischen Verhältnissen, d.h. im Laufe des "Colombo climate", geprägt worden, nicht zutreffen kann, sondern vielmehr davon auszugehen ist, daß bereits zu Beginn des Quartärs die hygroklimatische Zonierung der Insel bestanden haben muß und sich dann in Abhängigkeit der wiederholten Glazial- und Interglazialphasen räumlich dynamisch verändert hat.

Wie das allmähliche Austrocknen des Tschadsees (vgl. NICHOLSON et al., 1981) und das Absinken der Baumgrenze in Afrika und Indien auf ihr rezentes Höhenniveau, das um 3000 BP erreicht wird (vgl. FLENLEY, 1979), belegen, wurde die frühholozäne "Interglazial"-Phase, deren klimatische Verhältnisse über denen des rezenten Klimas lagen, um 5000 BP durch eine Phase abnehmender Niederschlags- und Temperaturverhältnisse abgelöst, die die Folge einer erneuten S-wärtigen Verlagerung der NITCZ-Position ist. Da jedoch für Sri Lanka und Indien seit ungefähr 3000 BP - mit Ausnahme kleinerer klimatischer Oszillationen - Niederschlags- und Temperaturverhältnisse anzunehmen sind, die wohl weitgehend denen des rezenten Klimas entsprechen (vgl. FLENLEY, 1979), ist von einer nur geringfügigen S-Verlagerung der SW- und NE-monsunalen NITCZ-Position und einer graduellen Annäherung an die durchschnittliche rezente NITCZ-Position auszugehen. Aus diesem Grunde ist auch anzunehmen, daß seit dem Zeitraum von ungefähr 3000 BP im wesentlichen - mit Ausnahme nur geringerer Veränderungen (siehe oben) - die räumliche Erstreckung der hygroklimatischen Zonen Sri Lankas in der Form bestanden haben muß, wie sie rezent gegeben ist (siehe Abb. 3).

Im Folgenden können nun die Ergebnisse der geomorphologisch-sedimentologischen Untersuchungen (siehe Kap. 5) mit diesen hier postulierten Zyklen der klimatischen Verhältnisse im Quartär wie der klimatischen Charakteristika der jeweiligen Glazial- und Interglazialphasen korreliert und zu einer klimageschichtlichen morphologisch-morphodynamischen Zeitreihe der Küstenentwicklung Sri Lankas im Quartär zusammengeführt werden (siehe Abb. 44).

6.2   Dynamik der marin-litoralen Steuerungsfaktoren

Am Anfang soll hier die Dynamik der marin-litoralen Steuerungsfaktoren und der durch sie geprägten Morphodynamik stehen, die sich an den Küsten Sri Lankas vor allem durch die ozeanweiten glazial-eustatischen Meeresspiegelschwankungen ausgewirkt hat und die neben den klimatischen Veränderungen der wiederholten Glazial- und Interglazialphasen den zweiten dominanten Einflußfaktor für Genese und Morphodynamik dieser Küsten im Quartär darstellt. Zwar wird Sri Lanka als eine tektonisch weitgehend stabile Insel angenommen (vgl. BREMER, 1981), jedoch sollen hier die altimetrischen Angaben fossiler Strandniveaus an anderen Küsten für die stratigraphische Zuordnung der verschiedenen fossilen Strandniveaus für die Küsten Sri Lankas und der unterschiedlichen Meeresspiegelhöhen im Quartär nur bedingt Anwendung finden. Da in RADTKE et al. (1987) bereits ausführlich auf die Problematik der altimetrischen Übertragung datierter Strandniveaus oft weitentfernter Küsten und generalisierter eustatischer Meeresspiegelschwankungskurven eingegangen wurde, kann an dieser Stelle auf eine erneute Erörterung und Diskussion dieser Problematik verzichtet werden.

Mit Ausnahme der Arbeiten von ADAM (1929), COATES (1935), DERANIYAGALA (1958), WADIA (1941a, 1941b und 1941c) und WAYLAND (1919), in denen zumindest teilweise sich verändernde quartäre Meeeresspiegelstände berücksichtigt werden, prägte die srilankische Küstenmorphologie bis in die zweite Hälfte dieses Jahrhunderts die Vorstellung eines nahezu konstanten oder kaum schwankenden quartären Meeresspiegels, um den sich die Insel gehoben und gesenkt hat, bis dann mit SWAN (1964) auch für die Küsten der Insel Sri Lanka das Konzept glazial-eustatischer Meeresspiegelschwankungen Eingang gefunden hat. Unter Verwendung der Arbeiten von FAIRBRIDGE (1961a), SHEPARD (1961 und 1964) und ZEUNER (1952) postuliert SWAN (1964) für die SW-Küste eine Vielzahl glazial-eustatischer Meeresspiegelschwankungen im Quartär, deren Meeresspiegelstände er altimetrisch mit den in FAIRBRIDGE (1961a) und ZEUNER (1952) angegebenen Daten korreliert und stratigraphisch einordnet. Danach sollen seit dem Beginn des Quartärs, in dem nach SWAN (1964) auch in Sri Lanka das von FAIRBRIDGE (1961a) ozeanweit postulierte Meeresspiegelniveau 100m über dem rezenten Meeresspiegel gelegen haben soll, an den Küsten der Insel die interglazialen Meeresspiegelhöchststände glazial-eustatischer Transgressionsphasen durch ein Absinken der Ozeanböden zu immer tiefer gelegenen interglazialen Meeresspiegelhöchstständen geführt haben (vgl. BAULIG, 1935 und ZEUNER, 1952). Für das Gesamtquartär seien nach SWAN (1964) insgesamt 13 glazial-eustatische Transgressionsphasen nachzuweisen, die durch acht fossile Strandniveaus mit Höhen zwischen 2ft (0.60m) und 260ft bis 330ft (79m bis 100m) sowie durch fünf "hanging valley"-Niveaus an der W- und SW-Abdachung des zentralen Berglandes in Höhen zwischen 370ft bis 430ft (112m bis 131m) und 1000ft bis 1200ft (304m bis 365m) belegt seien. Wie aber bereits WOLDSTEDT (1965) nachweist, können auch die Schmelzwässer der größten annehmbaren pleistozänen Eismassen auch bei höher gelegenen Meeresböden nicht zu einem Meeresspiegelanstieg von 100m führen, d.h. nicht das durch SWAN (1964) von FAIRBRIDGE (1961a) übernommene plio-pleistozäne Meeresniveau erreicht haben. Zudem ist das von BAULIG (1935) und ZEUNER (1952) postulierte gleichmäßige Absinken der Ozeanböden, wie es auf Grund ihrer eustatischen Meeresspiegelschwankungskurven zu vermuten ist, kaum wahrscheinlich. Außerdem sind von SWAN (1964) nur die unteren fossilen Strandniveaus bis in Höhen von durchschnittlich 6m über dem rezenten Meeresspiegel mit dem Nachweis eindeutig mariner Sedimente, d.h. Korallen- und Muschelbruch belegt, wohingegen er die höher gelegenen fossilen Strandniveaus aus unterschiedlichen Höhenlagen vorgelagerter Felsinseln und der Inselberge im Küstenhinterland zu rekonstruieren versucht, die die Niveaus fossiler Abrasionsplattformen darstellen sollen. Wie jedoch an anderer Stelle bereits diskutiert und nachgewiesen wurde (siehe Kap. 5.3.3 und Kap. 5.4.1), sind zum ersten die Höhenlagen der durch Wellentätigkeit erzeugten Abrasionsplattformen in keinem Falle für eine Rekonstruktion fossiler - wie auch rezenter - Meeresspiegelstände geeignet (vgl. DIETZ, R.S., 1963), und gehören zum zweiten die Inselberge des Küstentieflandes einem "Prärelief" an, das während des Quartärs in den klimatischen Umbruchphasen zwischen den Interglazialen und Glazialen wiederholt aus dem Hinterland von terrestrischen Sedimenten verschüttet und anschließend wieder freigelegt wurde (siehe Abb. 43 und 44 und Kap. 6.4). Auch die Höhenniveaus der Talböden der "hanging valleys", in denen nach Ergebnissen sedimentologischer Analysen mit Hilfe der statistischen Verfahren von BEAL, M.A. et al. (1956) und FRIEDMAN, G.M. (1961) Sedimente marinen Milieus nachzuweisen seien und die damit die Höhenlage ehemaliger Meeresspiegelstände im Quartär anzeigen sollen, gehören einer präquartären Reliefgeneration an und können deshalb nicht für die Rekonstruktion der quartären Transgressionsmeeresspiegelstände verwendet werden - zumal SWAN (1964) auch ohne den Nachweis einer angeblich marinen Sedimentfazies nach dem Prinzip der Formenkongruenz alle "hanging valleys" und "notches" im Hinterland der gesamten Küste zwischen Colombo und Tangalle in Höhen von bis zu 100m glazial-eustatischen Meeresspiegeltransgressionsphasen im Quartär zuordnet. Auf die unzulässige Anwendung der BEAL'schen (1956) und FRIEDMAN'schen (1961) Methodik ohne eine vorherige Eichung wurde bereits an anderer Stelle eingegangen (siehe Kap. 5.3.1). Zudem haben die Ergebnisse der eigenen geomorphologischen und sedimentologi-

schen Untersuchungen an der SW-Küste gezeigt, daß es keine
morphogenetische Beziehung zwischen Anlage wie Höhenniveau
der "hanging valleys" und Transgressionsmeeresspiegelständen
im Quartär gibt und geben kann. Nach SWAN (1964) sollen sich
die Flüsse an der W- und SW-Abdachung des zentralen Berglandes in den kristallinen Untergrund eingetieft haben, als der
Meeresspiegel während der jeweiligen Transgressionsphase die
Höhenlage der jeweiligen "hanging valleys"-Talböden erreicht
hatte. Jedoch fehlen in SWAN (1964) Angaben darüber, wie die
Fluß- und Bachläufe der häufig nur kurzen "hanging valleys",
die im Falle des "Rumaswalakanda Massif" im E der Bucht von
Galle nur eine Länge von 700m erreichen, während der feuchtwarmen Interglaziale und einem interglazialen tropischen Regenwald an den Talhängen (siehe ERDELEN et al., 1990) in der
Lage gewesen sein sollen, diese Tieferlegung und Talbildung
zu bewirken. Da die Meeresspiegelhochstände im Quartär mit
interglazialen, d.h. feuchteren klimatischen Verhältnissen
als während der Glaziale verbunden waren (siehe Abb. 42) und
damit klimamorphologische Verhältnisse gegeben waren, die in
abgeschwächter und modifizierter Form den rezenten Verwitterungs- und Abtragungsverhältnissen im feuchtzonalen SW der
Insel vergleichbar sind und unter denen den Fluß- und Bachläufen jegliche Tendenz zur Tiefenerosion in den kristallinen Untergrund fehlt, ist auch für die Interglazialphasen
des Quartärs eine derartige Tiefenerosion und Talbildungsphase auszuschließen. Demgegenüber belegen die geomorphologisch-sedimentologischen Ergebnisse aus den trockenzonalen
Küstensequenzen der SE-, E- und NE-Küste sehr eindeutig eine
Tieferlegung der Fluß- und Bachbettensohlen in den kristallinen Untergrund, die aber nicht während der Interglazial-,
sondern der Glazialphasen des Quartärs erfolgt ist (siehe
Kap. 6.3).

Da auch die von VERMAAT (1956) aus dem Hinterland der E-Küste von Batticaloa beschriebenen Muscheln im Tal der Gal Oya
in einer Höhe von 30m über dem rezenten Meeresspiegel keiner
marinen Spezies angehören und somit nicht zur Rekonstruktion

eines quartären Meeresspiegelstandes verwendet werden können (siehe Kap. 5.5.2), verbleiben an den Küsten Sri Lankas nur die fossilen Strand-, Lagunensediment- und Beachrockniveaus in Höhen von bis zu 5m bis 6m über dem rezenten Meeresspiegel als rezent erhaltene und eindeutig belegbare "marine Niveaus" zur altimetrischen sowie stratigraphischen Bestimmung und Einordnung glazial-eustatischer Meerestransgressionsphasen im Quartär (siehe Abb. 44).

Die an allen Küsten der Insel Sri Lanka mit marinen Sedimenten nachweisbare glazial-eustatische Transgressionsphase ist die postpleistozäne Meerestransgression nach dem letztglazialen Meeresspiegeltiefststand (siehe Abb. 42). Dieser Transgressionsphase, die nach BISWAS (1973), DAVIES, O. (1971) und EMERY et al. (1971) nach dem letztglazialen Meeresspiegeltiefststand um 12.000 BP eingesetzt und zu einem Meeresspiegelanstieg von durchschnittlich 3m über dem rezenten Meeresspiegel geführt hat, sind nicht nur die Bildung aller fossilen 3m-Strandniveaus, sondern auch die Formung der häufig sehr großen Nehrungshaken vor den Lagunen der W- (Lagunen von Puttalam, Chilaw und Negombo) (siehe Abb. 26 und 27) und E-Küste (Lagune von Batticaloa) (siehe Abb. 37) zuzuordnen. Im Bereich der Flachwasserküste im NW-Küste der Insel, wo mehrere kleine Fluß- und Bachläufe ohne Anbindung an das zentrale Bergland nach nur wenigen Kilometern Fließstrecke in den Golf von Mannar und die Palk Straße münden, ist dieser Transgressionsphase ein fossiles 3m-Deltaniveau zuzuordnen (siehe Abb. 25). Während dieser frühholozänen Transgressionsphase ist der Meeresspiegelhöchststand, dessen stratigraphische Einordnung durch die ^{14}C-Datierungen des fossilen Korallenriffes von Akurala (siehe Abb. 10.10) und von marinen Sedimenten, d.h. vor allem von Muscheln in rezent über dem Meeresspiegel liegenden Lagunensedimenten an der SW-Küste (Bucht von Weligama) (siehe Anhang 10.11) und an der S-Küste (Kalametiya Kalapuwa, siehe Kap. 5.4.1; "Hatagale Beds" der Karagan Lewaya, siehe Kap. 5.4.2) möglich ist, im Zeitraum zwischen 6200 BP und 5100 BP erreicht worden (siehe

Abb. 42). Demgegenüber sind die Veränderungen der klimatischen Verhältnisse zwischen dem Letztglazial und Postglazial den Veränderungen des Meeresspiegels zeitlich vorausgeeilt (siehe Kap. 6.1): Nach FLOHN (1981) ist das letztglaziale klimatische Maximum mit 18.000 BP bis 14.000 BP anzusetzen, und haben sich anschließend die klimatischen Verhältnisse sehr rasch zu den postglazialen klimatischen Verhältnissen verändert, die nach v. CAMPO (1986) und HILLAIRE-MARCEL, C. et al. (1986) bereits um 10.000 BP ihr postglaziales klimatisches Maximum erreicht haben. Dieser "time-lag" zwischen den Veränderungen des Meeresspiegels und den klimatischen Verhältnisse nach dem Letztglazial läßt sich nur dadurch erklären, daß erst mit zeitlicher Verzögerung zum Zurückweichen der himalayischen Gletscher das Zurückweichen und Abschmelzen der Eismassen und Gletscher an den Polkappen und in den N-licheren Breiten eingesetzt hat (vgl. FAIRBRIDGE, 1961b) und sich somit äquatornah bereits klimatische Veränderungen vollziehen konnten, bevor dann das Abschmelzen der äquatorferneren N-licheren Eismassen und Gletscher den ozeanweiten glazialeustatischen Meeresspiegelanstieg bewirkt hat.

Nach einer Regressionsphase, die im Zeitraum zwischen 4000 BP und 5000 BP der frühholozänen 3m-Transgressionsphase gefolgt ist, setzte eine zweite postpleistozäne glazial-eustatische Transgressionsphase ein, die zu einem Meeresspiegelanstieg von durchschnittlich 1m über das rezente Meeresspiegelniveau geführt hat. Diese Transgressionsphase, die an allen Küsten der Insel durch die fossilen 1m bis 1.50m Strandniveaus nachweisbar ist, läßt sich stratigraphisch zum einen durch Beachrockvorkommen, die an nahezu allen Küsten das 1m bis 1.50m Strandniveau in einer durchschnittlichen Höhe von 0.30m bis 0.50m über dem rezenten Meeresspiegel unterlagern und deren ^{14}C-Alter nach ^{14}C-Datierungen derartiger Beachrockvorkommen an den Küsten von Negombo (siehe Abb. 27) und Hikkaduwa (siehe Abb. 31) zwischen ^{14}C 3640 BP und 2500 BP liegt, und zum zweiten durch fossile Lagunensedimentniveaus an der NW-Küste im Bereich der Insel Mannar (siehe Abb. 25) sowie der W-Küste im Bereich der Lagune von Puttalam (siehe Abb. 26) mit einem durchschnittlichen ^{14}C-Alter von 2600 BP bis 2700 BP einordnen und ist im Zeitraum zwischen 3600 BP und 2300 BP erfolgt.

Nach einer anschließenden Regressionsphase (siehe unten) hat um 1800 BP eine erneute Transgressionsphase eingesetzt, die mit scheinbar nur gering oszillierenden Meeresspiegelveränderungen bis in die Gegenwart anhält, jedoch von keinen bedeutsamen, d.h. derzeit für alle Küsten der Insel Sri Lanka sedimentologisch nachweisbaren Regressionsphasen unterbrochen wurde. Mit dieser jüngsten Meeresspiegelanstiegsphase, die überwiegend nur zu einer Überformung des Küstenreliefs geführt hat, können als eindeutig belegbare Strandsedimentniveaus nur die Formung des rezenten Strandwallsaumes in den Flachwasserbereichen an der NW-Küste (siehe Abb. 25) und die Strandsedimentakkumulationen vornehmlich an den Spitzen der Nehrungshaken der Lagunen der W- (Lagunen von Puttalam, Chilaw und Negombo) (siehe Abb. 26 und 27) und E-Küste (Lagune von Batticaloa) (siehe Abb. 37) korreliert werden. Vielmehr läßt sich diese Transgressionsphase durch ein generelles Zurückweichen der Strandlinie belegen. So berichtet das srilankische Heldenepos "Mahavamsa" aus dem 6. Jahrhundert von allen Küsten der Insel Sri Lanka über "große Zerstörungen durch das Meer" und Überflutungen von einigen küstennahen Tieflandsbereichen, wie z.B. des Mujurathja Wela im S der Lagune von Negombo (siehe Kap. 5.2.2) (vgl. BROHIER, 1950 und 1951), was auf einen Meeresspiegelanstieg hindeutet. Da jedoch rezent Teile des Mujurathja Wela wieder über dem Meeresspiegel liegen, müssen anschließende Meeresspiegeloszillationen wiederum zu einer - wenn auch nur geringfügigen - Absenkung des Meeresspiegels geführt haben. Seit dem Jahre 1900 steigt der Meeresspiegel nach den Pegelaufzeichnungen des Hafens Colombo um durchschnittlich 25cm, d.h. innerhalb der letzten 85 Jahre um durchschnittlich 3mm/a (vgl. COAST CONSERVATION DEPARTMENT, 1986) und hat sich an fast allen

Küsten der Insel Sri Lanka vor allem durch eine allgemeine positive Strandverschiebung ausgezeichnet (siehe Abb. 24), die jedoch durch zunehmend intensivere anthropogene Eingriffe in die Steuerungsfaktoren der rezenten Küstenmorphodynamik teilweise überprägt wird (siehe Kap. 3.3).

Nur für die W-Küste im Bereich von Negombo (siehe Abb. 27), die SW-Küste im Bereich von Colombo (siehe Abb. 29) und Matara (siehe Abb. 32) und die NE-Küste im Bereich von Nilaveli (siehe Abb. 40) können fossile Strandniveaus nachgewiesen werden, die sich landeinwärts des fossilen 3m-Strandniveaus in einer Höhe von durchschnittlich 5m bis 6m über dem rezenten Meeeresspiegel erheben und dementsprechend einer glazial-eustatischen Meeresstransgressionsphase zugeordnet werden müssen, die nicht nur älter als die frühholozäne Transgression sein muß, sondern auch ein höheres Meeresspiegelniveau als die postpleistozäne Transgressionsphase erreicht haben muß. Mit diesem glazial-eustatischen Meeeresspiegelhöchststand können an der Flachwasserküste im NW der Insel ein fossiles 5m-Deltaniveau (siehe Abb. 25) und im Bereich der W-Küste am E-Ufer der Lagune von Puttalam ein fossiles 5m-Alluvialniveau (siehe Anhang 10.8) korreliert werden. Da Datierungen dieses Strandniveaus bisher fehlen, das von SWAN (1964) sehr allgemein einem "riß-würm-interglazialen Meeresspiegelhochstand" zugeordnet wird und vermutlich der Phase 5 nach SHACKLETON et al. (1973) entspricht, soll dieses fossile Strandniveau vereinfacht dem Meeresspiegelhöchststand einer jungpleistozänen glazial-eustatischen Transgressionsphase zugeordnet werden, die um 125.000 BP ihren Meeresspiegelhöchststand erreicht hat.

Zwar liegen keine marin-sedimentologischen Belege noch höher anzusetzender und/oder älterer, d.h. vereinfacht mittel- bis altpleistozäner glazial-eustatischer Transgressionsphasen an den Küsten Sri Lankas vor, jedoch belegen eine Reihe terrestrischer Sedimentkörper sowohl an der Küste wie im Küstenhinterland auf indirektem Wege derartige interglaziale Meeresspiegelanstiegsphasen. Wie an anderer Stelle bereits aufgezeigt (siehe Kap. 5.2.3, 5.3.1 und Abb. 30), ist im Quartär die Umlagerung terrestrischer Sedimente aus dem zentralen Hochland und dem Küstenhinterland an die Küste sowie die Bildung von Sediment- und Terrassenkörpern nur in Verbindung mit einem signifikanten Umbruch interglazialer klimatischer Verhältnisse zu glazialen klimatischen Verhältnissen erklärbar, der sich aber erst zeitlich verzögert nach dem Einsetzen der jeweiligen Meeresspiegelregressionsphase vollzogen hat - wie dies für den Letztinterglazial-Glazial-Postglazial-Zyklus belegt werden kann (siehe Abb. 42). Dies bedeutet aber auch, daß die Aufbereitung dieser Sedimente nur im Laufe eines jeweilig vorangegangenen Interglazials stattfinden konnte, das nach den Ergebnissen aus dem Jung- und Postpleistozän (siehe oben) mit einem interglazialen Meeresspiegelhochstand korreliert werden muß. Danach zeugen im Hinterland und an der Küste der W-Küste (siehe Abb. 26 und 27) und im Hinterland der SW-Küste (siehe Abb. 29, 30 und 31) die Sedimentkörper der "Malwane Formation" und "Ja-Ela-Sande" sowie die Pisolithdecken auf der einen Seite und die Sedimentkörper der "Erunwela Gravels" und "Kalladi Gravels" auf der anderen Seite, die rezent alle in sehr unterschiedlichen Höhen über bzw. unter dem rezenten Meeresspiegel liegen, von diesen mittel- bis altpleitozänen glazial-eustatischen Transgressionsphasen, können aber nicht zu einer altimetrischen Rekonstruktion des jeweiligen interglazialen Meeresspiegelniveaus verwendet werden, da die Akkumulation dieser Sedimente jeweils erst erfolgt ist, als während der jeweils beginnenden Regressionsphase das jeweilige Meeresspiegelniveau bereits unter das Niveau des vorangegangenen interglazialen Meeresspiegelhöchststandes abgesunken war (siehe Kap. 6.3 und Abb. 44). Da die Sedimentkörper der "Malwane Formation" und "Ja-Ela-Sande" sowie die Pisolithdecken gemäß ihrer morphologischen Position jünger als die "Erunwela Gravels" und "Kalladi Gravels" sein müssen, sollen sie einer mittelpleistozänen Transgressionsphase zugeordnet werden. Dementsprechend können dann die Sedimentkörper der "Erunwela Gravels" und "Kalladi Gravels" mit einer älteren, d.h. altpleistozänen glazial-eustatischen Transgressionsphase korreliert werden. Den Sedimentkörpern der "Erunwela Gravels" und "Kalladi Gravels" der W-Küste entsprechen an der S-Küste die Decken kaum gerundeter Quarzschotter, die im Küstenhinterland dem kristallinen Untergrund aufliegen (siehe Abb. 34). Daß diese Quarzschotter auch in den Unterläufen der Flußtäler zu beobachten sind, wo sie unter der Alluvialdecke und groben Sanden ebenfalls dem kristallinen Untergrund aufsitzen (siehe Anhang 10.13), deutet auf eine anschließende Umlagerung der Sedimente im Laufe der weiteren Regressionsphase hin.

Aus dem Bereich der SW-Küste und ihrem Hinterland fehlen Sedimente, die mit den altpleistozänen Sedimentkörpern der W- und S-Küste korreliert werden können und auf einen altpleistozänen Meeresspiegelhöchststand hinweisen. Jedoch belegen umgelagerte kaolinitische Sedimente, die z.B. im Bereich des Nehrungshakens der Lagune von Negombo unter den mittelpleistozänen "Ja-Ela-Sanden" (siehe Kap. 5.2.2) und im Bereich des "Beira Lake" an der Küste von Colombo unter jüngeren lagunären wie marinen Sedimenten (siehe Anhang 10.9) dem kristallinen Untergrund aufsitzen und die auf Grund ihrer sedimentmorphologischen Position mit der altpleistozänen glazialen Umlagerungs- und Zerschneidungsphase der "Erunwela Gravels" und "Kalladi Gravels" der W-Küste und der Quarzschotter im Hinterland der S-Küste korreliert werden müssen, eine altpleistozäne Regressionsphase, der dementsprechend auch an der SW-Küste eine altpleistozäne Transgressionsphase vorausgegangen sein muß, für die jedoch rezent über dem Meeresspiegel erhaltene Sedimente fehlen. Dies ist auch insofern verständlich, als die jung- und mittelpleistozänen Sedimentkörper der tiefer gelegenen "Ranale Formation" und der höher gelegenen "Malwane Formation" (siehe Abb. 30) nur noch als Erosionsreste erhalten sind, und deshalb altpleistozäne Sedimente sicherlich zum einen unter den subaerischen Verwitterungsbedingungen der Feuchtzone, deren hygroklimatische Verhältnisse sich nicht nur rezent, sondern auch während der wiederholten Interglazial- wie Glazialphasen gegenüber der Trockenzone durch wesentlich humidere Verhältnisse auszeichnen (siehe Kap. 6.1), verwittert sind - im Gegensatz hierzu scheinen auf Grund der insgesamt arideren hygroklimatischen Bedingungen während des gesamten Quartärs in der Trockenzone wie der ariden Zone Sedimente, d.h. sowohl die Quarzschotter im Hinterland der S-Küste sowie die "Erunwela Gravels" und "Kalladi Gravels" der W-Küste keine weitere wesentliche Verwitterung und Überformung erfahren zu haben - und/oder zum zweiten während der wiederholten jüngeren terrestrischen Sedimentumlagerungsphasen und/oder der wiederholten jüngeren Transgressionsphasen abgetragen worden sind (siehe Abb. 44). Als Liefergebiet dieser umgelagerten kaolinitischen Sedimente kommt sicherlich nur das "Lowland" des Küstenhinterlandes in Frage, wo rezent nur noch in wenigen und besonders abtragungsgeschützten Positionen wie im Hinterland der Küste von Colombo (siehe Abb. 29) und Mitiyagoda (siehe Kap. 5.3.2 und Anhang 10.10) bis zu 15m mächtige kaolinitische in-situ-Verwitterungsmassen (vgl. HERATH, J.W., 1975) erhalten sind. Da diese kaolinitischen Verwitterungsmassen, die nur wenige Meter über dem rezenten Meeresspiegel unter einer geringmächtigen holozänen Alluvialdecke liegen, während der mehrfachen nachfolgenden Meerestrans- und Meeresregressionsphasen sowie der terrestrischen Prozeßmorphodynamik im Quartär nicht nur überformt, sondern gekappt und abgetragen worden sind, ist ihre Höhenlage nicht zur Rekonstruktion des Paläomeeresspiegelniveaus geeignet. Auf der anderen Seite stellen diese kaolinitischen Verwitterungsmassen jedoch eine bedeutende morphologische Zeitmarke dar, da ihre Genese zumindest ins Ältestpleistozän, auf Grund ihrer Mächtigkeit jedoch eher ins Tertiär zu stellen ist (siehe Kap. 6.3).

Somit sind für die Küsten der Insel Sri Lanka interglaziale glazial-eustatische Meeresspiegelhöchststände für das Pleistozän belegt, wie sie von BATCHELOR (1979), HAILE (1971), RADTKE et al. (1987) und VERSTAPPEN (1980) auch für die Küsten SE-Asiens postuliert werden, wo die interglazialen Meeresspiegelhochstände ebenfalls nur wenige Meter über dem rezenten Meeresspiegelniveau gelegen haben sollen.

Die interglazialen glazial-eustatischen Transgressionsphasen sind von den glazialen glazial-eustatischen Regressionsphasen unterbrochen worden, die nach SWAN (1964) zu einer maximalen Meeresspiegelabsenkung von 90m unter das rezente Meeresspiegelniveau geführt haben sollen. Da sich SWAN (1964) nur auf vorhandenes Seekartenmaterial stützen kann, setzt er die Niveaus glazialer Meeresspiegeltiefststände jeweils dort an, wo sich die Neigungs- und Reliefverhältnisse der Schelfoberfläche signifikant ändern, Beachrockriffe die Küste säumen oder sich die kristalline Schelfbasis in Form langgezogener Riffe oder einzelstehender Erhebungen, die er als marine Abrasionsniveaus in Phasen tiefer gelegener Meeresspiegelstände deutet, über das generelle Schelfoberflächenniveau erhebt. Wie jedoch für Schelfabschnitte vor der SW-, S- und NE-Küste nachgewiesen werden kann (siehe Anhang 10.9, 10.12, 10.14 und Abb. 39), sind diese kristallinen "Riffstrukturen" Teil eines Inselbergreliefs, das zum einen über die gesamte Breite des Schelf bis an den Kontinentalabhang die Schelfbasis bildet und dem ein dreifach gegliederter Sedimentkörper aufsitzt (siehe unten), der vor allem in Küstennähe an mehreren Stellen von Teilen dieses Inselbergreliefs durchstoßen wird (vgl. COAST CONSERVATION DEPARTMENT, 1986; SARATCHANDRA, M.J. et al., 1986; WIJEYANANDA, N.P. et al., 1986), und zum zweiten in einem nur geringen Reliefanstieg nahezu übergangslos in das über den rezenten Meeresspiegel aufragende Inselbergrelief des "Lowland" im angrenzenden Küstenhinterland, das morphographisch-morphologisch dem Inselbergrelief der Schelfbasen entspricht, übergeht, bis dann an der Abdachung des zentralen Berglandes der Anstieg zum "Midland" erfolgt. Nur im Schelfbereich vor der NW- und N-Küste zwischen Puttalam und Andankulam dacht der kristalline Untergrund aus dem Hinterland dieser Küsten gegen das Grabenbruchsystem der Palk Straße unter die miozänen Kalke des "Jaffna Limestone" ab, denen die jüngeren Quartärsedimente aufsitzen (siehe Anlage 10.7 und 10.8). Das zweifelsfrei subaerisch geformte Inselbergrelief an den Schelfbasen vor der SW-, S- und NE-Küste ist sicherlich im Laufe der quartären Meeresspiegelschwankungen teilweise überformt worden, jedoch ist es in keinem Falle erst während des Quartärs im SWAN'schen (1964) Sinne angelegt worden, wie dies auch die morphologisch-sedimentologische Position der Terrassensedimente von "Malwane Formation" und "Ranale Formation" belegt. Wie bereits an anderer Stelle belegt (siehe Kap. 6.1), besteht zwischen den "Umkehrzeitpunkten" der klimatischen Verhältnisse und des Meeresspiegelniveaus nicht nur im Übergang von einem Glazial zu einem Interglazial, sondern auch ebenso im Übergang von einem Interglazial zu einem Glazial ein "time lag" (siehe Abb. 42), da die dynamischen Veränderungen der Steuerungsfaktoren für Veränderungen des Meeresspiegelniveaus auf der einen Seite und der klimatischen Verhältnisse auf der anderen Seite nur zeitlich verzögert erfolgen können. Dies bedeutet, daß im Übergang von einem Interglazial zum nachfolgenden Glazial die klimatischen Veränderungen, d.h. die Absenkung von Baum- und Schneegrenze erst zeitlich verzögert und dann erfolgt ist, als die jeweilige glazial-eustatische Meeresregressionsphase bereits eingesetzt hat und der Meeresspiegel bereits unter dem Niveau des vorangegangen Interglazials gelegen hat (vgl. BISWAS, 1973; DAVIES, O., 1971; EMERY et al., 1971), da eine glazial-eustatische Meeresspiegelabsenkung das Anwachsen der Eismassen und Gletscher an den Polen und in den N-licheren Breiten erforderlich macht. So sind die Sedimente der "Malwane Formation" und "Ranale Formation", die rezent nur noch als Erosionsreste auf den höchstgelegenen Inselbergen des Hinterlandes der SW-Küste bei Colombo erhalten sind (siehe Kap. 5.3.1 und Abb. 30), fluviatil aus dem zentralen Bergland in das Inselbergrelief des "Lowland" umverlagert worden, nachdem die jeweilige glazial-eustatische Regressionsphase bereits eingesetzt und sich mit einem "time lag" im Zuge der signifikanten klimatischen Veränderungen auch die terrestrische Prozeßmorphodynamik verändert hatte. Anschließend sind diese Sedimente zumindest teilweise wieder aus dem Inselbergrelief des "Lowland" ausgeräumt und im Laufe der weiteren glazial-eustatischen Meeressspiegelabsenkung der jeweiligen Regressionsphase auf den zunehmend trockenfallenden oder bereits trockengefallenen Schelf umgelagert worden, wo sie dann dessen bereits bestehendes Inselbergrelief verschüttet haben (siehe Kap. 6.4). Somit hat im Übergang von einem Interglazial zu einem Glazial auf Grund des sich verändernden Meeresspiegelniveaus und der sich verändernden klimatischen Verhältnisse eine "Sedimentumverlagerung" stattgefunden (siehe Abb. 43), die zu einer weitgehenden Plombierung des kristallinen Schelfinselbergreliefs geführt hat. Aus diesem Grund kann auch dem Postulat KUHLE's (1985 und 1987), die global nachzuweisenden Kaltzeiten des Quartärs seien durch das jeweilige Vorrücken der himalayischen Gletscher ausgelöst worden, nicht zugestimmt werden, da dann die klimatischen Veränderungen den glazial-eustatischen Meeresspiegelschwankungen vorausgeeilt sein müßten. Dem widersprechen jedoch die morphologisch-sedimentologischen Befunde aus den Schelfen vor der SW-, S- und NE-Küste, wo die Basis der bis zu 10m mächtigen und überwiegend terrigenen Sedimente über dem Schelfbaseninselbergrelief (vgl. COAST CONSERVATION DEPARTMENT, 1986; SARATCHANDRA, M.J. et al., 1986; WIJEYANANDA, N.P. et al., 1986) bis zu 70m unter dem rezenten Meeresspiegel liegt (siehe Anhang 10.9, 10.12 und 10.14) und diese Sedimente in keinem Falle während interglazialer Meeresspiegelhochstände abgelagert worden sein können. Auch die bis zu 15m mächtigen kaolinitischen Verwitterungsmassen im Hinterland der SW-Küste bei Colombo (siehe Abb. 29) und Mitiyagoda (siehe Anhang 10.10), deren Basen in gleicher Höhenlage wie die Oberfläche des kristallinen Untergrundes in den Talsystemen der unmittelbar benachbarten und größten wie wasserreichsten Flüsse im SW der Insel liegen, belegen, daß während der glazialen Meeresspiegeltiefstände keine Neuanlage von Flächenniveaus erfolgen konnte, wie dies auch von BREMER (1981) angenommen wird. Da die Bildung eines Inselbergreliefs ausschließlich unter subaerischen Formungsbedingungen möglich ist und nach

BREMER (1981) für die Ausformung eines Flächenniveaus mit darüber aufragenden Inselbergen ein Zeitraum von mindestens zwei bis drei Millionen Jahren erforderlich ist, kann die Genese dieses Schelfinselbergreliefs nur präquartär erfolgt sein. Mehrere Ergebnisse vergleichbarer Untersuchungen aus dem Sundaschelf (vgl. BATCHLOR, 1979) machen auch für das Inselbergrelief des Schelfs von Sri Lanka ein spätmiozänes Alter wahrscheinlich, als mit dem ausgehenden Miozän ozeanweit eine überaus signifikante und langanhaltende Meeresspiegelabsenkung erfolgte und die Schelfe aller Küsten für einen langen Zeitraum subaerischen Formungsbedingungen ausgesetzt waren (vgl. DINGLE, 1971; JONES, H.A. et al., 1975; JORDAN, G.F. et al., 1964; SHIDELER, G.L. et al., 1972). Zusammenfassend bedeutet dies, daß zum ersten die Prägung und Formung des kristallinen Inselbergreliefs im "Lowland", d.h. der Küste wie des Küstenhinterlandes, und des vorgelagerten Schelfs bereits zu Beginn des Quartär weitgehend in der Form bestanden haben muß, wie es auch rezent vorliegt, zum zweiten im Quartär eine nur geringe Überformung des Schelfinselbergreliefs während der verschiedenen glazial-eustatischen Trans- und Regressionsphasen erfolgt ist, und zum dritten die dem Schelfbaseninselbergrelief aufsitzenden Sedimente als Quartärsedimente einzuordnen sind. Da dieses Schelfbaseninselbergrelief in vergleichbarer Form und Ausprägung für alle Schelfabschnitte, die im Bereich der Kristallinserien von "Vijayan Series" und "Higland Series" liegen (siehe Abb. 5), anzunehmen ist, erhebt sich zusätzlich die Frage, auf die jedoch an dieser Stelle nicht weiter eingegangen werden soll, ob sich die Annahme SOMMERVILLE's (1908), es gäbe neben den drei bekannten morphographischen Reliefniveaus von "Lowland, "Midland" und "Upland", die über dem rezenten Meeresspiegel liegen (siehe Kap. 2.2), ein viertes subaerisch geformtes Reliefniveau, das unter dem rezenten Meeresspiegel liegt, bestätigt oder ob das Reliefniveau des "Lowland" bzw. der "jüngsten Fläche" von BREMER (1981) mit dem Schelfbaseninselbergrelief zusammengefaßt und stratigraphisch gleichgestellt werden muß. In jedem Falle stellt der Schelf vor der

NW- und N-Küste zwischen Puttalam und Andankulam eine Ausnahme dar, da hier der kristalline Untergrund aus dem Hinterland dieser Küsten unter die miozänen Kalken des "Jaffna Limestone", denen die Quartärsedimente aufsitzen, gegen das Grabenbruchsystem der Palk Straße abdacht (siehe Anlage 10.7 und 10.8).

Auf Grund der sedimentstratigraphischen Differenzierung der durchschnittlich 10m mächtigen und jeweils dreifach gegliederten Sedimentkörper über dem kristallinen Schelfbaseninselbergrelief des Schelfs vor der SW-, S- und NE-Küste (siehe Anhang 10.9, 10.12, 10.14 und Abb. 39) muß der liegende, dem kristallinen Untergrund aufsitzende Sedimentkörper mit den glazial-eustatischen Regressionsphasen des Alt- und Mittelpleistozäns korelliert werden, in denen der Meeresspiegel um mindestens 70m unter das rezente Meeresspiegelniveau abgesunken war, wie dies die Basis dieses terrestrischen Sedimentkörpers belegt (siehe Abb. 44). Als korrelate, über dem rezenten Meeresspiegelniveau in Form noch erhaltener terrestrischer Sedimentkörper entsprechen diese Sedimente den altpleistozänen "Erunwela Gravels" und "Kalladi Gravels" im Hinterland der W-Küste (siehe Abb. 26 und 27) und im Hinterland der S-Küste die Quarzschotterdecken über dem kristallinen Untergrund (siehe Abb. 34) auf der einen Seite und die mittelpleistozänen Sedimente der "Malwane Formation" (siehe Abb. 30) auf der anderen Seite, die im Zuge des alt- bzw. mittelpleistozänen interglazial- glazialen Klimaumbruchs nach dem bereits erfolgten Einsetzen der jeweiligen glazial-eustatischen Regressionsphase in das Küstenhinterland umgelagert worden sind. Von dort sind diese Sedimente während der weiter fortschreitenden Meeresspiegelabsenkung unter den kühl-ariden klimatischen Verhältnissen des jeweiligen Glazials (siehe Kap. 6.1 und Abb. 42) weitgehend wieder ausgeräumt und gegen die sich zunehmend schelfwärts vorrückende Küste umverlagert worden, so daß sie das trockengefallene Schelfbaseninselbergrelief verschüttet haben. Im Hinterland dieser glazialen Küstenlinien blieben als rezent noch nachweisbare Sedimente nach der altpleistozänen glazial-eustatischen Regressionsphase im Hinterland der W-Küste die Erosionsreste der zerschnittenen "Erunwela Gravels" und "Kalladi Gravels" (siehe Abb. 26 und 27), an der Küste von Negombo und Colombo die kaolinitischen Sande über der kristallinen Basis unter dem Nehrungshaken der Lagune von Negombo (siehe Kap. 5.2.2) und des "Beira Lake" im Hinterland der Küste von Colombo (siehe Anhang 10.9), sowie im Bereich der W- (siehe Abb. 28) und S-Küste (siehe Anhang 10.13) die Quarzschotterdecken über dem kristallinen Untergrund der Flußunterläufe und nach der mittelpleistozänen glazial-eustatischen Regressionsphase die zerschnittenen Sedimentkörper der "Malwane Formation" im Hinterland der Küste von Colombo (siehe Abb. 30) und die "Ja-Ela-Sande" im Bereich der Lagune von Negombo (siehe Kap. 5.2.2) erhalten.

Die kühl-ariden klimatischen Verhältnisse der mittelpleistozänen glazial-eustatischen Regressionsphase waren während des Meeresspiegeltiefststandes nicht nur mit einer oberflächigen Verhärtung des dem Schelfbaseninselbergrelief aufliegenden Sedimentkörpers sowie der Verkrustung der an allen Küsten im Bereich der Trockenzone und ariden Zone nachweisbaren Pisolithdecken verbunden, sondern führten auch zu einer äolischen Umverlagerung von Feinsediment, das aus dem liegenden Schelfsedimentkörper ausgeweht und als "Red-Earth-Formation" über den Pisolithdecken der NW- (siehe Abb. 25), W- (siehe 26 und 28), S- (siehe Kap. 5.4.2) und NE-Küste (siehe Kap. 5.6.2) abgelagert worden ist. Da sowohl die verkrusteten Pisolithdecken sowie die Sedimente der "Red-Earth-Formation" im Bereich der SW-Küste, d.h. der Feuchtzone fehlen, deutet dies darauf hin, daß bereits im Alt- und Mittelpleistozän die hygroklimatische Zonierung der Insel Sri Lanka in der Form bestanden haben muß, wie sie rezent zu beobachten ist (siehe Abb. 3), daß jedoch der SW der Insel auch während der Glaziale feuchter als die Trockenzone und aride Zone gewesen sein muß (siehe Kap. 6.1).

Im Zuge der anschließenden jungpleistozänen glazial-eustatischen Transgressionsphase, die zur Bildung der fossilen 5m- bis 6m-Strandniveaus geführt hat, ist sicherlich eine Überformung des liegenden Sedimentkörpers erfolgt, hat jedoch nur in Küstennähe ein bedeutsamer terrestrischer Sedimenteintrag stattgefunden. Aus diesem Grunde kann der mittlere Sedimentkörper über dem Schelfbaseninselbergrelief, der sich wie der liegende auch über die gesamte Schelfbreite vor der SW-, S- und NE-Küste (siehe Anhang 10.9, 10.12, 10.14 und Abb. 39) erstreckt, der glazial-eustatischen Regressionsphase zugeordnet werden, die der jungpleistozänen glazial-eustatischen Transgressionsphase gefolgt ist. Wie während der alt- und mittelpleistozänen Regressionsphasen werden aus dem Hinterland fluviatil umgelagerte Sedimente im Küstenhinterland akkumuliert und anschließend unter den kühl-ariden klimatischen Verhältnissen des Glazials gegen die sich weiter schelfwärts vorrückende Küste umverlagert, wo sie über den liegenden Schelfsedimentkörper des Alt- und Mittelpleistozäns zur Ablagerung kommen. Als korrelate, in allen Flußtälern der Insel nachweisbare Sedimente entsprechen diesem mittleren Schelfsedimentkörper die Grobsandsedimentkörper, deren Erosionsreste im Hinterland der SW-Küste bei Colombo als "Ranale Formation" bezeichnet werden (siehe Abb. 30). Da die Basis dieses mittleren Schelfsedimentkörpers bis an den Kontinentalabhang über die gesamte Schelfbreite mindestens 70m unter dem rezenten Meeresspiegelniveau liegt, muß auch während dieser jungpleistozänen glazial-eustatischen Regressionsphase der Meeresspiegeltiefststand, der um 12.000 BP errreicht wird (siehe Abb. 42), mindestens 70m unter dem rezenten Meeresspiegelniveau gelegen haben. Berücksichtigt man den von FAIRBRIDGE (1961) postulierten glazial-eustatischen Meeresspiegelabsenkungswert von 10m pro 1°C Temperaturabsenkung, so korreliert die jungpleistozäne Meeresspiegelabsenkung sehr deutlich mit der für das Letztglazial von GATES (1976a und 1976b) postulierten Temperaturabsenkung um 6°C (siehe Kap. 6.1).

Während der nachfolgenden postpleistozän-frühholozänen glazial-eustatischen Transgressionsphase, die durch das fossile 3m-Strandniveau belegt ist (siehe Abb. 44), ist der mittlere Schelfsedimentkörper sicherlich teilweise überformt und von einem marinen Sedimentkörper überlagert worden, da die jüngeren Regressionsphasen durch wesentlich geringere Meeresspiegelabsenkungen gekennzeichnet waren. Dieser postpleistozäne Meeresspiegelanstieg wurde um 4000 BP bis 5000 BP von einer weiteren Regressionsphase gefolgt, während nach VERSTAPPEN (1987) der Meeresspiegel um mindestens 5m unter das rezente Meeresspiegelniveau abgesunken ist. Sollten jedoch die fossilen Korallensedimente an der Basis des rezenten Saumriffs von Hikkaduwa stratigraphisch dem Korallenriff von Akurala entsprechen - was aufgrund ihrer morphologischen Position anzunehmen ist (siehe Abb. 31 und Anhang 10.10) -, muß sogar von einer Meeresspiegelabsenkung um 8m bis 10m unter das rezente Meeresspiegelniveau ausgegangen werden. Die Beachrockvorkommen, die in vergleichbaren Wassertiefen nahezu alle Küsten der Insel bänderartig säumen, erhärten diese Vermutung. Da mit dieser Regressionsphase die Schüttung und Anlage des oberen Alluvialdeckenniveaus im Hinterland aller Küsten der Insel erfolgte (siehe Abb. 44), muß auch diese Meeresspiegelabsenkungsphase mit einer klimatischen Veränderung verbunden gewesen sein.

Nach einer erneuten Transgressionsphase, die zu einem Meeresspiegelanstieg von durchschnittlich 1m über das rezente Meeresspiegelniveau geführt hat, setzte nach ^{14}C-Datierungen fossiler Lagunensedimente im Bereich der Lagune von Puttalam (siehe Abb. 26) um 1800 BP eine erneute Regressionsphase ein (siehe Abb. 44). Zwar fehlen bisher eindeutige Belege dafür, wie weit der Meeresspiegel unter sein rezentes Niveau abgesunken ist, jedoch kann angenommen werden, daß das vor nahezu allen Küsten der Insel nachweisbare Beachrockniveau, das durchschnittlich 1.50m unter dem rezenten Meeresspiegelniveau liegt, den Meeresspiegeltiefstand dieser Regressionsphase anzeigt. Im Küstenhinterland entspricht dieser Meeresspiegelabsenkungsphase die Anlage des unteren Alluvialdekkenniveaus.

Sicherlich ist zwischen der Transgressionsphase, die durch das srilankische Heldenepos "Mahavamsa" aus dem 6. Jahrhundert von allen Küsten der Insel Sri Lanka belegt ist und zu "großen Zerstörungen durch das Meer" und Überflutungen von einigen küstennahen Tieflandsbereichen, wie z.B. des Mujurathja Wela im S der Lagune von Negombo (siehe Kap. 5.2.2) (vgl. BROHIER, 1950 und 1951) geführt hat (siehe oben), und dem mit den Pegelaufzeichnungen des Hafen Colombo seit dem Jahre 1900 nachweisbaren rezenten Meeresspiegelanstieg von durchschnittlich 25cm, d.h. innerhalb der letzten 85 Jahre um durchschnittlich 3mm/a (vgl. COAST CONSERVATION DEPARTMENT, 1986), zumindest eine weitere Meeresspiegelabsenkung erfolgt, die jedoch nur zu einer geringfügigen Meeresspiegelabsenkung, wie dies das ebenfalls an nahezu allen Küsten belegbare Beachrockniveau in 0.50m unter dem rezenten Meeresspiegel andeutet, und einer negativen Strandverschiebung im Dekameterbereich geführt hat (siehe Anhang 10.6.2).

Somit sind für das Quartär an den Küsten der Insel Sri Lanka drei pleistozäne glazial-eustatische Meeresspiegelregressionsphasen, deren jeweilige Meeresspiegeltiefststände mindestens 70m unter dem rezenten Meeresspiegelniveau gelegen haben, und drei holozäne Regressionsphasen nachzuweisen, während derer die Meeresspiegelabsenkungen unter das Niveau des rezenten Meeresspiegels zunehmend geringer waren. Wie aber die sedimentologisch-morphologische Position der Sedimente, die mit den glazial-eustatischen Meeresspiegelabsenkungen des Quartärs korreliert werden müssen, belegen, sind die interglazial-glazialen Meeresspiegelregressionsphasen den jeweiligen interglazial-glazialen klimatischen Veränderungen vorausgeeilt und mit ihnen nicht synchron abgelaufen (siehe Abb. 42, 43 und 44).

6.3   Dynamik der terrestrischen Steuerungsfaktoren

Die Dynamik der terrestrischen Steuerungsfaktoren im Hinterland der Küsten Sri Lankas und der durch sie geprägten Morphodynamik ist im Laufe des Quartärs durch die zyklisch wiederkehrenden Schwankungen der klimatischen Verhältnisse wie der glazial-eustatischen Meeresspiegelveränderungen geprägt, die während der wiederholten Interglazial-Glazial-Interglazialzyklen nicht nur zeitlich versetzt eingesetzt und geendet haben, sondern auch nach ihrem jeweiligem "glazialen Maximum" zeitlich verzögerte "glaziale Umkehrzeitpunkte" aufweisen (siehe Abb. 42 und Kap. 6.2). Darüberhinaus waren die unterschiedlichen Reliefverhältnisse sowie die hygroklimatischen Verhältnisse während der quartären Interglazial- und Glazialphasen in den verschiedenen hygroklimatischen Zonen der Insel für die terrestrische Morphodynamik von außerordentlicher Bedeutung.

Im Hinterland aller Küsten der Insel Sri Lanka sind die Unterläufe der Flüsse und Bäche in die Alluvialkörper des oberen und unteren Alluvialdeckenniveaus eingebettet, die sie infolge der allgemein nur geringen Reliefenergie meist mäandrierend durchqueren (siehe Abb. 44). Dies bedeutet, daß die natürliche rezente terrestrische Morphodynamik - mit Ausnahme der saisonalen Sedimentakkumulationen in den Flußmündungen - nicht durch eine akkumulative Prozeßdynamik, sondern durch fluviatile Erosion gekennzeichnet sind, obwohl innerhalb der letzten 85 Jahre der Meeresspiegel um mindestens 25cm angestiegen ist (siehe Abb. 44 und Kap. 6.2). Daraus ist zu folgern, daß die Bildung der beiden Alluvialsedimentdeckenniveaus als Indikatoren für terrestrische Akkumulationsphasen zum einen nicht unter rezent-klimatischen Verhältnissen und zum anderen nicht während einer Meeresspiegelanstiegsphase entstanden sein kann. Wie mehrere ^{14}C-Datierungen von Alluvialsedimentkörpern im NW-lichen Deccan des indischen Subkontinentes belegen (KALE, V.S. et al., 1987), die dem oberen Alluvialdeckenniveau im srilankischen Küstenhinterland entsprechen, haben diese Akkumulationskörper ein ^{14}C-Alter von 3800 BP bis 4000 BP, so daß ihre Bildung nicht nur mit der glazial-eustatischen Regressionsphase nach der postpleistozänen glazial-eustatischen Transgressionsphase stratigraphisch korreliert werden kann, sondern auch mit den für diese Phase nachweisbaren kühl-ariden klimatischen Verhältnissen korreliert werden muß (siehe Kap. 6.2). Auch die Akkumulation der Sedimentkörper im NW-lichen Deccan des indischen Subkontinentes, die sediment-morphologisch wie sediment-stratigraphisch der "Ranale Formation" im Hinterland der Küsten Sri Lankas entsprechen (siehe Abb. 30) und von KALE, V.S. et al. (1987) mit einem durchnittlichen ^{14}C-Alter von 25.000 BP angegeben werden sowie mit dem von FLENLEY (1979) für das abrupte einsetzende Absinken von Schnee- und Baumgrenzen im tropischen Afrika und Malaysia zusammenfallen, können stratigraphisch nur mit dem Letztinterglazial-Letztglazialübergang korreliert werden (siehe Abb. 42). Dieses hat zur Folge, daß sich im Übergang vom Letztinterglazial zum Letztglazial zum einen die klimatischen Veränderungen erst vollzogen haben, nachdem die glazial-eustatische Meeresspiegelabsenkung bereits eingesetzt hatte, und zum anderen sich die durch die klimatischen Veränderungen veränderte terrestrische Morphodynamik auf einen bereits abgesunkenen und weiter absinkenden Meeresspiegel einstellen mußte (siehe Abb. 43). Dies bedeutet, daß sich nach dem Letztinterglazial in einer "Umbruchsphase I", d.h. im Übergang von den letztinterglazialen zu den letztglazialen klimatischen und damit terrestrisch-morphodynamischen Verhältnissen infolge der relativ abrupt einsetzenden klimatischen Veränderungen (vgl. FLENLEY, 1979) zu den kühleren und trockeneren klimatischen Verhältnissen des Glazial und dem damit einhergehenden signifikanten Übergang des Vegetationskleides von der interglazialen "Feuchtvegetation" zur glazialen "Trockenvegetation" die Stabilität der überwiegend steilen Hänge des küstenfernen Reliefs wie des zentralen Berglandes relativ rasch änderte, so daß deren Verwitterungsmassen infolge der pronouncierten glazialen Niederschlagsverhältnisse, wie

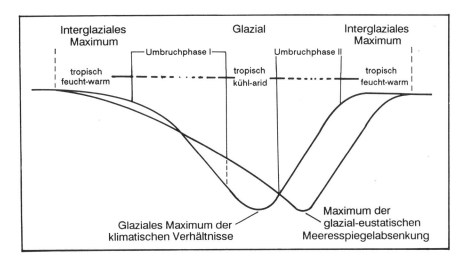

Abb. 43: Morphodynamisch-stratigraphische Differenzierung eines "Interglazial-Glazial-Interglazial-Zyklus" im Quartär der Insel Sri Lanka (siehe auch Abb. 42)

sie rezent nur im Bereich der Trockenzone und ariden Zone vorherrschen (siehe Abb. 3 und Kap. 2.4), abgetragen und in in Form großer und weitflächiger schwemmschutthaldenähnlicher Sedimentkörper im Küstenhinterland über dem Inselbergrelief des "Lowland" akkumuliert werden konnten. Wie die sediment-morphologische Position der mittelpleistozänen Sedimentkörper der "Malwane Formation" an der SW-Küste im Hinterland der Küste von Colombo (siehe Abb. 30) und "Ja-Ela-Sande" im Liegenden des Nehrungshakens der Lagune von Negombo (siehe Kap. 5.2.2) auf der einen Seite und der altpleistozänen Sedimentkörper der "Erunwela Gravels" und "Kalladi Gravels" im Hinterland der W-Küste (siehe Abb. 26 und 27) sowie die Quarzschotterlagen über dem kristallinen Untergrund im Hinterland der W-Küste im Tal der Maha Oya (siehe Abb. 28) und im Hinterland der S-Küste, wo sie sowohl an der Reliefoberfläche wie unter jüngeren Sedimenten liegen (siehe Anhang 10.13 und Abb. 34), auf der anderen Seite belegen, muß in vergleichbarer Weise auch für die Interglazial-Glazial-Übergänge im Mittel- und Altpleistozän sowohl eine derartige Prozeßdynamik einer "Umbruchsphase I" wie eine bereits eingesetzte glazial-eustatische Meeresspiegelabsenkung angenommen werden. Während der nachfolgenden kühl-ariden Hochglazialphasen haben sich die Fluß- und Bachläufe, die infolge der glazialen Niederschlagsverhältnisse (siehe Kap. 6.1) weitgehend torrentielle Abflußverhältnisse besaßen, nicht nur infolge des sich weiter glazial-eustatisch absenkenden Meeresspiegelniveaus und der damit verbundenen Erosionsbasenabsenkung in diese Akkumulationskörper eingetieft, sondern diese Sedimentkörper auch wieder weitgehend ausgeräumt und das Sediment gegen die sich weiter schelfwärts vorschiebende Küste auf dem Schelf abgelagert (siehe Kap. 6.2). Die kühl-ariden klimatischen Verhältnisse, die ihr Maximum während des Hochglazials erreicht haben, ermöglichten außerdem die äolische Umverlagerung von Feinsediment, das als "Red-Earth-Formation" über den Pisolithdecken der NW- (siehe Abb. 25), W- (siehe Abb. 26 und 28), S- (siehe Kap. 5.4.2) und NE-Küste (siehe Kap. 5.6.2) zur Ablagerung gekommen ist. Da diese Sedimente im Bereich der SW-Küste, d.h. im Bereich der Feuchtzone fehlen, deutet dies darauf hin, daß zum einen bereits zu Beginn des Quartärs die hygroklimatische Zonierung der Insel Sri Lanaka in der Form bestanden haben muß, wie sie rezent zu beobachten ist (siehe Abb. 3), und daß zum zweiten der SW der Insel auch während der Glaziale feuchter als die Trockenzone und aride Zone gewesen sein muß (siehe Kap. 6.1).

Nach den jeweiligen klimatischen Glazialmaxima, die vor dem glazial-eustatischen Meeresspiegeltiefststand des jeweiligen Glazials erreicht werden, setzt dann im Übergang zur nachfolgenden Interglazialphase relativ rasch auch die klimatische Veränderung ein, die nicht nur das relativ rasche Ansteigen von Baum- und Schneegrenzen bewirkt (vgl. FLENLEY, 1979), sondern auch zu einer Wiederbesiedelung durch interglaziale Vegetation führt, die das noch verbliebene und nun entstehende Verwitterungsmaterial an den überwiegend steilen Hängen des küstenfernen Reliefs und des zentralen Berglandes zu stabilisieren vermag. Da im Übergang zum nachfolgenden Interglazial die glazial-eustatische Meeresspiegeltransgression erst zeitlich verzögert einsetzt, setzt in der Feuchtzone des SW Sri Lankas nicht - wie von BREMER (1981) angenommen - ein Rückstau von Sedimenten ein, sondern setzt sich die spätestens seit dem Hochglazial einsetzende Flußeintiefung in die während der vorangegangen "Umbruchphase I" umgelagerten Verwitterungsmassen und ihre nachfolgende Umverlagerung auch während der "Umbruchphase II" fort (siehe Abb. 43). Dies belegen auch die flußmorphologischen Untersuchungen in den Flußunterläufen des Hinterlandes der SW-Küste, wo Indizien für eine quartäre Eintiefung der Flußsohlen in den kristallinen Untergrund fehlen (siehe Kap. 5.3).

Hingegen sind die Flußsohlen in den Unterläufen der Flüsse des Hinterlandes der NW- (siehe Kap. 5.1.1), S- (siehe Kap. 5.4), E- (siehe Kap. 5.5) und NE-Küste (siehe Kap. 5.6), die in den hygroklimatischen Zonen der Trockenzone bzw. ariden Zone liegen, in den kristallinen Untergrund deutlich eingetieft, so daß an den Flußufern die Oberfläche des kristallinen Untergrundes, dem die altpleistozänen Quarzschotterdecken auflagern (siehe Abb. 34), höher als in den Flußsohlen liegt. Dies bedeutet, daß in diesen Bereichen der Insel die wiederholten quartären Interglazial-Glazial-Interglazialzyklen und die durch sie bestimmte terrestrische Morphodynamik zu einer anderen Tieferlegung der Flußsohlen geführt haben. Nach FERNANDO, S.N.U. (1968) stellen "monsoon scrub jungle" und "semi-evergreen forest" die rezente potentiell-natürliche Vegetation des "Lowland" in der Trockenzone und ariden Zone dar und sind während der "Umbruchsphase I" der wiederholten Interglazial-Glazialübergänge des Pleistozäns durch vorwiegend lockere und sehr weitständige Savannenvegetation abgelöst worden. Hier konnten dann die gegenüber den rezenten Verhältnissen noch pronounzierteren glazialen Niederschlagsverhältnisse (siehe Kap. 6.1) zu einer ausgesprochen flächenhaften Abspülung ansetzen, die zur Akkumulation von relativ geringmächtigen Sedimentkörpern in den bereits bestehenden Flachmuldentälern des Küstenhinterlandes führte. Während der kaltzeitlichen Hochphasen und vor allem im Zuge der nachfolgenden "Umbruchphase II" wurden dann nach der Sedimentausräumungsphase infolge des Sedimentmangels bei steigenden Niederschlagsmengen die Flußsohlen in den kristallinen Untergrund eingetieft.

Wie jedoch die Ergebnisse der sedimentologisch-morphologischen Untersuchungen im Hinterland aller Küsten der Insel belegen, muß zum ersten das kristalline Inselbergrelief des "Lowland" im wesentlichen bereits zu Beginn des Quartärs in seiner rezent vorliegenden Form bestanden haben, bevor dann im Altpleistozän die ältesten, rezent nur noch in Erosionsresten erhaltenen Sedimente im Zuge signifikanter klimatischer Veränderung zur Ablagerung kamen (siehe Abb. 44 und oben), und zum zweiten hat im gesamten Quartär keine bedeutende Umgestaltung und Überformung des kristallinen Inselbergreliefs im terrestrischen Milieu stattgefunden. Dies trifft auch für die Feuchtzone im SW Sri Lankas zu, da die Oberfläche des kristallinen Untergrundes an der Basis der Unterläufe der größten und wasserreichsten Flüsse in vergleichbarer Höhenlage wie die kristalline Basis der durchschnittlich 15m mächtigen kaolinitischen in-situ-Verwitterungsmassen im Hinterland der SW-Küste von Colombo (siehe Abb. 29) und Mitiyagoda (siehe Anhang 10.10), deren Bildung nicht in einem Interglazial des Alt-, Mittel- und Jungpleistozäns erfolgt sein kann, sondern ins Tertiär gestellt werden muß, liegt und damit auch eine quartäre Anlage der Kristallinoberfläche im Bereich der Flußläufe ausschließt. Damit ist eine bedeutende Zeitmarke gegeben, aufgrund derer die Formung des kristallinen Inselbergreliefs auch im "Lowland" der Feuchtzone älter sein muß und nur einer oder mehreren präquartären Reliefbildungsphasen zugeordnet werden kann (siehe Kap. 6.2). Dies bedeutet, daß die von BREMER (1981) postulierte Neuanlage von Flächenniveaus im "Lowland" der Feuchtzone Sri Lankas, die sich in Abhängigkeit der unterschiedlichen Niveaus der glazial-eustatischen Meeresspiegelstände entwickelt haben sollen, nicht im Quartär erfolgt sein kann, sondern die von BREMER (1981) ausgegliederten "quartären Flächenniveaus" bereits zu Beginn des Quartärs bestanden haben müssen; außerdem weist LOUIS (1986) nach, daß die Neuanlage von Flächenniveaus in den wechselfeuchten Tropen auch unabhängig von wechselnden glazial-eustatischen Meeresspiegelständen möglich ist. Die Neuanlage von Flächenniveaus im Hinterland der SW-Küste Sri Lankas war auch deshalb nicht möglich, da während des sich glazial-eustatisch absenkenden Meeresspiegelniveaus das Inselbergrelief des "Lowland" zu Beginn der Glaziale unter den mächtigen Akkumulationskörpern der aus dem zentralen Bergland umgelagerten Sedimente "blombiert" war und diese erst im Laufe der nachfolgenden Glazialphasen und zu Beginn der folgenden Interglazialphasen wieder ausgeräumt worden sind (siehe Abb. 43). Hinzu kommt noch, daß die kühl-ariden klimatischen Verhältnisse der Glazialphasen sicherlich nicht die geeigneten Voraussetzungen für eine Flächenneubildung gewesen sind (siehe Kap. 6.1), weshalb BREMER (1981) für das Quartär in den Bereichen der Trockenzone und ariden Zone von einer Phase der Flächenerhaltung ausgeht. Jedoch zeigen gerade die Flußsohlen in den Unterläufen der Flüsse in den Bereichen der Trockenzone und ariden Zone eine quartäre Tieferlegung in den kristallinen Untergrund, so daß sich der von BREMER (1981) postulierte Gegensatz zwischen quartärer Flächenneubildung im "Lowland" der Feuchtzone und Flächenerhaltung im "Lowland" der Trockenzone und ariden Zone umzukehren scheint. Da vor der NE-Küste die Sedimentfahnen der Mahaweli Ganga während der NE-Monsunphasen eine weit größere flächenmäßige Ausdehnung als während der SW-Monsunzeit erreichen (siehe Kap. 3.2.1.4 und Abb. 12), zeigt dies an, daß zumindest rezent im "Lowland" der Trockenzone eine nicht unbedeutende Verwitterungs- und Abspülungsdynamik stattfindet und die Relieftieferlegung und Reliefüberformung des "Lowland" nicht verneint werden können.

6.4　　　Verknüpfung der Zeitreihen von marin-litoraler und
　　　　 terrestrischer Morphodynamik im Quartär

Wie die Auswertungen der sediment-morphologischen und sediment-stratigraphischen Untersuchungen an den Küsten der Insel Sri Lanka sowie des vorgelagerten Schelfs ergeben haben, können zwar für die wiederholten zyklisch erfolgten Interglazial-Glazial-Interglazialphasen des Pleistozäns sowie für das Holozän mehrere glazial-eustatische Meeresspiegelstandsveränderungen und Veränderungen der klimatischen Verhältnisse sowie der durch sie gesteuerten terrestrischen Morphodynamik nachgewiesen werden. Jedoch haben diese Untersuchungen auch ergeben, daß die Zyklen dieser küstendynamischen Steuerungsfaktoren im Übergang zu einem Glazial zeitlich versetzt einsetzen, im Glazial zeitlich versetzte "Umkehrzeitpunkte" aufweisen und im Übergang zum nachfolgenden Interglazial erneut zeitlich versetzt ihre warmzeitlichen Verhältnisse erreichen (siehe Kap. 6.2 und 6.3). Daraus ergibt sich, daß im Quartär für die Morphodynamik der Küsten Sri Lankas die Phasen interglazialer glazial-eustatischer Meeresspiegelhochstände nicht mit Phasen intensiver terrestrischer Morphodynamik und die Phasen glazial-eustatischer Meeresspiegeltiefstände nicht mit Phasen verringerter Morphodynamik parallelisiert werden können. Vielmehr belegen die Ergebnisse der sediment-morphologischen und sediment-stratigraphischen Untersuchungen, daß sich vor allem die "Umbruchphasen" von einem Interglazial zum nachfolgenden Glazial sowie von einem Glazial zum nachfolgenden Interglazial durch intensive, vor allem terrestrische Prozeßmorphodynamik ausgezeichnet haben, die (1) im Übergang von einem Interglazial zum nachfolgenden Glazial durch das dem klimatischen Umbruch zu kühl-arideren Verhältnissen und damit Umbruch von der interglazialen zur glazialen terrestrischen Morphodynamik vorausgehende Einsetzen der glazial-eustatischen Meeresspiegelregression und (2) im Übergang von einem Glazial zum nachfolgenden Interglazial durch das dem klimatischen Umbruch zu wärmeren und feuchteren Verhältnissen und damit Umbruch von der glazialen zur interglazialen terrestrischen Morphodynamik zeitlich nachhinkende Einsetzen der glazial-eustatischen Meeresspiegeltransgression gesteuert worden ist. Demgegenüber zeichneten sich die Glaziale, während derer sich die terrestrische Prozeßmorphodynamik im Küstenhinterland auf das weiter glazial-eustatisch absinkende bzw. abgesunkene Meeresspiegelniveau orientiert hat, und die Interglaziale als Phasen verminderter terrestrischer Prozeßmorphodynamik aus (siehe Abb. 43).

Zwar spiegeln sich in dieser Abfolge der Phasen terrestrischer Morphodynamik eines Interglazial-Glazial-Interglazial-Zyklus die von ROHDENBURG (1969, 1970, 1971) postulierten Termini "Aktivitätszeiten" und "Stabilitätszeiten" wider, jedoch soll diese Nomenklatur hier keine Anwendung finden, da sie für morphodynamische Prozeßabläufe in einem terrestrischen Milieu mit unveränderter Höhenlage der Erosionsbasis formuliert worden ist, hingegen für die terrestrische Prozeßmorphodynamik an den Küsten Sri Lankas nicht nur die klimatischen Veränderungen und damit qualitativen wie quantiativen Veränderungen der terrestrischen Steuerungsfaktoren, sondern auch die glazial-eustatischen Meeresspiegelniveauveränderungen und die demzufolge sich in einem Interglazial-Glazial-Interglazial-Zyklus verändernde Erosionsbasis von Bedeutung sind, so daß im Gegensatz zu ROHDENBURG (1969, 1970, 1971) zwei "Variable" die quartäre Morphodynamik an und vor den Küsten der Insel Sri Lanka steuern. Um nun keine neue, vielleicht verwirrende Nomenklatur einzuführen, soll hier vereinfacht von "Umbruchphasen" gesprochen werden, die die Übergänge zum einen von einem Interglazial zu einem Glazial ("Umbruchphase I") und zum zweiten von einem Glazial zu einem nachfolgenden Interglazial ("Umbruchphase II)" markieren; so können die Termini "Interglazial" und "Glazial" beibehalten werden und repräsentieren Phasen verminderter morphodynamischer Intensität (siehe Abb. 43). Problembehaftet verbleibt jedoch die Verwendung des Terminus "glaziales Maximum", da in den pleistozänen glazial-eustatischen Meeresspiegelregressionsphasen der Meeresspiegeltiefststand erst dann erreicht wird, nachdem die klimatischen Verhältnisse bereits ihr "glaziales Maximum" erreicht hatten und sich nun in der "Umbruchphase II" bereits im Übergang zu den klimatischen Verhältnissen des nachfolgenden Interglazials befinden (siehe Abb. 42 und 43). Aus diesem Grunde ist eine Trennung in das "klimatische glaziale Maximum" und das "marine glaziale Maximum" nicht nur geboten, sondern auch sinnvoll.

Auf der Grundlage der sediment-morphologischen und sedimentstratigraphischen Untersuchungsergebnisse können an den Küsten der Insel Sri Lanka für den Zeitraum des Quartärs bisher drei "echte" pleistozäne Interglazial-Glazial-Interglazial-Zyklen und drei holozäne Zyklen, die sich durch verminderte Amplituden der küstendynamischen Steuerungsfaktorenveränderungen auszeichnen, nachgewiesen werden (siehe Abb. 44).

Der jüngste Zyklus (Zyklus VI) beginnt, nachdem im Zuge der Transgressionsphase im 6. Jahrhundert mit einer nur sehr geringen Meeresspiegelniveauanhebung an den Flachwasserküsten im NW Sri Lankas der jüngste Strandwallsaum zur Ablagerung gekommen war, die Strandsedimentakkumulationen an den Spitzen der Nehrungshaken der Lagunen von Puttalam, Chilaw, Negombo und Batticaloa abgeschlossen waren und die übrigen Küsten eine bisher unbekannte, sicherlich aber nur geringe positive Strandverschiebung erfahren hatten. Anschließend ist das Meeresspiegelniveau bis auf durchschnittlich 0.50m unter den rezenten Meeresspiegel abgesunken; jedoch fehlen sediment-morphologische Nachweise für signifikante klimatische Veränderungen und damit für Veränderungen der terrestrischen Morphodynamik. Die Fluß- und Bachläufe des Küstenhinterlandes, die sich weiter in das untere Alluvialdeckenniveau eintiefen, kennzeichnen der Antransport von Sedimenten aus den Oberläufen und eine Durchgangsakkumulation gegen die Mündungen. Vor mindestens 100 Jahren hat dann die rezente Meeresspiegeltransgressionsphase eingesetzt, die derzeit zu einer Anhebung des Meeresspiegelniveaus von durchschnittlich 3mm/a führt. Die rezenten Strandniveaus nahezu der gesamten Küste Sri Lankas unterliegen einer teilweise sehr deutlichen Küstenerosion. Durchgangsakkumulation und Erosion in den Unterläufen und saisonale Akkumulation an den Mündungen kennzeichnen die rezente fluviatile Prozeßdynamik der Flüsse im Küstenhinterland. Von morphodynamischer Bedeutung für die jüngste Phase dieses Zyklus, der noch nicht abgeschlossen ist, ist vor allem auch das anthropogene Eingreifen in die marin-litoralen wie terrestrischen Steuerungsfaktoren der küstendynamischen Prozesse und damit einer qualitativen wie quantitativen Veränderung der natürlichen Prozeßabläufe an allen Küsten der Insel.

Der Zyklus V setzt um 2000 BP ein, nachdem zwischen 3600 BP und 2300 BP der Meeresspiegel um 1m über das rezente Niveau angestiegen war und zur Bildung des an allen Küsten nachweisbaren fossilen 1m- bis 1.50m-Strandniveaus geführt hatte. Die anschließende Meeresregressionsphase, die um 1800 BP zu einer Meeresspiegelabsenkung von durchschnittlich 1.50m unter das rezente Meeresspiegelniveau geführt hat, hat an der Küste der Insel Mannar und in der Lagune von Puttalam zum Trockenfallen des unteren fossilen Lagunensedimentniveaus geführt. Gleichzeitig erfolgte im Küstenhinterland die Akkumulation des unteren Alluvialdeckenniveaus, in das sich die Fluß- und Bachläufe bereits während dieser Regressionsphase sowie während der anschließenden Transgressionsphase, die im 6. Jahrhundert abgeschlossen war (siehe Zyklus VI), eingeschnitten und eingetieft haben.

Der Zyklus IV beginnt zwischen 6200 BP und 5100 BP, nachdem im Zuge der postpleistozänen glazial-eustatischen Meeresspiegeltransgression der Meeresspiegel um 3m über das rezente Niveau angestiegen war und zur Bildung des an allen Küsten nachweisbaren fossilen 3m-Strandniveaus, des fossilen 3m-Deltaniveaus an der NW-Küste sowie der großen Nehrungshaken an der NW-, W- und E-Küste geführt hatte. Während der anschließenden "Umbruchphase I" dieses Zyklus, in der die glazial-eustatische Meeresspiegelregression zu einer Meeresspiegelabsenkung von mindestens 5m unter das rezente Meeresspiegelniveau geführt hat, wird im Küstenhinterland das obere Alluvialdeckenniveau akkumuliert, in das sich die Fluß- und Bachläufe in der anschließenden "Umbruchphase II", während der die glazial-eustatische Meeresspiegeltransgression zu einer Meeresspiegelanhebung von 1m über das rezente Niveau geführt hat (siehe Zyklus V), eintiefen.

Der Zyklus III setzt um 125.000 BP mit dem Letztinterglazial des Pleistozän ein, nachdem im Zuge der vorangegangenen glazial-eustatischen Meeresspiegeltransgression das rezent nur noch stellenweise erhaltene fossile 5m- bis 6m-Strandniveau, das fossile 5m-Deltaniveau an der NW-Küste sowie das fossile 5m-Alluvialniveau am E-Ufer der Lagune von Puttalam zur Ausbildung gekommen sind. In der nachfolgenden "Umbruchphase I" des Zyklus III hat die glazial-eustatische Meeresspiegelregressionsphase bereits eingesetzt, wenn sich dann auch zwischen 30.000 BP und 25.000 BP der klimatische Umbruch zu den glazialen klimatischen Verhältnissen des Letztglazials sowie die damit verbundene Akkumulation der "Ranale Formation" sowie vergleichbarer Sedimente in allen Flußtälern des Küstenhinterlandes vollzieht. Während der weiteren glazial-eustatischen Meeresspiegelabsenkung, die zu einem Meeresspiegeltiefststandniveau von mindestens 70m unter dem rezenten Meeresspiegel geführt hat, werden unter den kühl-ariden glazialen klimatischen Verhältnissen diese Sedimente gegen die zunehmend schelfwärts vorrückende Küste fluviatil umverlagert und bilden dort den mittleren Sedimentkörper über dem kristallinen Schelfbaseninselbergrelief; im Bereich der rezenten ariden Zone kommt es an der NW-Küste Sri Lankas auf der Insel Mannar zur Formung von Longitudinaldünen. Setzt der klimatische Umbruch zu wärmeren und feuchteren Verhältnissen des Postglazials mit dem erneuten Vorrücken warmzeitlicher Feuchtvegetation und damit die Veränderung der terrestrischen Morphodynamik zu stabileren postglazialen Verhältnissen während der "Umbruchphase II" bereits zwischen 18.000 BP und 14.000 BP ein und ist spätestens um 10.000 BP im Erreichen postglazialer klimatischer Verhältnisse abgeschlossen, setzt die glazial-eustatische Meeresspiegeltransgressionsphase erst um 12.000 BP ein und erreicht erst zwischen 6200 BP und 5100 BP das postglaziale Meeresspiegelniveau, das 3m über dem rezenten gelegen hat (siehe Zyklus IV).

Der Zyklus II beginnt nach der mittelpleistozänen glazial-eustatischen Meeresspiegeltransgressionsphase, für die rezent erhaltene marine Sedimente und fossile Strandniveaus an den Küsten der Insel Sri Lanka zwar nicht nachweisbar sind und somit dieser interglaziale Meeresspiegelhochstand altimetrisch nicht in seiner Beziehung zum rezenten Meeeresspiegel bestimmt werden kann, jedoch setzen die in der anschließenden "Umbruchphase I" umgelagerten Sedimente für ihre Verwitterung und Aufbereitung auf der einen Seite und ihre Umlagerung auf der anderen Seite einen signifikanten Umbruch von interglazialen zu glazialen klimatischen Verhältnissen voraus, so daß analog zu den Verhältnissen des Jung- und Postpleistozäns auch für das Mittelpleistozän interglaziale klimatische Verhältnisse mit einem glazial-eustatischen Meeresspiegelhochstand korreliert werden können. Nachdem die mittelpleistozäne glazial-eustatische Meeresspiegelregressionsphase bereits eingesetzt hatte, kommen während der "Umbruchphase I" im Zuge des zeitlich nachhinkenden klimatischen und damit morphodynamischen Umbruchs im Küstenhinterland die "Malwane Formation", die Pisolithdecken sowie vergleichbare Sedimente in den Flußtälern zur Akkumulation und verschütten teilweise das Inselbergrelief des "Lowland". Anschließend sind diese Sedimente während der weiteren glazial-eustatischen Meeresspiegelniveauabsenkung, die zu einem Meeresspiegeltiefststand von mindestens 70m unter dem rezenten Meeresspiegel geführt hat, und unter den kühl-ariden klimatischen Verhältnissen des mittelpleistozänen Glazials wieder weitgehend ausgeräumt und fluviatil gegen die sich weiter schelfwärts vorschiebende Küste umgelagert worden, wo sie als Teil des liegenden Sedimentkörpers auf dem Schelfbaseninselbergrelief zur Ablagerung gekommen sind. Unter diesen glazialen klimatischen Verhältnissen wurden in den Bereichen der rezenten Trockenzone und ariden Zone die "Red-Earth-Formation"-Sedimente ausgeweht und im Hinterland als "rote Dünen" über den Pisolithdecken abgelagert. Während der "Umbruchphase II", in der sich die fluviatile Umlagerung und Zerschneidung dieser Sedimente teilweise fortsetzt, setzt die glazial-eustatische Meeresspiegeltransgression, die wie im Jung- und Postpleistozän dem klimatischen Umbruch zeitlich hinterherhinkt, ein und endet dann im letztinterglazialen Meeresspiegelhöchststand mit 5m bis 6m über dem rezenten Meeresspiegelniveau (siehe Zyklus III).

Auch für das altpleistozäne interglaziale Meeresspiegelhochstandniveau zu Beginn des Zyklus I fehlen rezent erhaltene marine Sedimente oder fossile Strandniveaus, jedoch muß auch hier - wie für den Zyklus II postuliert (siehe oben) - ein derartiger Meeresspiegelstand angenommen werden. Da an der Küste und im Küstenhinterland die Erosionsreste der terrestrischen Sedimente, die in der "Umbruchphase I" dieses Zyklus umgelagert worden sind, d.h. (1) die "Erunwela Gravels" und "Kalladi Gravels" im Hinterland der W-Küste, (2) die Quarzschotterlagen über dem Kristallin an der Basis der Flußunterläufe im Hinterland der NW- und W-Küste, (3) die kaolinitischen Sande über dem Kristallin an der Basis des Nehrungshakens der Lagune von Negombo sowie des "Beira Lake" im Hinterland der Küste von Colombo und (4) die Quarzschotterdecken über dem Kristallin im Hinterland der S-Küste sowie an der Basis der Flußunterläufe, nur in der Trockenzone und ariden Zone nachweisbar sind, ist die Verwitterung und vollständige Aufbereitung sowie terrestrische und marine Abtragung vergleichbarer Sedimente unter den subaerischen Formungseinflüssen der Feuchtzone anzunehmen. Hingegen blieben wie im Bereich des "Beira Lake" und des Nehrungshakens der Lagune von Negombo diese altpleistozänen Sedimente auch in der Feuchtzone unter jüngeren Quartärsedimenten erhalten. Nachdem im Zuge der "Umbruchphase I" des altpleistozänen

Zyklus I die glazial-eustatische Meeresspiegelregressionsphase bereits eingesetzt hatte, vollzog sich auch der klimatische Umbruch, der zur Umlagerung terrestrischer Sedimente aus dem Hinterland und zentralen Bergland und zur teilweisen Verschüttung des vorgelagerten Inselbergreliefs im Küstenhinterland geführt hatte. Von dort wurden diese Sedimente im Zuge der weiteren glazial-eustatischen Meeresspiegelregression, die zu einem Absenken des Meeresspiegels von mindestens 70m unter das rezente Meeresspiegelniveau geführt hatte, und unter den kühl-ariden klimatischen Verhältnissen des altpleistozänen Glazials gegen die weiter schelfwärts vorrückende Küste fluviatil weitgehend wieder ausgeräumt und auf den trockengefallenen Schelf als unterer Teil des liegenden Sedimentkörpers über dem Schelfbaseninselbergrelief umverlagert, wo sie sowohl in der Feuchtzone wie in der Trockenzone und ariden Zone nachweisbar sind. Diese terrestrische Prozeßmorphodynamik hielt sicherlich auch noch teilweise in der "Umbruchphase II" an, in der erneut das Einsetzen der glazial-eustatischen Meeresspiegeltransgressionsphase dem klimatischen Umbruch zeitlich nachfolgte und im Mittelpleistozän mit einem interglazialen Meeresspiegelhöchststand endete (siehe Zyklus II).

Für weitere, noch ältere quartäre Glazial-Interglazial-Glazial-Zyklen mit entsprechenden glazial-eustatischen Meeresspiegelschwankungen und klimatischen Veränderungen fehlen an den Küsten der Insel Sri Lanka bisher morphologische wie sedimentologische Befunde. Wie jedoch die 15m mächtigen kaolinitischen in-situ-Verwitterungsmassen im Hinterland der SW-Küste bei Colombo und Mitiyagoda anzeigen, muß die Formung des im vorgelagerten Schelf ganz und an der Küste wie im Küstenhinterland teilweise von quartären Sedimenten überlagerten Inselbergreliefs schon zu Beginn des Quartär beendet gewesen sein. Die glazial-eustatischen Meeresspiegelschwankungen wie klimatischen und damit terrestrischen küstendynamischen Steuerungsfaktorenveränderungen haben nur zu einer geringfügigen Überprägung dieses Reliefs im Quartär geführt.

6.5   Palk Straße

Im Ablauf der wiederholten Interglazial-Glazial-Interglazial-Zyklen des Quartärs nimmt die N-Küste Sri Lankas und die ihr vorgelagerte Palk Straße eine Sonderstellung ein, da rezent dieser Meeresarm zwischen dem Golf von Mannar im W und dem Golf von Bengalen im E eine nur sehr geringe Wassertiefe von durchschnittlich 10m erreicht (Abb. 2). Wie die Ergebnisse der sediment-morphologischen und sediment-stratigraphischen Untersuchungen im Hinterland sowie an der Küste der anderen Küsten der Insel Sri Lanka sowie ihres vorgelagerten Schelfs zeigen, werden die Interglazial-Glazial-Interglazial-Zyklen von den zeitlich versetzten Phasenverläufen, d.h. vom "time lag" zwischen den glazial-eustatischen Meeresspiegelstandsveränderungen auf der einen Seite und den klimatischen und damit terrestrischen Steuerungsfaktorenveränderungen auf der anderen Seite bestimmt (siehe Kap. 6.4 und Abb. 43 und 44). In der Übertragung dieser Ergebnisse auf die rezenten bathymetrischen Verhältnisse der Palk Straße ergibt sich daraus für diesen Raum nicht nur ein wiederholtes Trockenfallen in den Glazialen und Überfluten in den Interglazialen, sondern die Bildung einer Landbrücke zwischen der Insel Sri Lanka und dem indischen Subkontinent, die in der "Umbruchphase I" wie der "Umbruchphase II" sehr unterschiedlichen klimatischen Verhältnissen ausgesetzt war (siehe Abb. 45). Da die vorliegenden Bohrungen keine sediment-morphologische wie sediment-stratigraphische Differenzierung für das Quartär erlauben (vgl. NAIRN et al., 1982), kann deshalb nur von den rezenten bathymetrischen Verhältnissen der Palk Straße ausgegangen werden (siehe Abb. 6).

Mit dem Einsetzen eines Interglazial-Glazial-Interglazial-Zyklus ergeben sich bereits bei einer glazial-eustatischen Meeresspiegelabsenkung von 5m zwei Landbrücken: Eine erste Landbrücke erstreckt sich zwischen der Halbinsel Jaffna nach N zum "Point Calimere" in SE-Indien, eine zweite Landbrücke erstreckt sich zwischen der Halbinsel Mannar über die Insel

STRATI-GRAPHIE		MARIN-LITORALE MORPHODYNAMIK		TERRESTRISCHE MORPHODYNAMIK		ZY-KLUS
	Dynamik des Meeres-spiegels	Meeres-spiegel-stand	Strand- und Sedimentniveaus	Terrestrische/fluviatile Morphodynamik	Sediment-körper	
H O L O Z Ä N						
seit ca. 1900	Transgression	3 mm/a für die letzten 85 Jahre	- rezente Strand- und Küstenniveaus - Küstenerosion - anthropogene Eingriffe durch Infrastruktur- und Küstenschutzmaßnahmen, Intensivierung und Veränderung industrieller, touristischer sowie agrar-, forst-, fischerei- und wasserwirtschaftlicher Nutzungssysteme	- Durchgangsakkumulation in Ober- und Mittelläufen - Erosion in Unterläufen und saisonale Akkumulation an Flußmündungen - anthropogene Eingriffe durch Intensivierung und Veränderung agrar-, forst-, fischerei- und wasserwirtschaftlicher Nutzungssysteme	Rezente Flußsohle	
ca. 1900	Regression	- 0.50m	Strandlinienverschiebung (negativ) im Dekameterbereich (nur vereinzelt nachweisbar)	Weitere Eintiefung in unteres Alluvialdeckenniveau (I)	Flußsohlen in unteres Durchgangsakkumulation	VI ⇦
ca. 1800 B.P.	Regression	- 1.50m	Beachrockniveau in Ø -1.50m vor nahezu allen Küsten		Alluvialdeckenniveau (I) (unteres)	
6. Jhd.	Transgression ?	?	- Strandwallsaumbildung an der NW-Küste - Spitzen der Nehrungshaken im Bereich der Lagunen von Puttalam, Chilaw, Negombo und Batticaloa	Zerschneidung	Alluvialdeckenniveau (II) (unteres)	
ca. 2300 - 3640 B.P.	Transgression	+ 1.00m	- 1-1.50m-Strandniveau Beachrock (0.30-0.50m) Hikkaduwa (3200-2500 BP) - Negombo (ca. 3640 BP) - Lagunensedimente Mannar (ca. 2620 BP) Puttalam (ca. 2670 BP)	Akkumulation	Alluvialdeckenniveau (II) (oberes)	V ⇦
ca. 4000 - 5000 B.P.	Regression	min - 5m (bis - 8m)	- Dachfläche fossiler Korallenriffe vor der SW-Küste (Hikkaduwa) - Beachrockniveau nahezu an allen Küsten	Zerschneidung	Alluvialdeckenniveau (II) (oberes)	
ca. 5100 - 6200 B.P.	Transgression	+ 3m	- 3m-Strandniveau und 3m-Deltaniveau an NW-Küste - Nehrungshaken an NW-, W- und E-Küste - Korallenriffe im Hinterland der SW-Küste (Akkurala, Bucht von Weligama: ca. 5800-6100 B.P.) - Korallen- und Muschelsedimente in Lagunen an S-Küste (Kalametiya Kalapuwa: ca. 5780 BP) - "Hatagale Beds" (Hinterland der S-Küste: ca. 5650 BP)	Akkumulation Phase "morphologischer Stabilität"	"Ranale Formation" (NW-Deccan Ø 3500 BP)	IV ⇦
Beginn um ca. 12000 B.P.	Regression	min. -70m	Schelfsedimentkörper (mittlerer): bisher nur für Schelf vor SW-Küste (Colombo, Matara), S-Küste ("Great Basses") und NE-Küste ("Little Basses") und NE-Küste ("Clappenburg Bay") nachgewiesen	Äolische Formungsprozesse	Longitudinaldünen im NW (z.B. Mannar)	
ca. 12000 B.P.	Transgression +5-6 m		- 5-6m-Strandniveau (nur vereinzelt nachweisbar): SW-Küste: Negombo, Colombo, Matara NE-Küste: Nilaveli - 5m-Deltaniveau (NW-Küste) - 5-Lagunenniveau am E-Ufer der Lagune von Puttalam	Verfestigung	"Malwane Formation"	
ca. 125000 B.P.	Regression	min.-70m	Schelfsedimentkörper (unterster) über Schelfbasisinselbergrelief; nachgewiesen für Schelf vor SW- (Colombo, Matara), S- ("Great Basses"), NE-Küste ("Little Basses"), NE-Küste ("Clappenburg Bay")	Zerschneidung Phase "morphologischer Stabilität"	"Malwane Formation"	III ⇦
P L E I S T O Z Ä N						
	Regression	min. -70m	Schelfsedimentkörper (unterster) über Schelfbasisinselbergrelief; nachgewiesen für Schelf vor SW- (Colombo, Matara), S- ("Great Basses"), NE-Küste ("Little Basses"), NE-Küste ("Clappenburg Bay")	Äolische Formungsprozesse (Trockenzone)	"Red-Earth-Formation"	
	Transgression ?	?	- Strand- und/oder Sedimentniveaus fehlen - Strand- und/oder Sedimentkörper fehlen	Pisolithdecken	Pisolithdecken	II ⇦
	Regression	?	min. -70m Schelfsedimentkörper (unterster) über Schelfbasisinselbergrelief nachgewiesen für Schelf vor SW- (Colombo, Matara), S- ("Great Basses"), NE-Küste ("Little Basses")	Zerschneidung (Belege fehlen für E/NE-Küste)	NW-/W-Küste: "Erunwela"- und "Kalladi Gravels" und "Ja-Ela"-Sande Quarzschotter S-Küste	
	Transgression ?	?	- Strand- und/oder Sedimentniveaus fehlen - Strand- und/oder Sedimentkörper fehlen	Akkumulation	NW-/W-Küste: "Erunwela"- und "Kalladi Gravels" "Ja-Ela"	I ⇦
Ältest (?)	?	?	?	Phase "morphologischer Stabilität"		?
H E R I T Ä R	?	?	Subaerische Formung des kristallinen Inselbergreliefs an der Schelfbasis	Formung des kristallinen Inselbergeliniefs, Inselberghinterland- und Küstenhinterlandes im Feuchtzone mit kaolinitischer Verwitterung	In-situ-Kaolinite im Hinterland der SW-Küste (Colombo, Mitiyagoda)	?

Abb. 44: Morphodynamik der Küsten Sri Lankas im Quartär

Pamban (Indien) weiter nach NW bis zur SW-Küste von Indien. Bei einer Meeeresspiegelabsenkung um weitere 5m fällt nahezu die Hälfte der Palk Straße trocken. Da nach den Ergebnissen der sediment-stratigraphischen und sediment-morphologischen Untersuchungen aus den Schelfbereichen vor der W-, SW-, S- und E-Küste davon ausgegangen werden kann, daß zum einen im Übergang von einem Interglazial zum nachfolgenden Glazial die feucht-warmen interglazialen klimatischen Verhältnisse noch vorherrschten, nachdem im Zuge der bereits eingesetzten glazial-eustatischen Meeresspiegelregressionsphase der Meeresspiegel bereits 10m unter dem rezenten Meeresspiegel lag, und zum zweiten im Übergang von einem Glazial zum nachfolgenden Interglazial der klimatische Umbruch zu interglazialen Verhältnissen dem Beginn der glazial-eustatischen Meeresspiegeltransgressionsphase vorausgeeilt ist, bevor der weitere glazial-eustatische Meeresspiegelanstieg dann zur gänzlichen Überflutung der Palk Straße geführt hat, können für die Interglazial-Glazial-Interglazial-Zyklen in der Palk Straße und die angrenzenden Küsten N-Sri Lankas und S-Indiens folgende Phasen ausgegliedert werden (siehe Abb. 45):

(1) Interglaziale klimatische und morphodynamische Verhältnisse bei interglazialem Meeresspiegelhochstand

(2) Interglaziale klimatische und morphodynamische Verhältnisse nach bereits erfolgtem Einsetzen der glazial-eustatischen Meeresspiegelregressionsphase und damit bereits teilweisem oder gänzlichem Trockenfallen der Palk Straße während der "Umbruchphase I"

(3) Glaziale klimatische und morphodynamische Verhältnisse bei glazialem Meeresspiegeltiefstand und vollständigem Trockenfallen der Palk Straße

(4) Interglaziale klimatische und morphodynamische Verhältnisse bei glazialem Meeresspiegeltiefstand und weiterhin vollständigem Trockenliegen der Palk Straße

(5) Interglaziale klimatische und morphodynamische Verhältnisse bei glazial-eustatischer Meeresspiegeltransgressionsphase mit zunehmender Überflutung der Palk Straße

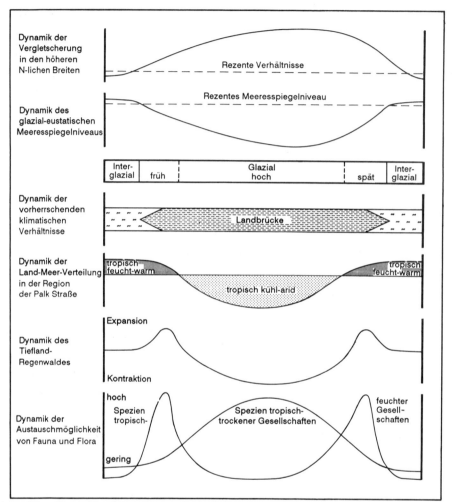

Abb. 45: Hypothetisch-qualitatives Modell für einen "Interglazial-Glazial-Interglazial-Zyklus" in der Palk Straße (aus: ERDELEN et al., 1990)

während der "Umbruchphase II"
(6) Interglaziale klimatische und morphodynamische Verhältnisse bei interglazialem Meeresspiegelhochstand

Diese Phasen haben sich während der mehrfachen Interglazial-Glazial-Interglazial-Zyklen des Quartär wiederholt und waren für den Austausch faunistischer und floristischer Elemente zwischen S-Indien und Sri Lanka von großer Bedeutung, wie dies detailliert in ERDELEN et al. (1990) diskutiert wird.

7 MODELL DER POLYGENETISCHEN KÜSTENENTWICKLUNG EINER INSEL IN DEN WECHSELFEUCHTEN TROPEN

Zum Abschluß dieser Arbeit sollen die im Rahmen der vorliegenden Untersuchung gewonnenen Ergebnisse zu einem "Modell der polygenetischen Küstenentwicklung einer Insel in den wechselfeuchten Tropen" zusammengefaßt werden, das sicherlich vorerst nur für die Küsten der Insel Sri Lanka gelten kann. Jedoch kann dieses Modell bei künftigen Forschungsarbeiten im Rahmen von Parallelstudien in vergleichbaren klimazonalen Räumen als eine mögliche Arbeitshypothese verwendet werden, um zu überprüfen, ob auch für andere Küsten in den wechselfeuchten Tropen ähnliche Modelle erarbeitet werden können.

7.1 Modell

Wie die sediment-morphologischen und sediment-stratigraphischen Untersuchungsergebnisse aus dem Hinterland und von den Küsten der Insel Sri Lanka sowie dem vorgelagerten Schelf belegen, haben die Genese der Küsten dieser wechselfeucht-tropischen Insel im Quartär auf der einen Seite wiederholte klimatische Umbrüche und damit Veränderungen der terrestrischen küstendynamischen Steuerungsfaktoren sowie wiederholte glazial-eustatische Meeresspiegelschwankungen und damit Veränderungen der marin-litoralen Steuerungsfaktoren auf der anderen Seite gesteuert und geprägt. Die qualitativen wie quantitativen Veränderungen dieser küstendynamischen Steuerungsfaktoren, die ihre Ursache in den zyklischen Veränderungen des globalen Wärme- und Wasserhaushaltes im Quartär haben (vgl. u.a. EMILIANI 1955, 1961, 1971, 1972), bewirkten nicht nur eine wiederholte bedeutende positive wie negative Verlagerung der Küstenlinie, sondern auch wiederholte prozeßmorphodynamische Veränderungen an der Küste sowie in ihrem Hinterland. Die sediment-morphologischen und sediment-stratigraphischen Untersuchungsergebnisse zeigen aber auch, daß diese Veränderungen der küstendynamischen Steuerungsfaktoren während der wiederholten Interglazial-Glazial-Interglazial-Zyklen des Quartärs nicht zeitlich synchron erfolgt sind, sondern zwei zeitlich versetzte "Reaktionskettenzyklen" darstellen, die erst infolge ihres asynchronen Verlaufs für die Morphodynamik und Genese der Küsten Sri Lankas im Quartär von Bedeutung sind (siehe Abb. 46). Aus diesem Grund können andere Modelle, wie sie z.B. von MORLEY et al. (1987) formuliert worden sind, hier keine Anwendung finden.

Ausgangspunkt dieses "Modells der polygenetischen Küstenentwicklung einer Insel in den wechselfeuchten Tropen" kann auf der Grundlage der sediment-stratigraphischen und sediment-morphologischen Untersuchungsergebnisse aus dem Hinterland, von den Küsten sowie dem vorgelagerten Schelf der Insel Sri Lanka nicht die stratigraphische Differenzierung des Quartär in die "Maximalphasen" der Glaziale und Interglaziale sein, sondern muß eine Gliederung in die wiederholten Interglazial-Glazial-Interglazial-Zyklen des Quartärs sein, da vor allem nur dann auch die prozeßmorphodynamisch überaus bedeutsamen Übergänge zwischen den "Maximalphasen" berücksichtigt werden können, die als "Umbruchphase I" im Übergang von einem Interglazial zu einem Glazial und als "Umbruchphase II" im Übergang von einem Glazial zum nachfolgenden Interglazial bezeichnet werden (siehe Abb. 43). Aus diesem Grunde kann auch die von RUST et al. (1976) für die Küste der zentralen Namib formulierte Phasengliederung nicht verwendet werden, die von "glazialen Aktivitätsphasen" und "interglazialen Stabilitätsphasen" ausgeht.

Ein derartiger Interglazial-Glazial-Interglazial-Zyklus beginnt mit dem Einsetzen der "Umbruchphase I", wenn als Folge globaler Wärme- und Wasserhaushaltsveränderungen im Anschluß an einen interglazialen Meeresspiegelhochstand mit dem Anwachsen der arktischen und antarktischen Eismassen eine ozeanweite glazial-eustatische Regressionsphase einsetzt und

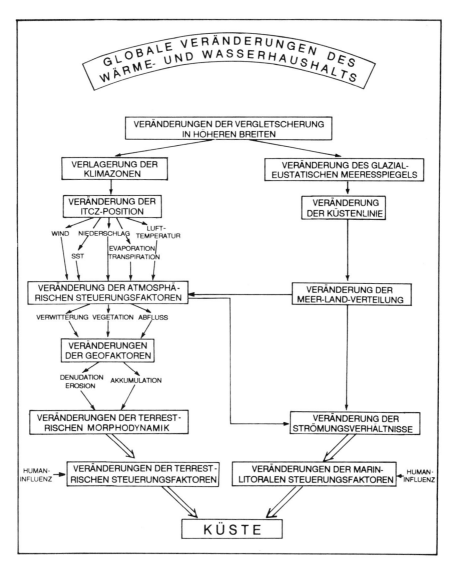

Abb. 46: Generalisiertes hypothetisches Modell für die Veränderungen der küstendynamischen Steuerungsfaktoren im Quartär tropisch-wechselfeuchter Inseln

der Meeeresspiegel unter das Niveau des vorangegangenen Interglazials absinkt. Dabei treten in Südasien noch keine signifikanten Veränderungen der klimatischen Verhältnisse auf, da im Gegensatz z.B. zum Sundaschelf Südostasiens die freiwerdenden und trockenfallenden Schelfbereiche flächenmäßig zu gering sind, um eine bedeutsame Veränderung klimatologischer Parameter wie Niederschlag und Verdunstung hervorzurufen. Erst mit der weiteren Zunahme und dem Vordringen der Eismassen und Gletscher in den höheren Breiten, was zur weiteren glazial-eustatischen Meeresspiegelniveauabsenkung führt, kommt es dann auch weiter äquatorwärts auf Grund einer allgemeinen klimazonalen S-Verlagerung zu klimatischen Veränderungen und Verhältnissen, die dann das glaziale Vorrücken der himalayischen Vergletscherungen und die Entwicklung einer permanenten Schneedecke im tibetischen Hochland ermöglichen. Erst damit sind dann auch in Südasien die klimatologischen Voraussetzungen gegeben, um eine signifikante Veränderung in Lage und saisonaler Expansions- wie Kontraktionsdynamik der ITCZ zu bewirken, die ihrerseits eine qualitative wie quantitative Veränderung der klimatischen Verhältnisse in Südasien hervorruft und zu abnehmenden Temperaturen und veränderten, d.h. insgesamt verminderten Niederschlägen führt. Da dies nicht nur eine Veränderung der Verwitterungsintensität, sondern auch des Vegetationskleides und der fluviatilen Abflußdynamik zur Folge hat, führt dies nicht nur zu Veränderungen der Geofaktoren, sondern auch zu einer qualitativen wie quantitativen Veränderung der terrestrischen Prozeßmorphodynamik. Da sich der Umbruch und das Einsetzen "glazialer" klimatischer und damit morphodynamischer Verhältnisse im terrestrischen Milieu relativ abrupt vollzieht, führt dies zu einer relativ abrupten signifikanten Veränderung der terrestrischen Prozeßmorphodynamik und damit zu bedeutenden Sedimentumverlagerungen aus dem Hinterland gegen eine Erosionsbasis, d.h. Küste, die auf Grund des bereits vorher erfolgten Umbruchs und dem Einsetzen der glazial-eustatisch gesteuerten Meeresspiegelregression und des damit bereits unter sein interglaziales Niveau abgesunkenen und weiter absinkenden Meeresspiegels auf dem zunehmend weiter trockenfallenden Schelf vorrückt. Mit dem Ende des klimatischen und damit morphodynamischen Umbruchs ist dann auch die "Umbruchphase I" abgeschlossen und wird von den insgesamt stabileren prozeßmorphodynamischen Verhältnissen unter den kühl-ariden klimatischen Verhältnissen des Glazials abgelöst, die sich durch ein Einsetzen fluviatiler Zerschneidung und Ausräumung sowie äolische Umverlagerungsprozesse auszeichnen.

Im Gegensatz zur "Umbruchphase I" im Übergang eines Interglazials zum Glazial setzt die "Umbruchphase II" im Übergang von einem Glazial zum nachfolgenden Interglazial mit der signifikanten Veränderung in Lage sowie saisonaler Expansions- und Kontraktionsdynamik der ITCZ ein und bewirkt eine rasche Veränderung der klimatischen Verhältnisse, die auf Grund höherer Temperaturen und Niederschlagsmengen nicht nur zu einer Veränderung der Verwitterungsintensität, sondern auch zu einer Veränderung des Vegetationskleides und der fluviatilen Abflußdynamik führt. Dies bewirkt nicht nur eine Veränderung der Geofaktoren, sondern auch eine qualitative wie quantitative Veränderung der terrestrischen Prozeßmorphodynamik. Im Gegensatz dazu setzt das Anheben des Meeresspiegelniveaus im Zuge einer glazial-eustatischen Meeresspiegeltransgression erst zeitlich verzögert ein, da erst nach einer allgemeinen klimazonalen N-Verlagerung und einer damit verbundenen Wiederherstellung interglazialer klimazonaler Verhältnisse auch das Abschmelzen und Zurückweichen der Gletscher und Eismassen in den höheren Breiten ermöglicht wird. Aus diesem Grunde zeichnet sich die terrestrische Prozeßmorphodynamik während dieser "Umbruchphase II" unter den zunehmenden Niederschlagsmengen der bereits eingesetzten klimatischen Veränderung vor allem durch die weitere Ausräumung und Zerschneidung der während der "Umbruchphase I" umgelagerten Sedimente gegen die sich erst zeitlich nachhinkende inselwärts zurückziehende Küste aus, bis dann nach dem Ende der "Umbruchphase II" die glazial-eustatische Meeresspiegeltransgression abgeschlossen ist und sich die insgesamt stabilere interglaziale terrestrische Prozeßmorphodynamik während des interglazialen Meeresspiegelhochstandes einstellt.

Diese zeitlich unterschiedlichen Phasenabläufe der küstendynamischen Steuerungsfaktorenveränderungen, die bei flachliegenden Schelfen auch die Entwicklung von Landbrücken und damit den Austausch verschiedenartiger floristischer und faunistischer Elemente zwischen benachbarten Küsten ermöglichen (vgl. ERDELEN et al., 1988), sind jedoch nicht nur für die Morphodynamik während der wiederholten Interglazial-Glazial-Interglazial-Zyklen einer wechselfeucht-tropischen Insel im Pleistozän von Bedeutung, sondern steuern und prägen auch mit geringeren Amplituden und in verminderter Intensität die Küstendynamik im Holozän. Rezent werden diese natürlichen küstendynamischen Prozeß- und Steuerungsfaktoren jedoch in ihrer Qualität und Quantität anthropogen verändert. Auf der Grundlage der sediment-morphologischen und sediment-stratigraphischen Untersuchungsergebnisse können für den Zeitraum des Quartärs an den Küsten der wechselfeucht-tropischen Insel Sri Lanka insgesamt drei pleistozäne Interglazial-Glazial-Interglazial-Zyklen und drei holozäne Zyklen nachgewiesen werden.

7.2 Ausblick

Sicherlich ist mit der Formulierung dieses Modells und der Erarbeitung der dafür verwendeten geomorphologischen und sedimentologischen Daten die Untersuchung der Genese und Morphodynamik der Küsten Sri Lankas im Quartär nicht vollständig abgeschlossen. So fehlen bisher sowohl detaillierte geomorphologische und sedimentologische Untersuchungen von der N-Küste der Insel Sri Lanka, als auch sediment-stratigraphische Untersuchungen von Bohrkernen aus den Quartärsedimenten der Palk Straße, die nicht nur Aufschluß über die Morphodynamik dieser Wasserstraße im Quartär geben können, sondern die vor allem auch für eine differenziertere Rekonstruktion der glazial-eustatischen Meeresspiegelschwankungen wie der paläoklimatologischen Verhältnisse im Quartär der Insel Sri Lanka notwendig sind. Mit diesem Ziel sollten auch die "Ratnapura Beds" im Hinterland der SW-Küste Gegenstand sediment-stratigraphisch wie paläontologisch untersucht werden, da diese Sedimente auf Grund ihres überaus differenzierten Aufbaus wie ihrer topographischen Lage das Erhalten einer Vielzahl von unterschiedlichen Pollen und Fossilien erwarten lassen. Damit wäre es dann möglich - wie dies bisher nur für benachbarte Räume der wechselfeuchten und immerfeuchten Tropen geschehen ist -, auch für Sri Lanka die altimetrischen Veränderungen der Höhenstufen zu quantifizieren, die im Laufe des Quartärs wiederholt signifikanten vertikalen Verlagerungen ausgesetzt waren. Dies ließe dann nicht nur eine differenziertere stratigraphische Gliederung für das Quartär der Insel zu, sondern würde auch zu detaillierteren Aussagen über Geschwindigkeit und Dynamik von Vegetationsveränderungen im Quartär Sri Lankas führen. Nicht zuletzt wäre damit auch ein Ansatz geschaffen, die Reliefentwicklung sowie die stratigraphische Zuordnung der verschiedenen Reliefniveaus der Insel Sri Lanka zu überarbeiten.

Damit soll zum Abschluß dieser Arbeit dem Wunsch Ausdruck verliehen werden, die hier vorliegende Untersuchung, die die wesentlichen Grundzüge der Küstenentwicklung Sri Lankas im Quartär darlegt, möge Anstöße für weitere, vielleicht sehr unterschiedliche Untersuchungen geben, für die die vorliegende Arbeit als Rahmen dienen könnte.

8 ZUSAMMENFASSUNG

Die vorliegende Arbeit untersucht die Genese und Geomorphodynamik der über 1900km langen Küste der wechselfeucht-tropischen Insel Sri Lanka (05°54'N bis 09°52'N und 79°39'E bis 81°53'E) im Quartär und gliedert sich in drei Hauptabschnitte.

Im ersten Abschnitt werden nach der Darstellung der allgemeinen physisch-geographischen und geologischen Grundlagen der Insel Sri Lanka die Steuerungsfaktoren der rezenten Morphodynamik seiner Küsten dargelegt und hinsichtlich ihrer Bedeutung für die Prozeßmorphodynamk untersucht. Hierbei zeigt sich sehr deutlich, daß neben dem marin-litoralen vor allem der terrestrische Formungsanteil von außerordentlicher Bedeutung ist. So wird nachgewiesen, daß nur die klimatologisch-meteorologisch gesteuerte Abflußdynamik der Flüsse in den unterschiedlichen hygroklimatischen Regionen der Insel in Verbindung mit dem zur Disposition stehenden Küstenrelief sowie seiner differenzierten petrographischen wie morphologischen Verhältnisse den wesentlichen Steuerungsfaktor für die räumlich differenzierte rezente Morphodynamik an den Küsten der Insel darstellt. Hingegen vollzieht sich der anthropogene Formungsanteil nicht in direkter Form, sondern führt als Eingriff in das System der natürlichen Küstensteuerungsfaktoren zu einer qualitativen wie quantitativen Veränderung der natürlichen Küstenmorphodynamik. Daraus ergibt sich, (1) daß die rezente Morphodynamik der Küsten Sri Lankas vornehmlich das Ergebnis und die Folge klimatologisch-meteorologisch gesteuerter marin-litoraler wie terrestrischer Prozeßabläufe ist, und (2) daß Veränderungen der rezenten Morphodynamik vor allem auf Veränderungen der klimatologisch-meteorologisch kontrollierten Steuerungsfaktoren zurückzuführen sind.

Im zweiten Hauptabschnitt werden auf der Grundlage repräsentativer Küstensequenzen die Veränderungen der küstendynamischen Steuerungsfaktoren im Quartär untersucht und die Genese der Küsten Sri Lankas im Quartär dargestellt. Wie sediment-morphologische und sediment-stratigraphische sowie geomorphologische Untersuchungsergebnisse aus dem Küstenhinterland, von den Küsten sowie dem vorgelagerten Schelf belegen, ist das kristalline Inselbergrelief des "Lowland" jeweils zu Beginn der wiederholten "Interglazial-Glazial-Interglazial"-Zyklen des Quartärs in einer "Umbruchphase I", die sich durch den abrupten klimatischen Umbruch von warm-feuchten interglazialen zu kühl-ariden glazialen Verhältnissen und damit einer signifikanten Veränderung der terrestrischen Morphodynamik auszeichnet, verschüttet und "plombiert" worden. Da dieser klimatische Umbruch erst zeitlich verzögert ("time lag") zur bereits vorher begonnenen glazial-eustatischen Meeresspiegelregressionsphase einsetzt, werden die terrestrischen Sedimente aus dem Hinterland gegen einen bereits abgesunkenen Meeresspiegel und eine bereits vorgerückte Küste geschüttet, von wo sie dann im Zuge der weiteren glazial-eustatischen Meeresspiegelabsenkung unter den kühl-ariden klimatischen Verhältnissen des Glazials wieder fluviatil ausgeräumt und gegen die weiter schelfwärts vorrückende Küste umverlagert werden, bis sie dann über dem kristallinen Schelfbaseninselbergrelief zur Ablagerung kommen. Im Inselbergrelief des "Lowland" bleiben Erosionsreste dieser Sedimente nur auf hochaufragenden Inselbergen zurück. Auch im Übergang zum nachfolgenden Interglazial, d.h. in der "Umbruchphase II", setzt sich diese Zerschneidungs- und Sedimentumlagerungsdynamik noch fort, da hier der klimatische Umbruch zu den warm-feuchten klimatischen Verhältnissen des nachfolgenden Interglazials dem Einsetzen der glazial-eustatischen Meeresspiegeltransgressionsphase mit dem Anheben des Meeresspiegelniveaus vorauseilt. Da im Bereich der Feuchtzone, d.h. im SW der Insel, auf Grund der hygroklimatischen Verhältnisse sowie der geringen Breitenerstreckung des "Lowland" infolge der räumlichen Nähe zum zentralen Bergland die Sedimentumlagerungsmengen der "Umbruchphase I" sehr hoch gewesen sind, konnte im Quartär in diesem Teil der Insel keine

Flächenbildungsphase mit der Neuanlage von Flächen erfolgen. Dies belegen auch 15m mächtige "präquartäre" kaolinitische in-situ-Verwitterungsmassen im Hinterland der SW-Küste, deren kristalline Basis mit der Oberfläche der kristallinen Basis in den unmittelbar benachbarten sowie größten und wasserreichsten Flußsystemen der SW-Küste altimetrisch nahezu identisch ist. Hingegen haben die Fluß- und Bachläufe im Hinterland der S- und E-Küste, die rezent in der Trockenzone bzw. in der ariden Zone liegen, während der Glaziale des Quartärs ihre Sohlen deutlich in den kristallinen Untergrund eingetieft und damit nicht zur Flächenerhaltung geführt. Da in diesen Teilen der Insel als Folge anderer interglazialer hygroklimatischer Verhältnisse als in der Feuchtzone die geringere Verwitterungsintensität nur geringere Sedimentmengen für die Umlagerungsdynamik während der "Umbruchphase I" der wiederholten "Interglazial-Glazial-Interglazial-Zyklen" des Quartärs zur Verfügung stellen konnte, konnte hier fluviatile Tiefenerosion und damit eine Tieferlegung der Flußsohlen hervorgerufen werden.

Für die Küsten der Insel Sri Lanka können drei pleistozäne "Interglazial-Glazial-Interglazial-Zyklen" nachgewiesen werden. Zwar ist nur der jungpleistozäne, d.h. letztinterglaziale glazial-eustatische Meeresspiegelhochstand durch marine Sedimente eines fossilen 5m-Strand- und Deltaniveaus belegt und altimetrisch faßbar, jedoch kann auf der Grundlage sediment-morphologischer Untersuchungen im Küstenhinterland sowie im vorgelagerten Schelf für das Mittel- und Altpleistozän je ein glazial-eustatischer Meeresspiegelhochstand nachgewiesen werden. Die glazial-eustatischen Meeresspiegeltiefstände haben während der glazialen Meeresspiegelregressionsphasen des Quartärs mindestens 70m unter dem rezenten Meeresspiegelniveau gelegen. Auch für das Holozän sind drei Zyklen nachweisbar, die sich jedoch durch zunehmend geringere Amplituden der küstendynamischen Steuerungsfaktorenveränderungen auszeichnen. Mit Hilfe sediment-morphologischer wie sediment-stratigraphischer Untersuchungen und der Datierung von altimetrisch unterschiedlichen Beachrockvorkommen und Lagunensedimenten können drei holozäne glazial-eustatische Meeresspiegeltransgressions- und Meeresspiegelregressionsphasen nachgewiesen werden, in denen sich die Amplituden der Meeresspiegelschwankungen zunehmend verringerten. Die rezente, d.h. vierte Transgressionsphase, ist noch nicht abgeschlossen.

Die Ergebnisse der sediment-morphologischen wie sedimentstratigraphischen und geomorphologischen Untersuchungen belegen, daß (1) sich die Entwicklung der Küsten Sri Lankas im Quartär unter dem Einfluß der klimatisch gesteuerten Veränderungen der küstendynamischen Steuerungsfaktoren während der wiederholten "Interglazial-Glazial-Interglazial-Zyklen" polygenetisch entwickelt hat, und (2) daß die Formung des kristallinen Inselbergreliefs sowohl des "Lowland" wie der Schelfbasis im wesentlichen bereits präquartär abgeschlossen war und im Quartär eine nur geringe Überformung und Überprägung erfahren hat.

In einem dritten Abschnitt werden dann zum Abschluß der Arbeit die im Rahmen dieser Untersuchung gewonnenen Ergebnisse unter Berücksichtigung von Untersuchungsergebnissen aus benachbarten Räumen der immer- und wechselfeuchten Tropen zu einem "Modell der polygenetischen Küstenentwicklung einer Insel in den wechselfeuchten Tropen" zusammengefaßt und mit den globalen Wärme- und Wasserhaushaltsschwankungen im Quartär und den durch sie gesteuerten Veränderungen der küstendynamisch relevanten globalen, regionalen und lokalen Einflüsse und Steuerungsfaktoren korreliert.

SUMMARY

"The Quaternary Coastal Development of Sri Lanka - Analysis of the controlling factors and their dynamics for the deduction of a model for the polygenetic coastal development of an island in the wet-dry tropics"

This study demonstrates the Quaternary geomorphological development and morphodynamic processes which have formed the 1900km-long coast of the wet-dry tropical island of Sri Lanka, located 05°54'N to 09°52'N and 79°39'E to 81°53'E. The study is divided into three main sections.

The first section gives a general introduction to the physiogeographical and geological characteristics of the island of Sri Lanka and presents the factors which control the present morphodynamic processes of the island's coasts. The analysis of the importance of all these factors can clearly demonstrate that, apart from the marine-littoral (sea-borne) factors, the terrestrial (land-borne) factors mainly dominate the present morphodynamic processes of the Sri Lankan coasts. The study proves that it is above all the impact of climatological and meteorological patterns on the discharge regimes of the rivers in the island's different hygroclimatic regions, in combination with the types of coastal relief and its differentiated petrographical and morphological characteristics, which mainly control the varying qualities and quantities of the present morphodynamics of the island's coasts. Rather than having a direct impact, human activities lead to an interference with the above-mentioned natural controlling factors, thus indirectly causing modified present coastal morphodynamic processes in quality and quantity. This means that (1) the present coastal morphodynamic processes are the result mainly of the climatological-meteorological patterns controlling both terrestrial and marine-littoral factors, and (2) consequently, changes of the present morphodynamic processes are above all consequences of modified climatologically and meteorologically controlled factors.

The second section presents selected sectors of the Sri Lankan coasts and shows the changes of the controlling factors and their impact on coastal development during the Quaternary. The results of geological, stratigraphical, and geomorphological research in the coastal hinterland, along the coasts themselves, as well as offshore, indicate that the crystalline inselberg relief of the island's lowland experienced repeated "interglacial-glacial-interglacial cycles" during the Quaternary. The initial phases of these cycles were characterized by an abrupt and drastic climatic change from a tropical warm-humid (interglacial) to a tropical cool-arid (glacial) climate ("change I" - "Umbruchphase I"). This climatic change led to drastically altered terrestrial morphodynamic processes, resulting in the transport of huge amounts of sediment which covered and "buried" the crystalline inselberg relief of the lowland. This climatic change set in with a certain time lag only after the glacial-eustatic sea level regression had already been going on for some time, and so the terrestrial sediments were transported towards an already dropped sea level and a coastline advanced out on the shelf. During the further glacial-eustatic sea level drop under the tropical cool-arid climatic conditions of the glacial, these sediments were then re-eroded by rivers and transported further out over the part of the shelf which had by then fallen dry. These sediments were finally deposited there, thus covering almost completely the inselberg relief of the crystalline shelf basement. In the coastal lowland area, erosion remnants can only be found now on top of high inselbergs. During the transition phase towards the tropical warm-humid climate of the following interglacial period ("change II" - "Umbruchphase II"), the dissection and redeposition of sediments within the coastal lowland continued, because the climatic change towards the succeeding tropical warm-humid interglacial period preceded the setting-in of the glacial-eustatic sea level transgression phase. As the hygro-climatic conditions in the SW of Sri Lanka, i.e. in the wet zone, as well as the small extension of the lowland area there, and its close vicinity to the central highlands, led to a high amount of sediments being transported and redeposited during "change I" phase, this area has not experienced any peneplanation processes during the Quaternary. This is also proved by the fact that in the hinterland of the SW coast (1) the crystalline basement is partly covered by "pre-Quaternary" kaolinitic material measuring 15m and weathered in situ, and (2) the fact that the surface of that crystalline basement is almost level with the crystalline basement beneath the lower courses of the major adjacent rivers in the SW. By contrast, the lower courses of the rivers in the hinterland of the E and S coast, located in the present dry zone or arid zone, were governed by hygro-climatic conditions during the Quaternary glacial periods, which were similar to those in the present arid zone. During the glacial periods, these rivers were able to deepen their beds into the crystalline basement, thus counteracting the conservation of peneplains. These morphodynamic differences result from the different interglacial hygroclimatic conditions between the wet zone and the dry and arid zones respectively. In the dry and arid zones, lower intensity of weathering caused a lower amount of sediments to be available for transportation and redeposition during the repeated "interglacial-glacial-interglacial cycles" of the Quaternary, and erosion of river beds resulted.

The results of geological, stratigraphical, and geomorphological research give evidence for three Pleistocene "interglacial-glacial-interglacial cycles" at the Sri Lankan coasts. The marine sediments of both the 5m raised beach level and the 5m raised delta level, both dated late-Pleistocene, indicate the existence and altitude of the glacial-eustatic raised sea level during the last interglacial. However, sedimentological and geomorphological studies in the coastal hinterland and in the shelf off Sri Lanka give evidence of another two glacial-eustatic raised sea levels, which occured during the mid-Pleistocene and the lower-

Pleistocene respectively. During the Pleistocene regression phases the glacial-eustatic sea level dropped to at least 70m below the present one. For the Holocene three more cycles can be identified. However, research into the geomorphology and stratigraphy, as well as dating of beachrock and lagoon sediments, indicate that the changes of the factors controlling coastal dynamic processes were characterized by decreasing amplitudes, and that the amplitudes of the sea level changes of the glacial-eustatic sea level transgression and regression phases respectively decreased during the Holocene. A fourth transgression phase, i.e. the present sea level rise, is still continuing.

Summing up, it can be said that (1) the Quaternary coastal development of Sri Lanka is a result of climatic changes, which brought about differentiations in the factors controlling the coastal dynamics during the repeated "interglacial-glacial-interglacial-cycles", and thus led to a polycyclic and polygenetic development of the island's coasts. Furthermore (2), the inselberg relief of the crystalline basement in the coastal lowland as well as at the crystalline basis of the shelf sediments had already been formed in "pre-Quaternary" times. These inselberg reliefs experienced only minor changes and little superimposition during the Quaternary.

The third section of the study adds evidence from research in adjacent tropical wet and tropical wet-dry regions to the results of this study and attempts the deduction of a "model of the polygenetic coastal development of an island in the wet-dry tropics". Finally, the results of the study are correlated with the global changes of water and heat budgets during the Quaternary and the changing of controlling factors affecting coastal dynamics on a global, regional, and local scale.

9 LITERATURVERZEICHNIS

ABEYGUNAWARDENE, T.H.D. (1949): The islands on the West of the Jaffna Peninsula - Bulletin of the Ceylon Geographical Society, Vol. 4, S. 62-73

ABEYWICKRAMA, B.A. (1960): The estuarine vegetation of Ceylon - Proceedings of the Abidjan Symposium on Humid Tropics, S. 207-210

- (1961): The vegetation of the lowlands of Ceylon in relation to soil - Proceedings of the Abidjan Symposium on Humid Tropics, S. 87-92

ADAMS, F.D. (1929): The geology of Ceylon - Canadian Journal of Research, Vol.1, 425-511

ADEM, J. (1981): Numerical experiments on ice age climates - Climatic Change, Vol 3, S. 155-171

AHARON, P. (1984): Implications of the coral reef records from New Guinea concerning the astronomical theory of the ice ages - in: BERGER, A. (Ed.): Milankovitch and Climate, Part I, S. 379-389

AHMAD, E. (1972): Coastal geomorphology of India - Orient Longman, New Dehli

ALWIS, K.A. de and PANABOKKE, C.R. (1972): Handbook of the soils of Sri Lanka (Ceylon) - Journal of the Soil Science Society of Ceylon, Vol. 2, S. 1-97

ALWIS, R. de (1980): Problems of marine pollution and the conflicts in the coastal zone of Sri Lanka - Economic Review, Vol. 6, S. 10-11

AMARASINGHE, S.R. (1971): Coast protection in Ceylon - Port Commission (Colombo), Draft Report EW3/CPW/Gen 1, Vol.II (unveröffentlichter Report)

- (1978): Coast Conservation - Loris, Vol. 14, S. 355-357

AMARASINGHE, S.R. and ALWIS, R. de (1980a): Coastal zone management in Sri Lanka - 2nd Symposium of Coastal and Ocean Management, Florida, S. 998-105

- (1980b): Coral mining activity - Economic Review, Vol. 6, S. 7-9

AMARATUNGE, S.R. and WICKREMERATNE, W. (1986): Bathymetry and some oceanographic parameters of the Hikkaduwa marine sanctuary - Sri Lankan Association for the Advancement of Science, D 31

ANDEL, T.H. v. and VEEVERS, J.J. (1965): Submarine morphology of the Sahul shelf, Northwestern Australia - Bulletin of the Geological Society of America, Vol. 76, S. 695-700

ANDEL, T.H. v.; HEATH, G.R.; MOORE, T.C. and Mc. GEARY, D.F.R. (1967): Late Quaternary history, climate, and oceanography of the Timor Sea, Northwestern Australia - American Journal of Science, Vol. 265, S. 737-758

ANDREW, E.M. and CARRUTHERS, R.M. (1980): Geophysical surveys in the Northwest dry zone, Sri Lanka (April 1980) - Geophysics and Hydrogeology Division, Institute of Geological Sciences, England, Report No. 116

ARUDPRAGASAM, K.D. and JAYASINGHE, J.M. (1980): Salinity distribution in the Moratuwa-Panadura estuary and the Bolgoda system - Sri Lankan Association for the Advancement of Science, A 36

ARUMUGAM, S. (1972): Development of groundwater and its exploitation in the Jaffna Pennisula - The Institution of Engineers, Ceylon, S. 17-61

AYYASAMI, K. and GURURAJA, M.N. (1977): Plant fossils from the East coast Gondwana beds of Tamil Nadu with a note on their age - Journal of the Geological Society of India, Vol. 18, S. 398-400

BAMFORD, A.J. (1926): Cyclonic movements in Ceylon - Ceylon Journal of Science, Section E, Vol. 1, S. 15-38

BAPTIST, A.D. (1956): A geography of Ceylon for schools - Madras, India

BARNES, R.S.K. (1977): The coastline - John Wiley and Sons, London, England

BATCHELOR, B.C. (1979): Discontinuously rising Late Cainozoic eustatic sea levels, with special reference to Sundaland, South-East Asia - Geol. Mijnb., Vol. 58, S. 1-20

BAULIG, H. (1935): The changing sea level - Publications of the Institute of Geography, London, Vol. 3, S. 46-67

BE, A.W.H. and DUPLESSY, J.C. (1976): Subtropical convergence fluctuations and Quaternary climates in the middle latitudes of the Indian Ocean - Science, Vol. 194, S. 419-422

BEAL, M.A. and SHEPARD, F.P. (1956): A use of roundness to determine depositionale environment - Journal of Sedimentary Petrology, Vol. 26, S. 49-60

BENDER, M.L.; FAIRBANKS, R.G.; TAYLOR, F.W.; METTHEWS, R.K.; GODDARD, J.G. and BROECKER, W.S. (1979): Uranium-series dating of the Pleistocene reef tracts of Barbados, West Indies - Bulletin of the Geological Society of America, Vol. 1, S. 577 - 594

BIEWALD, D. (1973): Die Bestimmung eiszeitlicher Meeresoberflächentemperaturen mit der Ansatztiefe typischer Korallenriffe - Berliner Geographische Abhandlungen, H. 15

BIRD, E.C.F. (1967): Coasts - M.J.T. Cambridge, Massachussets, USA
- (1985a): The study of coastline changes - Zeitschrift für Geomorphologie, Suppl.-Bd. 57, S. 1-9
- (1985b): Coastline Changes: A global review - John Wiley and Sons, New York, USA

BIRKS, H.J.B. and WEST, R.G. (1973): Quaternary plant ecology - Blackwell, Oxford, England

BISWAS, B. (1973): Quaternary changes of the sea level in the South China Sea - Proceedings of the Regional Conference on Geology of South-East Asia, Bulletin of the Geological Society of Malaysia, Vol. 6, S. 229-255

BLACKMAN, A. and SOMAYAJULU, B. (1966): Pacific Pleistocene cores: Faunal analyses and geochronology - Science, Vol. 154, S. 886-889

BLOOM, A.L. (1971): Glacial-eustatic and isostatic controls of sea level since the last glaciation - in: TUREKIAN, K. (Ed.): The late Cenozoic glacial ages, Qale University Press, S. 355-379

BOURGEOIS, J. (1978): Beachrock - Encyclopedia of Sedimentology, S. 44-45

BOWDEN, K.F. (1983): Physical oceanography of coastal waters - John Wiley, New York, USA

BOWLER, J.M. (1976): Aridity in Australia: age, origins and expression in aeolian landforms and sediments - Earth-Science Review, Vol. 12, S. 179-310

BRAND, K. (1988): Einflußfaktoren, Prozesse und Formen des Bodenabtrags im Kotmale-Gebiet im Hochland von Sri Lanka - Diplomarbeit am Lehrstuhl für Physische Geographie der Universität Augsburg

BREMER, H. (1973): Grundsatzfragen der tropischen Morphologie, insbesondere der Flächenbildung - Geographische Zeitschrift, Beiheft "Geographie heute, Einheit und Vielfalt", S. 114-130

- (1979): Relief und Böden in den Tropen - Zeitschrift für Geomorphologie, Suppl.-Bd. 33, S. 25-37

- (1980): Landform development in the humid tropics - Zeitschrift für Geomorphologie, Suppl.-Bd. 36, S. 162-175

- (1981): Reliefformen und reliefbildende Prozesse in Sri Lanka - Relief, Boden, Paläoklima, Bd. 1, S. 7-183

BRETSCHNEIDER, C.L. (1957): Revisions in wave forecasting: deep and shallow water - Proceedings of the 6th Coastal Engineering Conference, S. 30-67

BROECKER, W.S. (1986): Oxygen isotope constraints on surface ocean temperatures - Quaternary Research, Vol. 26, S. 121-134

BROHIER, R.L. (1950): Land, maps and surveys: A review of the evidence of land surveys as practiced in Ceylon from earliest know periods and the story of the Ceylon Survey Department from 1800 - 1950 (Vol. 1) - Lake House, Colombo, Sri Lanka

- (1951): Land, maps and surveys: Descriptive catalogue of historical maps in the Surveyor General Office (Vol. 2) - Lake House, Colombo, Sri Lanka

BRONGER, A. (1985): Bodengeographische Überlegungen zum "Mechanismus der doppelten Einebnung" in Rumpfflächengebieten Südindiens - Zeitschrift für Geomorphologie, Suppl.-Bd. 56, S. 39-53

BRUNNER, H. (1969): Verwitterungstypen auf den Granitgneisen (Peninsular Gneis) des östlichen Mysore-Plateaus (Südindien) - Petermanns Geographische Mitteilungen, Bd. 113, S. 241-248

- (1970): Pleistozäne Klimaschwankungen im Bereich des Mysore-Plateaus (Südindien) - Geologie, Bd. 19, S. 72-82

BRUUN, P. (1955): Coast erosion and development of beach profiles - Technical Memorandum No. 44, Corps of Engineers, Beach Erosion Board, USA

- (1962): Sea level rise as a cause of shore erosion - Proceedings of the American Society of Civil Engineers, Vol. 88, S. 117-130

BRUUN, P. and SCHWARTZ, M.L. (1985): Analytical predictions of beach profile change in response to a sea level rise - Zeitschrift für Geomorphologie, Suppl.-Bd. 57, S. 33-50

BUCHER, W. H. (1940): Submarine valleys and related geologic problems of the North Atlantic - Bulletin of the Geological Society of America, Vol. 51, S. 489-512

BÜDEL, J. (1963): Klima-genetische Geomorphologie - Geographische Rundschau, Bd. 15, S. 269-286
- (1965): Die Relieftypen der Flächenspülzone Südindiens am Ostabfall Dekans gegen Madras - Colloquium Geographicum, Bd. 8, Bonn
- (1972): Typen der Talbildung in verschiedenen klimamorphologischen Zonen - Zeitschrift für Geomorphologie, Suppl.-Bd. 14, S. 1-20
BUSH, S.A. and BUSH, P. (1969): Trincomalee and associated canyons in Ceylon - Deep Sea Research, Vol. 16, S. 655-660
CAMPO, E. v. (1986): Monsoon fluctuations in two 20.000yr. B.P. oxygen-isotope/pollen records off Southwest India - Quaternary Research, Vol. 26, S. 376-388
CAMPO, E. v.; DUPLESSY, J.C. and ROSSIGNOL-STRICK, M. (1982): Climatic conditions deduced from a 150.000 yr. oxygen isotope-pollen record from the Arabian Sea - Nature, Vol. 296, S. 56-59
CANTWELL, Th.; BROWN, Th.E. and MATHEWS, G. (1978): Petroleum geology of the Northwest offshore area of Sri Lanka - Proceedings of the Southeast Asia Petroleum Exploration Conference, Singapore, S. 1-13
CHAMLEY, H. (1979): Marine Clay sedimentation and climate in the late Quaternary off Northwest Africa - Palaeoecology of Africa, Vol. 12, , S. 189-190
CHAPPEL, J. (1983): A revised sea level record for the last 300.000 years from Papua New Guinea - Quaternary Research, Vol 14, S. 99-101
CHATTERJEE, S.P. (1961): Fluctuations of sea level around the coasts of India during the Quaternary period - Zeitschrift für Geomorphologie, Suppl.-Bd. 3, S. 48-56
CHHIBBER, H. L. (1946): The age, origin and classification of the rivers of India - Bulletin of National Geographical Society of India, Vol. 9, S. 1-9
CLARK, J.A.; FARRELL, W.E. and PELTIER, W.R. (1978): Global changes in postglacial sea level: a numerical calculation - Quaternary Research, Vol. 9, S. 265-287
CLARK, J. A. (1985): Forward and inverse models in sea level studies - in: WOLDENBERG, M.J. (Ed.), Models in Geomorphology, Binghamton Symposia in Geomorphology International Series No. 14, S. 119-138
CLARKE, A.C. (1956): The reefs of Taprobane - Harper, New York, USA
- (1964): The treasure of the Great Reef - Barker, London, England
CLIMAP PROJECT MEMBERS (1976): The surface of the ice-age earth - Science, Vol. 191, S. 1131-1137
CLOOS, H.; NARAIN, H. and GARDE, S.C. (1974): Continental margins of India - in: BURK, C.A. and DRAKE, C.L. (Ed.): The Geology of Continental Margins, Springer Verlag, S. 629-639
COATES, D.R. (1973): Coastal Geomorphology - George Allen and Unwin, London
COATES, J.S. (1935): The geology of Ceylon - Spolia Zeylanica, Vol. 19, S. 101-191
COASTAL ENGINEERING RESEARCH CENTER (1984): Shore Protection

Manual (Vol. I and Vol. 2) - Department of the Army, U.S. Army Corps of Engineers, Washington, USA
COAST CONSERVATION DEPARTMENT (CCD) (1986): Coast protection masterplan (SW- and S-Coast) - Ministry of Fisheries, Colombo, Sri Lanka (unveröffentlichter Report)
COAST EROSION RESEARCH CENTER (1966): Shoreline protection, planning and design - U.S. Army Corps of Engineers, Technical Report No. 4, Washington, USA
COLEMAN, J.M. and SMITH, W.G. (1964): Late recent rise of sea level - Bulletin of the Geological Society of America, Vol. 75, S. 833-840
COLLAR, F.A. and GREENWOOD, P.G. (1978): Trial geophysical surveys for groundwater resources in the Northwest dry zone of Sri Lanka - Water Resources Board, Colombo, Sri Lanka (unveröffentlichter Report)
CONOLLY, J.R. (1967): Postglacial-glacial change in climate of the Indian Ocean - Nature, Vol. 214. S. 873-875
- (1968): Submarine canyons of the continental margin, East Bass Strait (Australia) - Marine Geology, Vol. 6, S. 449-461
COOMARASWAMY, A.K. (1906): Bibliography of Ceylon Geology - Colombo, Sri Lanka
COORAY, P.G. (1956): Geological foundations of Ceylon's scenery - Bulletin of the Geographical Society of Ceylon, Vol. 10, S. 20-30
- (1961): Geology of the country around Rangala - Geological Survey Department, Colombo, Ceylon, Memorandum 2, S. 1-138 (unveröffentlichter Report)
- (1963a): Size and sorting in some recent, coastal sands from Ceylon - The Indian Mineralogist, Vol. 4, S. 14-28
- (1963b): The Erunwala Gravel and the probable significance of its terricrete cap - Ceylon Geographer, Vol. 17, S. 39-48
- (1965): Geology of the country around Alutgama - Geological Survey Department, Colombo, Ceylon, Memorandum 3, S. 25-97 (unveröffentlichter Report)
- (1966): The geology of the area around Battulu Oya and Puttalam - Geological Survey Department, Colombo, Ceylon, Memorandum 6, S. 1-109 (unveröffentlichter Report)
- (1967): An Introduction to the geology of Ceylon - National Museums Deptartment, Colombo, Sri Lanka
- (1968a): A note on the occurence of beach rock along the West coast of Ceylon - Journal of Sedimentary Petrology, Vol. 38, S. 650-654
- (1968b): The geomorphology of part of the Nortwestern coastal plain of Ceylon - Zeitschrift für Geomorphologie, Suppl.-Bd. 7, S. 95-113
- (1978): Geology of Sri Lanka's Pre-Cambrian - Proceedings of the 3rd Regional Conference on Geology and Mineral Resources of Southeast Asia, S. 701-710
CRAWFORD, A.R. (1969): India, Ceylon and Pakistan: new age data and comparisons with Australia - Nature, Vol. 223, S. 380-384
- (1971): Gondwanaland and the growth of India - Journal of the Geological Society of India, Vol. 12, S. 205-221

- (1974): Indo-Antarctica: Gondwanaland and the distribution of a granulite belt - Tectonophysics, Vol. 22, S. 141-157
CROCKER, R.L. (1959): Past climatic fluctuations and their influence upon Australian vegetation - in: KEAST, A. et al. (Ed.): Biogeography and Ecology in Australia, S. 283-290
CULLEN, J.L. (1981): Microfossil evidence for changing salinity patterns in the Bay of Bengal over the last 20.000 years - Palaeogeography, Palaeoclimatology, Palaeoecology, Vol. 35, S. 315-356
CURRAY, J.R. and MOORE, D.G. (1974): Sedimentary and tectonic processes in the Bengal deep sea fan and geosyncline - in: BURK, C.A. and DRAKE, C.L. (Ed.): The Geology of continental margins, Springer Verlag, S. 617-627
CURRIE, R.I.; FISHER, A.E. and HARGREAVES, P.M. (1973): Arabian Sea upwelling - in: ZEITZSCHEL, B. (Ed.): The biology of the Indian Ocean, Springer Verlag, S. 37-52
DAHANAYAKE, K. (1982a): Structural and petrological studies on the Precambrian Vijayan complex of Sri Lanka - Revista Brasileira de Geociencias, Vol 12, S. 89-93
- (1982b): Laterites of Sri Lanka: A reconnaissance study - Mineralogica Deposita, Vol. 17, S. 245-256
DAHANAYAKE, K. and JAYAWARDANA, S.K. (1979): Study of red and brown earth deposits of Northwest Sri Lanka - Journal of the Geological Society of India, Vol. 20, S. 433-440
DAHANAYAKE, K. and DASANAYAKE, D. (1981): Glacial sediments from Weuda, Sri Lanka - Sedimentary Geology, Vol. 30, S. 1-14
DALY, R. A. (1942): The floor of the ocean - University of North Carolina, USA
DANIEL, J.A. (1908): Mineralogical survey of Ceylon - Administration Report, Colombo, Sri Lanka (unveröffentlichter Report)
DARBYSHIRE, J. (1952): The generation of waves by wind - Proceedings of the Royal Society of London, Series A, Vol. 215, S. 299-328
DASSENAIKE, S.W. (1928): Coast erosion in Ceylon - Transactions Engineering Association of Ceylon, S. 55-73
DATTATRI, J. and RENUKARADHYA, P.S. (1970): Wave forecasting for the West coast of India - Proceedings of the 12th Coastal Engineering Conference, Vol. 12, S. 203-215
DAVIES, J.L. (1958): Wave refraction and the evolution of shoreline curves - Geographical Studies, Vol. 5, S. 1-14
- (1964): A morphogenetic approach to world shorelines - Zeitschrift für Geomorphologie, Bd. 8, S. 127-142
- (1977): Geographical variations in coastal development - Geomorphological Texts 4, Edinburgh Longman, London
DAVIES, O. (1971): Sea level during the past 11.000 years (Africa) - Quaternaria, Vol. 14, S. 195-204
DAVIS, R.A. (Hrsg.) (1978): Coastal sedimentary environments - Springer Verlag
DAYANANDA, H.V. and ALWIS, R. de (1980): Impact of cyclones on the coast - Seminar Report of Sri Lanka Foundation Institute, S. 47-51
DEPARTMENT OF METEOROLOGY (1971): Report of the Department

for 1971 - Colombo, Sri Lanka
- (1972): Report of the Department for 1972 - Colombo, Sri Lanka
- (1983): Report of the Department for 1983 - Colombo, Sri Lanka
- (1985): Report of the Department for 1983 - Colombo, Sri Lanka

DERANIYAGALA, P.E.P. (1958): Pleistocene of Ceylon - National Museums Department, Colombo, Sri Lanka
- (1961): The amphitheatres of Minikagakanda, their possible origin and some of the fossils and stone artefacts collected from them - Spolia Zeylanica, Vol. 29, S. 149-163
- (1963): Some indicators in the Pleistocene stratigraphical chronology of Ceylon - Spolia Zeylanica, Vol. 30, S. 37-49

DEUTSCHES HYDROGRAPHISCHES INSTITUT (1987): Gezeitentafeln für das Jahr 1988, Bd. II: Atlantischer und Indischer Ozean, Westküste Südamerikas - Hamburg

DIESTER-HAASS, L. (1979): 31. DSDP Site 397: Climatological, sedimentological, and oceanographic changes in the neogene autochthonons sequence - Initial Reports of the Deep Sea Drilling Project, Vol. XLVII, Part 1, S. 647-670

DIETRICH, G. (1973): The unique situation in the environment of the Indian Ocean - in: ZEITZSCHEL, B. (Ed.): The biology of the Indian Ocean, Springer Verlag, S. 1-6

DIETRICH, G.; KALLE, K.; KRAUSS, W. und SIEDLER, G. (1975): Allgemeine Meereskunde: Eine Einführung in die Ozeanographie - Gebrüder Borntraeger, Stuttgart

DIETZ, R.S. (1963): Wave-base, marine profile of equilibrium and wave built terraces: a critical appraisal - Bulletin of the Geological Society of America, Vol. 74, S. 971-990

DINGLE, R.V. (1971): Tertiary sedimentary history of the continental shelf off southern Cape Province, South Africa - Transactions of the Geological Society of South Africa, Vol. 74, S. 173-185

DISSANAYAKE, C.B. (1980): Minerology and chemical composition of some laterites of Sri Lanka - Geoderma, Vol. 23, S. 147-155
- (1984/85): Metals in algal mats: A geochemical study from Sri Lanka - Chemical Geology, Vol. 47, S. 303-320

DOMRÖS, M. (1968): Untersuchungen der Niederschlagshäufigkeit auf Ceylon nach Jahresabschnitten - Jahrbuch des Südasien-Instituts, Bd. 2, S. 70-83
- (1971a): Der Monsun im Klima der Insel Ceylon - Die Erde, Bd. 102, S. 118-140
- (1971b): "Wet Zone" und "Dry Zone": Möglichkeiten einer klimaökologischen Raumgliederung der Insel Ceylon - Landschaftsökologische Forschungen auf Ceylon, S. 205-232
- (1972): Zur Frage des Monsuns als "Regenbringer", untersucht am Beispiel der Insel Ceylon - Meteorologische Rundschau, Bd. 25, S. 51-57
- (1974): The agroclimate of Ceylon: A contribution towards the ecology of tropical crops - Geoecological Research, Vol 2, Steiner-Verlag, Wiesbaden
- (1976): Sri Lanka: Die Tropeninsel Ceylon - Wissenschaftliche Buchgesellschaft, Darmstadt

DONALD, J.A. (1937): The Basses and Minicoy lighthouse service report on the Little Basses reef and landing platform - Department of Trade, Colombo, Sri Lanka
DOUGLAS, J. (1967): Man, vegetation an sediment yield of rivers - Nature, Vol. 215, S. 925-928
DÜING, W. (1970): The monsoon regime of the currents in the Indian Ocean - International Indian Ocean Expedition Oceanographic Monographs No. 1, East-West Center Press, Honolulu, Hawaii
DUPLESSY, J.C. (1982): Glacial to interglacial contrasts in the Northern Indian Ocean - Nature, Vol. 295, S. 494-498
DUPLESSY, J.C. and SHACKLETON, N.J. (1985): Response of global deep-water circulation to earth's climatic change 135.000 - 107.000 years ago - Nature, Vol. 316, S. 500-507
EAMES, F.E. (1950): On the ages of certain upper Tertiary beds of peninular India and Ceylon - Geological Magazin, Vol. 87, S. 233-252
EATON, R.O. (1961): Coast protection and coastal resource development in Ceylon - U.S. Operations Mission Report (Order No. 83/31/012/2/10057 of 1961)
EKMAN, V.W. (1906): Beiträge zur Theorie der Meeresströmungen - Annalen zur Hydrographie und maritimen Meteorologie, Bd. 34, S. 472-484, 527-540, 566-583
ELLENBERG, L. (1980): Zur Klimamorphologie tropischer Küsten - Berliner Geographische Studien, Bd. 7, S. 177-191
- (1982): Beobachtungen zur Geschwindigkeit gegenwärtiger Küstenveränderungen - Zeitschrift für Geomorphologie, Bd. 26, S. 103-117
- (1983): Entwicklung der Küstenmorphodynamik in den letzten 20.000 Jahren - Geographische Rundschau, H.1, S. 9-16
EMERY, K.O. (1980): Relative sea levels from tide-gauge records - Proceedings of the National Acadamy of Sciences, Vol. 77, S. 69-79
EMERY, K.O. and GARRISON, L.E. (1967): Sea levels 7.000 to 20.000 years ago - Science, Vol. 157, S. 684-687
EMERY, K.O.; NIINO, H. and SULLIVAN, B. (1971): Post-Pleistocene levels of the East China Sea - in: TUREKIAN, K. (Ed.): The late Cenozoic glacial ages, New Haven, Yale University Press, S. 381-390
EMILIANI, C. (1954): Temperatures of Pacific bottom waters and polar surfacial waters during the Tertiary - Science, Vol. 119, S. 853-855
- (1955): Pleistocene temperatures - Geology, Vol. 63, S. 538-578
- (1961): Cenozoic climatic changes as indicated by the stratigraphy and chronology of deep-sea cores of globigerina-ooze facies - Annals of the N.Y. Academy of Sciences, Vol. 95, S. 521-536
- (1971): The amplitude of Pleistocene climatic cycles at low latitudes and the isotopic composition of glacial ice - in: TUREKIAN, K. (Ed.): Late Cenozoic glacial ages, Yale University Press, S. 183-197
- (1972): Quaternary paleotemperatures and the duration of the high-temperature intervals - Science, Vol. 178, S. 398-401

EMMEL, F.J. and CURRAY, J.R. (1985): Bengal Fan, Indian Ocean - in: BOUMA, A. H.; NORMARK, W. R. u. BARNES, N. (Ed.): Submarine fans and related turbidite systems, Springer Verlag, S. 107-112

ERDELEN, W. (1989): Aspects of the zoogeography of Sri Lanka - Forschungen auf Ceylon III, S. 73-100

ERDELEN, W. and PREU, Chr. (1990): Quaternary coastal and vegetation dynamics in the Palk Strait region, South Asia: the evidence and hypotheses - in: THORNES, J.B. (Ed.): Vegetation and erosion: Processes and environments, John Wiley and Sons, S. 491-504

ERICSON, D.B. and WOLLIN, G. (1968): Pleistocene climates and chronology in deep-sea sediments - Science, Vol. 162, S. 1227-1234

EWING, J.A. (1971): The generation and propagation of sea waves - in: HOWELLS, D.A. (Ed.): Dynamic waves in civil engineering, Springer Verlag, S. 43-56

FAIRBRIDGE, R.W. (1958): Dating the latest movements of the quaternary sea level - Transactions of the N.Y. Academy of Sciences, Vol. 20, S. 471-482

- (1961a): Eustatic changes in sea level - Physics and Chemistry of the Earth, Vol. 4, S. 99-185
- (1961b): Convergence of evidence on climatic change and ice-ages - Annals of the N.Y. Academy of Sciences, Vol. 95, S. 542 - 579

FAIRBRIDGE, R.W. and TEICHERT, C.: Recent and Pleistocene Coral Reefs of Australia - Geology, Vol. 58, S. 330-401

FERNANDO, A.D.N. (1969): Coastal erosion in the Southwestern sea board form Alutgama to Matara - Survey Department, Colombo, Sri Lanka (unveröffentlichter Report)

- (1982): Coastal geomorphology and development - Invited paper for the Seminar on Development Activities and the Coast Conservation Act, Institution of Engineers, Colombo, Sri Lanka (unveröffentlichter Report)

FERNANDO, C.H. (1984): Ecology and biogeography of Sri Lanka - Martinus Nijhoff Publishers, The Hague

FERNANDO, S.N.U. (1968): The natural vegetation of Ceylon: The forests, the grasslands, and the soils of Ceylon - Lake House, Colombo, Sri Lanka

FINK, J. and KUKLA, G.J. (1977): Pleistocene climates in central Europe - Quaternary Research, Vol. 7, S. 363-371

FLEMING, N.C. and ROBERTS, D.G. (1973): Tectono-eustatic changes in sea level and sea floor spreading - Nature, Vol. 243, S. 19-22

FLENLEY, J. (1979): The late Quaternary vegetational history of the equatorial mountains - Progress in Physical Geography, Vol. 3, S. 488-509

FLINT, R.F. and BRANDTNER, F. (1961): Outline of climatic fluctuation since the last interglacial age - Annals of the N.Y. Academy of Sciences, Vol. 95, S. 457-460

FLOHN, H. (1952): Allgemeine atmosphärische Zirkulation und Paläoklimatologie - Geologische Rundschau, Bd. 40, S. 153-178

- (1953): Studien über die atmosphärische Zirkulation in der letzten Eiszeit - Erdkunde, Bd. 7, S. 266-275

- (1955): Der indische Sommermonsun als Glied der planetarischen Zirkulation in der Atmosphäre - Berichte des Deutschen Wetterdienstes NR. 22, Bd. 4, S. 134-138
- (1958): Beiträge zur Klimakunde von Hochasien - Erdkunde, Bd. 12, S. 294-308
- (1963): Zur meteorologischen Interpretation der pleistozänen Klimaschwankungen - Eiszeitalter und Gegenwart, Bd. 14, S. 153-160
- (1969): Ein geophysikalisches Eiszeit-Modell - Eiszeitalter und Gegenwart, Bd. 20, S. 204-231
- (1981): Tropical climate variations during late Pleistocene and early Holocene - in: BERGER, A. (Ed.) Climatic variations and variability: Facts and Theories, Reidel Publishing Company, S. 233-242

FRÄNZLE, O. (1977): Hang- und Flächenbildung in den Tropen unter dem Einfluß der Eisen- und Aluminiumdynamik - Zeitschrift für Geomorphologie, Suppl.-Bd. 28, S. 62-80

FRIEDMAN, G.M. (1961): Distinction between dune, beach and river sands from their textural characteristics - Journal of Sedimentary Petrology, Vol. 31, S. 514-529

FUJII, S.; LIN, C.C. and TJIA, H.D. (1969): Sea level changes in Asia during the past 11.000 years - Quaternaria, Vol. 14, S. 211-216

GALLOWAY, R.W. and EDWARDS, A. (1973): A note on world precipitation during the last glaciation - Eiszeitalter und Gegenwart, Bd. 16, S. 76-77

GALLOWAY, R.W. and KEMP, E.M. (1981): Late Cainozoic environments in Australia - in: KEAST, A. (Ed.): Ecological Biogeography of Australia, Monographiae Biologicae, Vol. 41, S. 53-40

GATES, W.L. (1976a): Modeling the ice-age climate - Science, Vol. 191, S. 1138-1144
- (1976b): The mumerical simulation of ice-age climate with a global general circulation model - Journal of the Atmospheric Sciences, Vol. 33, S. 1844-1873

GERHARDT, H. (1932): Die Erdbebentätigkeit Südasiens und des malaischen Archipels sowie ihre Beziehungen zur Tektonik - Dissertation am Geographischen Institut der Universität Jena

GERRITSEN, F. (1974): Coastal engineering in Sri Lanka - Report on UN Mission 28/6/1974 - 3/10/1974, Colombo, Sri Lanka (unveröffentlichter Report)

GERRITSEN, F. and AMARASINGHE, S.R. (1976): Coastal problems in Sri Lanka - Proceedings of the 15th Coastal Engineering Conference, Honolulu, Hawaii, Vol. 15, S. 3487-3505

GIERLOFF-EMDEN, H.G. (1974): Anwendung von Multispektralaufnahmen des ERTS-Satelliten zur kleinmaßstäbigen Kartierung der Stockwerke amphibischer Küstenräume am Beispiel der Küste von El Salvador - Kartographische Nachrichten, Bd. 24, S. 54-76
- (1976): Orbital remote sensing, satellite photography and imagery for the use in oceanography on coastal and offshore environmental features - Münchner Geographische Abhandlungen, Bd. 20
- (1980): Geographie des Meeres (Teil 1 und Teil 2) - Lehr-

buch der Allgemeinen Geographie, de Gruyter-Verlag
GIERLOFF-EMDEN, H.G. und DIETZ, K.R. (1983): Auswertung und Verwendung von High Altitude Photography (HAP) - Münchener Geographische Abhandlungen, Bd. 32
GILL, E.D. (1961): Changes in the level of the sea relative to the land in Australia during the Quaternary era - Zeitschrift für Geomorphologie, Suppl.-Bd. 3, S. 73-79
GOUDIE, A. (1983): Environmental change - Oxford University Press, Oxford
- (1986): The human impact on the natural environment - Blackwell, London, England
GRAY, W.M. (1978): Hurricanes: their formation, structure and likely role in the tropical circulation - in: SHAW, D.B. (Ed.): Meteorology over the tropical oceans, Royal Meteorological Society, London, England, S. 155-218
GROOTES, P.M. and STUIVER, M. (1986): Ross ice shelf oxygen isotopes and West Antarctic climate history - Quaternary Research, Vol. 26, S. 49-67
GUNATILAKA, A. (1975): Some aspects of biology and sedimentology of laminated algal mats from Mannar Lagoon, Northwest Ceylon - Sedimentary Geology, Vol. 14, S. 275-300
HAILE, N.S. (1971): Quaternary shorelines in W Malaysia and adjacent parts of the Sunda shelf - Quaternaria, Vol. 15, S. 338-343
HASTENRATH, S. and LAMB, P. (1979): Climatic Atlas of the Indian Ocean (Part I: Surface Climate and Atmospheric Circulation; Part II: The Ocean Heat Budget) - The University of Wisconsin Press, USA
HATHERTON, T.; PATTIARATCHI, D.B. and RANASINGHE, V.V.C. (1975): Gravity map of Sri Lanka (1:1.000.000) - Geological Survey Department, Colombo, Sri Lanka
HAUSHERR, K. (1971): Traditioneller Brandrodungsfeldbau (Chena) und moderne Erschließungsprojekte in der "Trockenzone" im Südosten Ceylons. Versuche der Wiederherstellung alten Kulturlandes um Buttala, Monaragala District - Landschaftsökologische Forschungen auf Ceylon, S. 167-204
HEEZEN, B.C. and EWING, M. (1952): Turbidity currents and submarine slumps, and the Grand Banks earthquake - American Journal of Science, Vol. 250, S. 849-873
HERATH, J.W. (1975): Mineral Resources of Sri Lanka - Economic Bulletin No. 2, Geological Survey Department, Colombo, Sri Lanka
HERATH, L. (1962): Shoreline development and protection of Negombo beach, Ceylon: an photographic approach - Symposium on Photo-Interpretation, Survey Department, Colombo, Sri Lanka, S. 453-460 (unveröffentlichter Report)
HICKS, S.D. (1978): An average geopotential sea level series for the U.S. - Geophysical Research, Vol. 83, S. 1369-1381
HILLAIRE-MARCEL, C; CARRO, O. and CASANOVA, J. (1986): ^{14}C and Th/U dating of Pleistocene and Holocene stromatolites from East African paleolakes - Quaternary Research, Vol. 25, S. 312-329
HOLMES, C.H. (1951): The climate and vegetation of the dry zone of Ceylon - Bulletin of the Geographical Society of Ceylon, Vol. 5, S. 145-153

HOPE, G. (1983): The vegetational changes of the last 20.000 years at Telefomin, Papua New Guinea - Singapore Journal of Tropical Geography, Vol. 4, S. 25-33
HOPLEY, D. (1973): Geomorphic evidence for climatic change in the late Quaternary of Northeast Queensland - Australian Journal of Tropical Geoagraphy, Vol. 36, S. 20-30
HYDROGRAPHIC DEPARTMENT (1966): Bay of Bengal pilot - London, England
- (1975): West coast of India pilot (Maldives, Lakshadweep, Sri Lanka, with Palk Bay; the West coast of India, the coast of Pakistan) - London, England
- (1982): West coast of India pilot. Supplement No. 5 - London, England
IMBRIE, J. (1985): A theoretical framework for the Pleistocene ice-ages - Journal of the Geological Society London, Vol. 142, S. 417-432
INDIAN METEOROLOGICAL DEPARTMENT (1979): Tracks of storms and depressions in the Bay of Bengal and the Arabian Sea - New Dehli, India
INMAN, D.K.; NORDSTROM, C.E. and FLICK, R. (1976): Currents in submarine canyons: an air-sea-land interaction - Annual Review of Flind Mechanics, Vol. 8, S. 275-310
JACOB, K. (1949): Land connections between Ceylon and peninsular India - Proceedings of the National Institute of Sciences of India, Vol. 15, S. 341-343
JAYAMAHA, G.S. (1961): The intertropical convergence zone in the Ceylon area - Proceedings of the 9th Pacific Science Congress, Bangkok, Vol. 13, S. 106-109
JOHNSON, D.W. (1919): Shore processes and shoreline development - Wiley and Sons, New York, USA
- (1939): The origin of submarine canyons: a critical review of hypotheses - Columbia University, New York, USA
JONES, H.A.; DAVIES, P.J. and MARSHALL, J.F. (1975): Origin of the shelf break off Southeast Australia - Journal of the Geological Society of Australia, Vol. 22, S. 71-78
JORDAN, G.F.; MALLOY, R.J. and KOFOED, J.W. (1964): Bathymetry and geology of Portales Terrace, Florida - Marine Geology, Vol. 1, S. 259-287
JOSEPH, J.B. (1966): Groundwater resources in Puttalam and Mannar areas - Irrigation Department, Colombo, Sri Lanka (unveröffentlichter Report)
KALE, V.S. and RAJAGURU, S.N. (1987): Late Quaternary alluvial history of the Northwestern Deccan upland region - Nature, Vol. 325, S. 412-414
KANDASAMY, A.D. (1948): Tropical cyclones and their effect on the climate of Ceylon - Bulletin of the Geographical Society of Ceylon, Vol. 3, S. 6-10
KATUPOTHA, J. (1987): Hiroshima university radiocarbon dates 2: Southwest and South coasts of Sri Lanka (unveröffentlicher Report)
KATZ, M.B. (1975): Geomorphology and reconnaissance geology of Wilpattu National Park - Ceylon Journal of Science, Vol. 11, S. 83-94
- (1978a): Sri Lanka in Gondwanaland and the evolution of the Indian Ocean - Geological Magazine, Vol. 115, S. 237-

- (1978b): Tectonic evolution of the Archaean granulite facies belt of Sri Lanka and South India - Journal of the Geological Society of India, Vol. 19

KATZ, M.B. and COMANER, P.L. (1975): Geomorphology and reconnaissance geology of Ruhunu National Park, Ceylon - Ceylon Journal of Science, Vol. 11, S. 95-108

KELLETAT, D. (1983): Internationale Bibliographie zur regionalen und allgemeinen Küstenmorphologie (ab 1960) - Essener Geographische Arbeiten, H. 7

KENNETT, J. (1982): Tectonic history of the Indian Ocean - Marine Geology, S. 193-202

KERSHAW, A.P. (1981): Quaternary vegetation and environments - in: KEAST, A. (Ed.): Ecological Biogeography of Australia, Monographiae Biologicae, Vol. 41, S. 81-101

KING, C.A.M. (1972): Beaches and coasts - Edward Arnold, London, England

- (1974): Coasts - in: COOKE, R.U. and DOORNKAMP, R.C. (Ed.): Geomorphology in Environmental Management, Clarendon, Oxford, England, S. 188-222

KLUG, H. (1984): Die Geomorphologie der Küsten und des Meeresbodens zwischen Tradition, Innovation und Determination - Zeitschrift für Geomorphologie, Suppl.-Bd. 50, S. 91-105

KOELMEYER, K.O. (1957): Climatic classification and the distribution of vegetation in Ceylon - Ceylon Forester, Vol. 3, S. 144-163

- (1958): Climatic classification and the distribution of vegetation in Ceylon - Ceylon Forester, Vol. 4, S. 265-288

KOLLA, V.; MOORE, D.G. and CURRAY, J.R. (1976): Recent bottom current activity in deep Western Bay of Bengal - Marine Geology, Vol. 21, S. 255-270

KOLLA, V. and BISCAYE, P.E. (1977): Distribution and origin of quartz in the sediments of the Indian Ocean - Journal of Sedimentary Petrology, Vol. 47, S. 642-649

KOLLA, V. and COUMES, F. (1985): Indus Fan, Indian Ocean - in: BOUMA, A.H.; NORMARK, W.R. and BARNES, N. (Ed.): Submarine fans and related turbidite systems, Springer Verlag, S. 129-136

KOMAR, P.D. (1976): Beach processes and sedimentation - Prentice-Hall, New Jersey

- (1983): Handbook of coastal processes and erosion - CRC Press, Florida, USA

KRAUS, E.B. (1961): Physical aspects of deduced and actual climatic change - N. Y. Academy of Sciences, Vol. 95, S. 225-234

- (1973): Comparison between ice-age and present general circulation - Nature, Vol. 245, S. 129-133

KRISHNAMURTHY, R.V; BHATTACHARYA, S.K. and KUSUMGAR, S. (1986): Palaeoclimatic changes deduced from $^{13}C/^{12}C$ and C/N ratios of Kerawa lake sediments, India - Nature, Vol. 323, S. 150-152

KUENEN, P.H. (1947): Two problems of marine geology: Atolls and Canyons - Kon. Ned. Akad. Wet., Verh. (Tweede Sectie), Vol. 43, S. 1-69

- (1950): Marine geology - Wiley, New York, USA

KUHLE, M. (1985): Ein subtropisches Inlandeis als Eiszeitauslöser - Georgia Augusta, S. 1-17
- (1987): Suptropical mountain- and highland glaciation as the ice-age trigger and the waning of the glacial periods in the Pleistocene - Geo Journal, Vol. 14, S. 393-421
KULARATNAM, K. (1940): Report on the Beira Lake - Department of Minerology file GS/R/10, Colombo, Sri Lanka (unveröffentlichter Report)
KULARATNAM, K. (1968): Ceylon - in: CHATTERJEE, S.P. (Ed.): Developing countries of the world, Calcutta, India, S. 308-317
KUTZBACH, J.E. and OTTO-BLIESNER, B.L. (1982): The sensitivity of the African-Asian monsoonal climate to orbital parameter changes for 9.000 years B.P. in a low-resolution general circulation model - Journal of the Atmospheric Sciences, Vol. 39, S. 1177-1188
KUTZBACH, J.E. and STREET-PERROTT, F.A. (1985): Milankovitch forcing of fluctuations in the level of tropical lakes from 18 to 0 kyr BP - Nature, Vol. 317, S. 130-134
LAUGHTON, A.S.; MATTHEWS, D.H. and FISHER, R.L. (1970): The structure of the Indian Ocean - in: MAXWELL, A.E. (Ed.): The sea: ideas and observations on the study of the sea, Vol. 4, Part 2, Springer Verlag, S. 543-586
LAWRENCE, A.R. (1981): An interim report on the hydrogeology of the Vanathavillu Basin - Water Resources Board, Colombo, Sri Lanka (unveröffentlichter Report)
LENGERKE, H.-J. v. (1981): Die Batticaloa-Zyklone 1978: Eine Naturkatastrophe in Sri Lanka und ihre Folgen - Forschungen auf Ceylon II, S. 85-115
LIGHTHILL, J. and PEARCE, R.P. (1981): Monsoon dynamics - Cambridge University Press, England
LISITZIN, E. (1974): Sea level changes - Elsevier Scientifique Publishing, Amsterdam, The Netherlands
LIVINGSTONE, D.A. (1975): Late Quaternary climatic change in Africa - Review Ecological Systems, S. 249-280
LOUIS, H. (1959): Beobachtungen über die Inselberge bei Hua-Hin am Golf von Siam - Erdkunde, Bd. 13, S. 314-319
- (1964): Über Rumpfflächen- und Talbildung in den wechselfeuchten Tropen, besonders nach Studien in Tanganyika - Zeitschrift für Geomorphologie, Bd. 9, S. 43-70
- (1986): Zur geomorphologischen Unterscheidung zwischen Talbildung und Flächenbildung - Zeitschrift für Geomorphologie, Bd. 30, S. 275-290
MANGELSDORF, J. und SCHEURMAN, K. (1980): Flußmorphologie. Ein Leitfaden für Naturwissenschaftler und Ingenieure - München
MANI, M. S. (1974): Ecology and biogeography in India - Junk Publishers, The Hague, The Netherlands
MARBY, H. (1971): Die Teelandschaft der Insel Ceylon. Versuch einer räumlichen und zeitlichen Differenzierung - Landschaftsökologische Forschungen auf Ceylon, S. 23-101
Mc ELHINNY, M.W. (1970): Formation of the Indian Ocean - Nature, Vol. 228, S. 977-979
Mc GILL, J.T. (1958): Map of coastal landforms of the world (1:25.000.000) - Geographical Review, Vol. 48, S. 402-405

Mc KENZIE, D.P. and SCLATER, J.G. (1976): The evolution of the Indian Ocean - in: Continents drift and continents ground - Scientific American, Vol. 59, S. 139-148

MEL, I.D.T. de (1970): Comparison of rainfall over Ceylon during the two 30-year periods (1911-1940 and 1931-1960) - Tropical Agriculturist (Ceylon), Vol. 127, S. 1-10

MENARD, H.W. (1971): The late Cenozoic history of the Pacific and Indian Ocean Basins - in: TUREKIAN, K. (Ed.): Late Cenozoic glacial ages, Yale University Press, S. 1-14

MENDIS, D.P.J.; PERERA, H.A.S.; SILVA, S.H.G. de and RAO, K.V.R. (1984): Groundwater investigations for community water supply source in Mannar Island - National Water Supply and Drainage Board and World Health Organization (unveröffentlichter Report)

MERGNER, A. (1967): Structure, ecology and zonation of Red Sea reiffs in comparison with the Indian Ocean and Jamaica reiffs - Geologische Rundschau, Bd. 73, S. 141 - 161

MERGNER, H. and SCHEER, G. (1974): The physiographic zonation and the ecological conditions of some South Indian and Ceylon coral reefs - Proceedings of the 2nd International Coral Reef Symposium, Brisbane, Vol. 2, S. 3-30

MEYER, K. (1979a): Placer prospection off Sri Lanka: preliminary report - Preussag, A.G., Hannover (unveröffentlichter Report)

- (1979b): Placer prospection off Pulmoddai, Sri Lanka - Preussag, A.G., Hannover (unveröffentlichter Report)

MILLIMAN, J.D. and EMERY, K.O. (1968): Sea levels during the past 35.000 years - Science, Vol. 162, S. 1121-1123

MODDER, F.H. (1897): A geological and mineralogical sketch of the Northwestern province of Ceylon - Journal of the Ceylon Branch of the Royal Asiatic Society, S. 15-39

MONEY, N. and COORAY, P.G. (1966): Sedimentation in the Tabbowa beds of Ceylon - Journal of the Geological Society of India, Vol. 7, S. 134-141

MOOLEY, D.A. (1975): Climatology of the Asian summer monsoon rainfall-controls and concentration - Geographical Review of India, Vol. 37, S. 7-20

MOOLEY, D.A. and PANTI, G.B. (1981): Droughts over India over the last 200 years, their socio-economic impacts and remedial measures to overcome them - in: WIGLEY, R. et al. (Ed.): Climate and History, S. 465-478

MOORMAN, F.R. and PANABOKKE, C.R. (1961): Soils of Ceylon: A new approach to the identification and classification of the most important soil groups of Ceylon - Tropical Agriculturist (Ceylon), Vol. 117, S. 1-65

MORLEY, R.L. and FLENLEY, J.R. (1987): Late Cainozoic vegetational and environmental changes in the Malay archipelago - in: WHITMORE, T. C. (Ed.): Biogeographical evolution of the Malay Archipelago, S. 50-59

NAIRN, A.E.M. and STEHLI, F.G. (1982): The Indian Ocean - Ocean Basins and Margins, Plenum Press, New York, Vol. 6

NICHOLSON, S.E. (1981): The historical climatology of Africa - in: WIGLEY, T. M.; INGRAM, M. J. and FARMER, G. (Ed.): Climate and History, Cambridge University Press, S. 249-270

NICHOLSON, S.E. and FLOHN, H. (1980): African environmental and climatic changes and the general atmospheric circulation in late Pleistocene and Holocene - Climatic Change, Vol. 2, S. 313-348

OAKLEY, D. and BRAIN, E. (1980): Surge waters, floods, settlements and infrastructure - Seminar Report of Sri Lanka Foundation Institute, S. 65-84

OLIVER, R.L. (1957): The geological structure of Ceylon - Bulletin of the Geographical Society of Ceylon, Vol. 11, S. 9-16

OPDYKE, N.D.; GLASS, B.; HAYS, J.D. and FOSTER, J. (1966): Paleomagnetic study of Antarctic deep-sea cores - Science, Vol. 154, S. 349-357

ORME, A.R. (1980): Energy-sediment ineraction around a groin - Zeitschrift für Geomorphologie, Suppl.-Bd. 34, S. 111-128

OSTRANDER, R.N. (1982): Geologic Report: Block 9 and deep sea water Block 1 Gulf of Mannar, Sri Lanka - Ceylon Petroleum Cooperation (unveröffentlichter Report)

PARANATHALA, W.E. (1950): Memorandum on coast erosion and protection in Ceylon - Department of Irrigation, Colombo, Sri Lanka (unveröffentlichter Report)

- (1953): Schedule of incidence of coast erosion in Ceylon - Irrigation Department, Colombo, Sri Lanka (unveröffentlichter Report)

PATTIARATCHI, D.B. (1968): Kaolin deposits of Ceylon - International Geological Congress, Vol. 16, S. 17-24

PEOPLE'S BANK (1980): Coast conservation - Economic Review, Vol. 6, S. 3-16

PILLAI, C.S.G. (1972): Stony corals of the seas around India - Proceedings of Symposium on corals and coral reefs, S. 191-216

PIRAZZOLI, P.A. (1976): Les variations du niveau marin depuis 2000 ans - Memoires Lab. Geomorphologie E.P.H.E. No. 30

- (1977): Sea level relative variations in the world during the last 2000 years - Zeitschrift für Geomorphologie, Bd. 21, S. 284-296

PRELL, W.L. (1984): Monsoon climate of the Arabian Sea during the late Quaternary: A response to changing solar radiation - in: BERGER, A. (Ed.): Milankovitch and Climate Part I, S. 349-366

PRELL, W.L.; BE, A W.H. and HAYS, J.D. (1976): Equatorial Atlantic and Carribbean foraminiferal assemblages, temperatures, and circulation: interglacial and glacial comparisons - Geological Society of America, Memorandum 145, S. 247-266

PRELL, W.L.; HUTSON, W.H. and WILLIAMS, D.F. (1979): The subtropical convergence and late Quaternary circulation in the Southern Indian Ocean - Marine Micropaleontology, Vol. 4, S. 225-234

PRELL, W.L.; HUTSON, W.H. and WILLIAMS, D.F. (1980): Surface circulation of the Indian Ocean during the last glacial maximum, approximately 18.000 yr BP - Quaternary Research, Vol. 14, S. 309-336

PRELL, W.L. and CURRY, W.B. (1981): Faunal and isotopic indices of monsoonal upwelling: Western Arabian Sea - Oceanologica Acta, Vol. 4, S. 91-98

PREU, Chr. (1985): Erste Forschungsergebnisse quartärmorphologischer Untersuchungen an den Küsten Sri Lankas - Kieler Geographische Schriften, Bd. 62, S. 115-125

- (1987a): Küstenveränderungen in Sri Lanka - Der Mensch als Steuerungsfaktor im Prozeßgefüge der Küstenabrasion - Berliner Geographische Studien, Bd. 25, S. 119-132

- (1987b): Geomorphological observations in the tea-growing areas of the wet zone of Sri Lanka's uplands with special regard to the problem soil erosion - The Sri Lankan Forester, Vol. 17, S. 157-162

- (1987c): Zur Problematik der rezenten Morphodynamik an den Küsten Sri Lankas: Ursachen und Auswirkungen der Küstenabrasion an der W- und SW-Küste zwischen Negombo und Dondra Head - Forschungen auf Ceylon III, S. 23-42

- (1987d): Küstenbestandsaufnahme in den Distrikten Galle und Matara - Deutsche Gesellschaft für Technische Zusammenarbeit, Eschborn (unveröffentlichter Report)

PREU, Chr.; NASCHOLD, G. und WEERAKKODY, U. (1987a): Der Einsatz einer Ballon-Fotoeinrichtung für küstenmorphologische Fragestellungen - Berliner Geographische Studien, Bd. 25, S. 377-388

PREU, Chr. and WEERAKKODY, U. (1987b): Mapping of geomorphology of estuarine coasts using remote sensing techniques - Berliner Geographische Studien, Bd. 25, S. 389-401

PREU, Chr. und ENGELBRECHT, C. (1988): Steuerungsfaktoren der rezenten Morphodynamik an den Küsten Sri Lankas und Taiwans: Versuch einer Küstenklassifikation - Hamburger Geographische Studien, H. 44, S. 73-83

PREU, Chr., STERR, H., WIENEKE, F. and ZUMACH, W.-D. (1988): "Low Altitude Photography" (LAP) - a balloon-borne mobile remote sensing technique for geoscientific surveys on present-day environments and their dynamic processes - International Archivs of Photogrammetry and Remote Sensing, Kyoto (Japan), Vol. 27, B5, S. 501-512

PRICE, W.A. (1955): Correlation of shoreline typs with offshore bottom conditions - A.M. College of Texas, Department of Oceanography, Project 63

RADTKE, U. und RATUSNY, A. (1987): Pleistozäne Meeresspiegelschwankungen: Forschungsgeschichtlicher Rückblick und aktuelle Perspektiven - Berliner Geographische Studien, Bd. 25, S. 9-33

RAJAGURU, S.N. (1969): On the late Pleistocene of the Deccan, India - Quaternaria, Vol. 11, S. 241-253

RAO, K.V.R. and MENDIS, D.P.J. (1984): Groundwater investigations for community water supply source in Mannar Island - National Water Supply and Drainage Board, Ratmalana (Sri Lanka) (unpublished report)

RATHJENS, C. (1970): Gedanken und Beobachtungen zur Flächenbildung im tropischen Indien - Tübinger Geographische Studien, H. 34, Sonderband 3, S. 155-161

- (1979): Die Formung der Erdoberfläche unter dem Einfluß des Menschen - Teubner Studienbücher, Stuttgart

REICHSMARINEAMT (1907): Segelhandbuch für Ceylon und die Malakkastraße (einschließlich Malediven, Lakediven, Andamanen und Nikobaren, mit 93 Küstenansichten) - Berlin

RITCHIE, J.C.; EYLES, C.H. and HAYNES, C.V. (1985): Sediment and pollen evidence for an early to mid-Holocene humid period in the Eastern Sahara - Nature, Vol. 314, S. 352-354

ROHDENBURG, H. (1969): Hangpedimentation und Klimawechsel als wichtigste Faktoren der Flächen- und Stufenbildung in den wechselfeuchten Tropen an Beispielen aus West-Afrika, besonders aus dem Schichtstufenland Südost-Nigerias - Gießener Geographische Schriften H. 20, S. 57-133

- (1970): Morphodynamische Aktivitäts- und Stabilitätszeiten statt Pluvial- und Interpluvialzeiten - Eiszeitalter und Gegenwart, Bd. 21, S. 81-96

- (1971): Einführung in die klimagenetische Geomorphologie anhand eines Systems von Modellvorstellungen am Beispiel des fluvialen Abtragungsreliefs - Gießen

ROLL, H.U. (1954): Die Größe der Meereswellen in Abhängigkeit von der Windstärke - Seewetteramt Hamburg, Bd. 6

RUSSEL, R.J. (1962): Origin of beachrock - Zeitschrift für Geomorphologie, Bd. 6, S. 1-16

RUSSEL, R.J. and Mc INTIRE, W.G. (1965): Southern hemisphere beachrock - Geographical Review, Vol. 55, S. 17-55

RUST, U. (1970): Beiträge zum Problem der Inselberglandschaften aus dem mittleren Südwestafrika - Hamburger Geographische Studien, Bd. 23, S. 1-280

RUST, U. und WIENEKE, F. (1976): Geomorphologie der küstennahen zentralen Namib (SW-Afrika) - Münchener Geographische Abhandlungen, Bd. 19

SARATHCHANDRA, M.J.; WICKREMERATNE, W.S; WIJEYANANDA, N.P. and RANATUNGA, N.G. (1986): Preliminary results of seismic reflection and bathymetric studies off Dondra and Matara - Sri Lankan Association for the Advancement of Science, D 30

SCHMIDT, F.H. and SCHMIDTTEN HOOPEN, K.J. (1951): On climatic variations in Indonesia - Djaw. Meteor. Geofis., Vol. 41, S. 1-43

SCHMIDT-KRAEPLIN, E. (1981): Studien zum Abflußverhalten der Flüsse von Sri Lanka - Forschungen auf Ceylon II, S. 35-83

SCHNÜTGEN, A. (1981): Analysen zur Verwitterung und Bodenbildung in den Tropen an Proben von Sri Lanka - Relief, Boden, Paläoklima, Bd. 1, S. 239-275

SCHÖNWOLF, W. (1987): Zur Sedimentbildung in der Staustufe 23 bei Merching - Diplomarbeit am Lehrstuhl für Physische Geographie der Universität Augsburg

SCHOTT, G. (1935): Geographie des Indischen und Stillen Ozeans - Hamburg

SCHRÖDER, J.H. (1983): Die Saumriffe von Port Sudan (Sudan): Gefährdung-Schutz-Entwicklungshilfe - Essener Geographische Arbeiten Bd. 6, S. 45-57

SCHRÖDER, J.H. and NASR, D.H. (1983): The fringing reefs of Port Sudan, Sudan: Morphology-Sedimentology-Zonation - Essener Geographische Arbeiten Bd. 6, S. 29-44

SCHWARTZ, M. (1968): The scale of shore erosion - Journal of Geology, Vol. 76, S. 508-517

SCHWEINFURTH-MARBY, H. (1981): Die "tea small holders" auf der Insel Ceylon - Forschungen auf Ceylon II, S. 117-141

SCLATER, J.G. and von der BORCH (1974): Regional synthesis of the deep sea drilling results from leg 22 in the Eastern Indian Ocean - Initial reports of the deep sea drilling project, 22, S. 815-831

SENARATNA, S.D.J.E. (1956): Regional survey of the grasslands of Ceylon - Proceedings of UNESCO-Symposium "Study of the Tropical Vegetation" (Kandy, Sri Lanka), S. 175-182

SENEVIRATANE, L.K.; KUMARAPELI, P. and COORAY, P.G. (1964): The Quaternary deposits of Northwest Ceylon - Sri Lankan Association for the Advancement of Science, A 1

SEUFFERT, O. (1973): Die Laterite am Westsaum Südindiens als Klimazeugen - Zeitschrift für Geomorphologie, Suppl.-Bd. 17, S. 242-259

- (1978): Zeitlinien der Morphogenese und Morphodynamik im Westsaum Indiens - Zeitschrift für Geomorphologie, Suppl.-Bd. 30, S. 143-161

SHACKLETON, N. (1967): Oxygen isotope analyses and Pleistocene temperatures reassessed - Nature, Vol. 215, S. 15-17

SHACKLETON, N.J. and TURNER, C. (1967): Correlation between marine and terrestrial Pleistocene successions - Nature, Vol. 216, S. 1079-1082

SHAKLETON, N.J. and OPDYKE, N.D. (1976): Oxygen-isotope and palaeomagnetic stratigraphy of Pacific core V28-239 (late Pliocene to latest Pleistocene) - Memorandum of Geological Society of America, Vol. 145, S. 449-464

SHANMUGAM, G.; MOIOLA, R.J. and DAMUTH, J.E. (1985): Eustatic control of submarine fan development - in: BOUMA, A.H.; NORMARK, W.R. und BARNES, N. (Eds.): Submarine fans and related turbidite systems, Springer-Verlag, S. 23-28

SHEMDIN, O.H. (1968): Wind velocity profile above progressive water waves - Proceedings of 11th Coastal Engineering Conference, Vol. 11.1, S. 53-70

SHEPARD, F.P. (1937): Revised classification of marine shorelines - Journal of Geology, Vol. 45, S. 602-624

- (1961): Sea level rise during the past 20.000 years - Zeitschrift für Geomorphologie, Suppl.-Bd. 3, S. 30-35

- (1964): Criteria in modern sediments useful in recognizing ancient sedimentary environments - Development in Sedimentology, Vol. 1, S. 1-25

- (1976): Coastal classification and changing coastlines - Geosciences and Man, Vol. 14, S. 53-64

SHEPARD, F.P. and INMAN, D.L. (1951): Nearshore circulationl - Proceedings of 1st Conference on Coastal Engineering, S. 50-59

SHEPARD, F.P. and DILL, R.F. (1966): Submarine canyons and other sea valleys - Mc Nally, Chicago

SHEPARD, F.P. and CURRAY, J.R. (1967): Carbon 14 determinating of sea level changes in stable areas - Progress in Oceanography, Vol. 4, S. 283-291

SHEPARD, F.P.; CURRAY, J.R.; NEWMAN, W.A.; BLOOM, A.L.; NEWELL, N.D.; TRACEY, J.I. and VEEH, H. (1967): Holocene changes in sea level: evidence in Micronesia - Science, Vol. 157, S. 542-544

SHIDELER, G.L. and SWIFT, D.J.P. (1972): Seismic reconnaissance of post-Miocene deposits, middle Antlantic continental shelf, Cape Henry, Virginia to Cape Hatteras, North Carolina - Marine Geology, Vol. 12, S. 165-185

SIEFERT, W. (1970): Wave investigations in shallow water - Proceedings of 12th Coastal Engineering Conference, Vol. 12, S. 151- 178

SILVA, B.D.S.R. (1986): Genesis and constitution of Sri Lanka kaolin - Sri Lankan Association for the Advancement of Science, D 33

SILVA, K.; WIMALASENA, E; SARATHCHANDRA, M; MUNASINGHE, T. and DISSANAYAKE, C. (1981): The geology and the origin of the Kataragama Complex of Sri Lanka - Journal of Natural Science Council of Sri Lanka, Vol. 9, S. 189-197

SILVA, K.P. de (1984): Groundwater explorations in Hambantota District - Water Resources Board, Colombo (Sri Lanka) (unveröffentlichter Report)

SIRIMANNE, C.H.L. (1957): Land classification in Ceylon with reference to basic conditions of soil and water conservation - Bulletin of the Ceylon Geographical Society, Vol. 2, S. 25-31

SITHOLEY, R.V. (1944): The Jurassic rocks of Tabbowa Series in Ceylon - Spolia Zeylanica, Vol. 24, S. 3-17

SOMMER, R. (1985): Environmental water parameters in the Trincomalee coastal area - National Aquatic Resources Agency, Colombo (Sri Lanka) (unveröffentlichter Report)

SOMMERVILLE, B.T. (1908): Submerged plateau surrounding Ceylon - Spolia Zeylanica, Vol. 18, S. 69-79

SPÄTH, H. (1981a): Überblick der Geologie, des Klimas und der Vegetation Sri Lankas - Relief, Boden, Paläoklima, Bd. 1, S. 1-5

- (1981b): Bodenbildung und Reliefentwicklung in Sri Lanka - Relief, Boden, Paläoklima, Bd. 1, S. 185-238

- (1983): Aussagemöglichkeiten von Böden für die Reliefentwicklung in Sri Lanka (Ceylon) - Deutscher Geographentag 1981, S. 117-120

SPITTEL, R.L. (1969): The pearl banks - Loris, Vol. 11, S. 318-322

STEIN, W. (1981): Berechnung des quartären Ausraums unterhalb der 300-ft-Isohypse im immerfeuchten SW und wechselfeuchten SE der Insel Sri Lanka - Relief, Boden, Paläoklima, Bd. 1, S. 289-296

STEWART, H.B.; SHEPARD, F.P. and DIETZ, R.S. (1964): Submarine canyons off eastern Ceylon - Geological Abstracts (America), Vol. 82, S. 79-92

STODDART, D.R. and YONGE, M. (1971): Regional variation in Indian Ocean coral reefs - Symposium of Zoological Society of London on corals and coral reefs, Academic Press, London, England

STODDART, D.R. and PILLAI, C.S.G. (1972): Raised reefs of Ramanathapuram, South India - Transactions, Institute of British Geographers, Vol. 56, S. 111-135

SUPPIAH, R. and YOSHINO, M.M. (1984a): Rainfall variations in Sri Lanka: Spatial and temporal patterns - Meteorology, Geophysics, Bioclimatology, B 34, S. 329-340

- (1984b): Rainfall variations in Sri Lanka: Regional fluctuations - Meteorology, Geophysics, Bioclimatology, B 35, S. 81-92
SWAN, S.B.St.C. (1964): Evidence for eustatic changes in Southwest Ceylon - University of London (unveröffentlichte M.A. Thesis)
- (1974a): The coast erosion hazard in Southwest Sri Lanka: A reconnaissance study - Department of Geography, University of New England, Australia
- (1974b): A raised beach at Kahang, Johor, Peninsular Malaysia - Journal of Tropical Geography, Vol. 38, S. 55-60
- (1975): A modell for investigating the coast erosion hazard in Southwest Sri Lanka - Zeitschrift für Geomorphologie, Suppl.-Bd. 22, S. 89-115
- (1979a): Areal variations in textures of shore sands, Sri Lanka - Journal of Tropical Geography, Vol. 49, S. 72-85
- (1979b): Sand dunes in the humid tropics: Sri Lanka - Zeitschrift für Geomorphologie, Bd. 23, S. 152-171
- (1983): An introduction to the coastal geomorphology of Sri Lanka - National Museums Department, Colombo, Sri Lanka
SYMADER, W. (1981): Kreuzspektralanalytische Untersuchungen zu Abfluß und Schwebstofführung des Mahaweli Ganga, Sri Lanka - Relief, Boden, Paläoklima, Bd. 1, S. 281-288
TENNENT, E. (1859): Ceylon: An account of the island - London, England
THAMBYAHPILLAY, G. (1954a): The rainfall rhythm of Ceylon - Univesity of Ceylon Review, Vol. 12, S. 224-273
- (1954b): Ceylon and the world climatic mosaic - University of Ceylon Review, Vol. 13, S. 24-54
- (1958): Rainfall fluctuations in Ceylon - Ceylon Geographer, Vol. 12, S. 25-30 und S. 51-74
- (1959): Tropical cyclones and the climate of Ceylon - University of Ceylon Review, Vol. 17, S. 137-180
- (1960b): Agro-climatological significance of rainfall variability in Ceylon - Agriculture, Vol.3, S. 13-27
- (1965): Dry zone climatology - Journal of Agricultural Society of Ceylon, Vol. 2, S. 88-130
TILLMANNS, W. (1981): Tonmineralogische Untersuchungen von Proben aus Sri Lanka - Relief, Boden, Paläoklima, Bd. 1, S. 277-280
TIMMERMANN, O.F. (1935): Ceylon. Seine natürlichen Landschaftsbildner und Landschaftstypen - Mitteilungen der Geographischen Gesellschaft München, Bd. 28, S. 169-323
TJIA, H.D.; FUJII, S.; KIGOSHI, K.; SUGIMURA, A. and ZAKARIA, T. (1972): Radiocarbon dates of elevated shorelines, Indonesia and Malaysia - Quaternary Research, Vol. 2, S. 487-495
TJIA, H.D. (1975): Holocene eustatic sea level and glacio-isostatic rebound - Zeitschrift für Geomorphologie, Suppl.-Bd. 22, S. 57-71
- (1980): The Sunda Shelf, Southeast Asia - Zeitschrift für Geomorphologie, Bd. 24, S. 405-427
TRANSLEY, A.G. and FRITSCH, F.E. (1905): The flora of the

Ceylon littoral - New Phytologist, Vol. 4, S. 1-17
URBAN DEVELOPMENT AUTHORITY (1981): Annual report 1979, Gampaha District - (unveröffentlichter Report)
U.S. NAVY (1955): Atlas of sea and swell charts, Indian Ocean - Hydrographic Office, Washington D.C., USA
- (1960): Summary of oceanographic conditions in the Indian Ocean - Hydrographic Office, Washington D.C., USA
UTHOFF, D. (1987): Anthropogen induzierte Küstenzerstörung an den "Traumstränden" Sri Lankas: Ursachen und Folgen - Berliner Geographische Studien, Bd. 25, S. 403-419
VALENTIN, H. (1952): Die Küsten der Erde - Petermanns Geographische Mitteilungen, Erg.-H. 246 VIII
- (1972): Eine Klassifikation der Küstenklassifikationen - Göttinger Geographische Abhandlungen, H.60, S. 355-374
- (1979): Ein System der zonalen Küstenmorphologie - Zeitschrift für Geomorphologie, Bd. 23, S. 113-131
VANONI, V.A. (1975): Sedimentation Engineering - American Society of Civil Engineers, Washington D.C., USA
VEEVERS, J.J.; JONES, J.G. and TALENT, J.A. (1971): Indo-Australian stratigraphy and the configuration and dispersal of Gondwanaland - Nature, Vol. 229, S. 383-388
VERMAAT, J.G. (1956): Report to the government of Ceylon on soil and paddy problems - Government Press, Colombo, Sri Lanka
VERSTAPPEN, H.Th. (1974): On palaeoclimates and landform development in Malaysia - Modern Quaternary Research in SE Asia, Vol. 1, S. 3-35
- (1980): Quaternary climatic changes and natural environment in SE Asia - Geo Journal, Vol. 4, S. 45-54
- (1987): Geomorphologic studies on Sri Lanka with special emphasis on the NW-coast - ITC-Journal, Vol. 1, S. 1-17
VESTAL, W. and LOWRIE, A. (1981): Multiple regional slumps in the Indian Ocean off southern India and Sri Lanka - Marine Geology, Vol. 21, S. 57-68
VITANAGE, P.W. (1959): Geology of the country around Polonnaruwa - Geological Survey Department, Colombo, Sri Lanka
- (1970): A study of the geomorphology and the morphotectonics of Ceylon - Mineral Resources Development, Vol. 38, S. 391-405
- (1972): Post-Precambrian uplifts and regional neotectonic movements in Ceylon - Proceedings of 24th International Geological Congress, Section 3, S. 642-654
- (1984): A note on geology, structure and tectonics of the Cauvery Basin in South India and Sri Lanka - Department of Geology, University of Perdeniya, Sri Lanka (unveröffentlichter Report)
- (1985): Tectonics and mineralization in Sri Lanka - Bulletin of Geological Society of Finland, Vol. 57, S. 157-168
WADIA, D.N. (1941a): The geology of Colombo and its environs - Spolia Zeylanica, Vol. 23, S. 8-18
- (1941b): The Making of Ceylon - Spolia Zeylanica, Vol. 23, S. 1-7
- (1941c): The Beira Lake of Colombo - Journal of Royal Asiatic Society (Colombo Branch), Vol. 35, S. 91-94
- (1941d): On the occurrence of pumice on the East-Coast of

Ceylon - Spolia Zeylanica, Vol. 23, S. 21-22
- (1954): The geology of India - London, England
- (1976): Geology of India - Tata Mc Graw-Hill, New Dehli, Indien

WALDEN, H. (1958a): Die winderzeugten Meereswellen: Beobachtungen des Seeganges und Ermittlung der Windsee aus den Windverhältnissen - Seewetteramt Hamburg
- (1958b): Die winderzeugten Meereswellen: Flachwasserwellen - Seewetteramt Hamburg
- (1966): Der Seegang in ausgewählten Gebieten des subtropischen und tropischen Ozeans - Seewetteramt Hamburg
- (1969): Probleme bei der Festlegung von Äquivalentwerten zwischen gemessenen Windgeschwindigkeiten und geschätzten Beaufort-Stufen - Seewetteramt Hamburg

WALKER, R.L. (1962): The hydrometeorology of Ceylon - Government Press, Colombo, Sri Lanka

WALSH, R.P.D. (1980): Runoff processes and models in the humid tropics - Zeitschrift für Geomorphologie, Suppl.-Bd. 36, S. 176-202

WALTHER, J. (1891): Die Adamsbrücke und die Korallenriffe der Palkstraße - Petermanns Geographische Mitteilungen, Ergänzungsheft 102

WANG SHAO-WU (1981): Droughts and floods in China, 1470-1979 - in: WIGLEY, T.M.; INGRAM, M.J. and. FARMER, G. (Eds.): Climate and history, Cambridge University Press, USA, S. 271-299

WATER RESOURCES BOARD (1979): Groundwater investigations: Mahaweli System "C" - Colombo, Sri Lanka (unveröffentlichter Report)

WAYLAND, E.J. (1919): An outline of the stone ages of Ceylon - Spolia Zeylanica, Vol. 11, S. 85-125
- (1925): The Jurassic rocks of Tabbowa - Ceylon Journal of Sciences, Vol. 13, S. 195-208

WEERAKKODY, U. (1985a): Landform evolution and sediment dynamics of depositional coasts - ITC, The Netherlands (unveröffentlichter Report)
- (1985b): Geomorphological evolution of the Southeastern coast of Sri Lanka - ITC, The Netherlands (unveröffentlichter Report)
- (1985c): Mapping of geomorphic evolution of coasts using aerial photographs: A case study from Sri Lanka - ITC, The Netherlands (unveröffentlichter Report)
- (1986): Geomorphological evolution of Kalametiya-Lunama lagoons: An inquiry into the late Holocene period - Sri Lankan Association for the Advancement of Science, F 39

WERNER, W.L. (1982): The upper montane rainforests of Sri Lanka - Sri Lanka Forester, Vol. 15, S. 119-135
- (1984): Die Höhen- und Nebelwälder auf der Insel Ceylon - Tropische und subtropische Pflanzenwelt, H. 46

WHITMORE, T.C. (Ed.) (1987): Biogeographical evolution of the Malay Archipelago - Clarendon Press, Oxford, England

WICKREMERATNE, W.S.; WIJEYANANDA, N.P.; SARATHCHANDRA, M.J. and RANATUNGA, N.G. (1986): Quaternary geological research of the continental shelf and slope off Panadura - Sri Lankan Association for the Advancement of Science, D 28

WIENEKE, F. (1971): Kurzfristige Umgestaltungen an der Alentejoküste nördlich Sines am Beispiel der Lagoa de Melides, Portugal - Münchner Geographische Abhandlungen, Bd. 3
- (1975): Entwicklung und Differenzierung des Reliefs der Küste der Zentralen Namib - Würzburgber Geographische Arbeiten, H.43, S. 111-134
- (1983): Anthropogener Formungsanteil an der Alentejoküste (Portugal): Multitemporale Untersuchung ausgewählter Lokalitäten - Essener Geographische Arbeiten, Bd. 6, S. 295-312
WIENEKE, F. und KRITIKOS, G. (1971): Strandnaher Wasser- und Materialtransport - Umschau, Bd. 24, S. 903-907
WIENEKE, F. und RUST, U. (1973): Klimageomorphologische Phasen in der zentralen Namib (SW-Afrika) - Mitteilungen der Geographischen Gesellschaft München, Bd. 58, S. 79-96
- (1976): Geomorphologie der küstennahen Zentralen Namib (SW-Afrika) - Münchner Geographische Abhandlungen, Bd. 19
- (1975): Zur relativen und absoluten Geochronologie der Reliefentwicklung an der Küste des mittleren Südafrika - Eiszeitalter und Gegenwart, Bd. 26, S. 241-250
WIJESINGHE, M.W.P. (1977): Geohydrological characteristics of two integrated aquifers and their development potentialities - Asian Regional Meeting of IHP National Committee of UNESCO and WMO Regional Meeting of Working Group on Hydrology, S. 394-408
WIJEYANANDA, N.P.; WICKREMERATNE, W.S. and SARATHCHANDRA, M.J. (1986): Geophysical and sedimentological studies around the Great Basses ridge (Southeast coast of Sri Lanka) - Sri Lankan Association for the Advancement of Science, D 29
WILLIAMS, D.F. and JOHNSON, W.C. (1975): Diversity of recent planktonic foraminifera in the Southern Indian Ocean and late Pleistocene paleotemperatures - Quaternary Research, Vol. 5, S. 237-250
WILSON, W.N. (1984): Terrain analysis using the aerial photo interpretation technique: A case study of the area around Valachchenai Aru in the NE of Sri Lanka - University of Colombo (unveröffentlichte M.A. Thesis)
WIRTHMANN, A. (1976): Die West-Ghats im Bereich der Dekkan-Basalte - Zeitschrift für Geomorphologie, Suppl.-Bd. 24, S. 128-137
- (1981): Täler, Hänge und Flächen in den Tropen - Geoökodynamik, Bd. 2, S. 165-204
WOLDSTEDT, P. (1965): Die interglazialen marinen Strände und der Aufbau des antarktischen Inlandeises - Eiszeitalter und Gegenwart, Bd. 16, S. 31-36
WOLLIN, G.; ERICSON, D.B. and EWING, M. (1971): Late Pleistocene climates recorded in Atlantic and Pacific deep-sea sediments - in: TUREKIAN, K. (Ed.): Late Cenozoic glacial ages, Yale University Press, S. 199-214
WORLD METEOROLOGICAL ORGANIZATION (WMO) (1975): Thyphoon modification - Proceedings of WMO Technical Conference, Manila, S. 993-1012
WYRTKI, K. (1973): Physical oceanography of the Indian Ocean - in: ZEITZSCHEL, B. (Ed.): The biology of the Indian

Ocean, Springer Verlag, S. 18-36

YASSO, W.E. (1965): Plan geometry of headland-bay beaches - Journal of Geology, Vol. 73, S. 702-714

YOUNG, A. (1976): Tropical soils and soil survey - Cambridge University Press, England

ZEITZSCHEL, B. (1973): The biology of the Indian Ocean - Springer-Verlag

ZEPER, J. (1960): Sea erosion studies and recommendations on coast protection in Ceylon - Bureau for International Technical Assistance, The Hague, The Netherlands

ZEUNER, F.E. (1952): Pleistocene shore-lines - Geologische Rundschau, Bd. 40, S. 39-50

- (1961): Faunal evidence for Pleistocene climates - New York Academy of Sciences, Vol. 95, S. 502-507

ZIEMENDORFF, G. (1914): Der Kontinentalschelf des Indischen Ozeans - Gerlands Beiträge zur Geophysik, Bd. XIII, S. 349-384

10 ANHANG

Seite

10.1	Flußlängsprofile der wichtigsten Flüsse der Insel Sri Lanka	323
10.1.1	N-Sri Lanka	323
10.1.2	NE-Sri Lanka	323
10.1.3	E-Sri Lanka	324
10.1.4	S-Sri Lanka	324
10.1.5	SW-Sri Lanka	325
10.1.6	W-Sri Lanka	325
10.2	Abflußverhältnisse der Flüsse in den neun "Drainage Basins" der Insel Sri Lanka .	326
10.2.1	"Drainage Basin" I	326
10.2.2	"Drainage Basin" II	327
10.2.3	"Drainage Basin" III	328
10.2.4	"Drainage Basin" IV	329
10.2.5	"Drainage Basin" V	331
10.2.6	"Drainage Basin" VI	331
10.2.7	"Drainage Basin" VII	332
10.2.8	"Drainage Basin" VIII	333
10.2.9	"Drainage Basin" IX	333
10.3	Abweichung (in %) der Jahresniederschlagssummen zwischen 1970 und 1984 vom langjährigen Mittel für die Küstenklimastationen Colombo (SW-Küste) (Feuchtzone) und Trincomalee (NE-Küste) (Trockenzone)........	334
10.4	Saisonale Differenzierung mittlerer Windgeschwindigkeiten (in miles/24 hours) für ausgesuchte Küstenklimastationen der Insel Sri Lanka (1911 - 1970)	335
10.5	Meeresströmungs- und Wellenverhältnisse	336
10.5.1	Wellensetzrichtungen im "Area 30"	336
10.5.2	Wellenauflaufrichtung und Stömungssetzrichtung vor der SW-Küste Sri Lankas	337
10.5.3	Grundlagen für die Berechnung signifikanter Wellenhöhen (H_s)	338
10.5.3.1	Verteilung (in %) signifikanter Wellenhöhen (H_s) an der SW-Küste für Colombo und Galle zwischen 1980 und 1985	338
10.5.3.2	"Wave coefficient"	339
10.5.3.3	"Wind-wave-coefficient"	339
10.6	Veränderungen der Küsten Sri Lankas	340
10.6.1	Rezente Morphodynamik an der Mündung der Kalu Ganga (SW-Küste Sri Lankas)	340
10.6.2	Historische Entwicklung ausgesuchter Küstensequenzen der SW-Küste Sri Lankas	340
10.6.3	Rezente Morphodynamik an der W-Küste Sri Lankas im Bereich der Lagune von Puttalam ..	342

10.7	Geomorphologisches Querprofil der NW-Küste Sri Lankas im Bereich der Aruvi Aru	343
10.8	Geomorphologisches Querprofil der W-Küste Sri Lankas im S-lichen Bereich der Lagune von Puttalam	344
10.9	Geomorphologisches Querprofil der Küste von Colombo (SW-Küste Sri Lankas)	343
10.10	Geomorphologisches Querprofil der Küste von Hikkaduwa (SW-Küste Sri Lankas)	346
10.11	Geomorphologische Karte der Küste der Bucht von Weligama (SW-Küste Sri Lankas)	347
10.12	Geomorphologisches Querprofil der Küste von Matara (SW-Küste Sri Lankas)	348
10.13	Geomorphologisches Querprofil der Küste von Kahandamodara (S-Küste Sri Lankas)	349
10.14	Geomorphologisches Querprofil der Küste von Kirinda (S-Küste Sri Lankas)	349
10.15	Geomorphologisches Längsprofil entlang der Mahaweli Ganga zwischen der "Koddiyar Bay" und Manampitiya	350

10.1 Flußlängsprofile der wichtigsten Flüsse der Insel Sri Lanka (siehe auch Abb. 8)

10.1.1 N-Sri Lanka

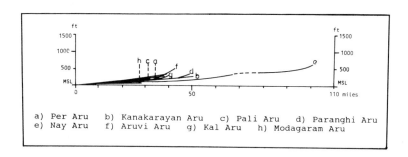

10.1.2 NE-Sri Lanka

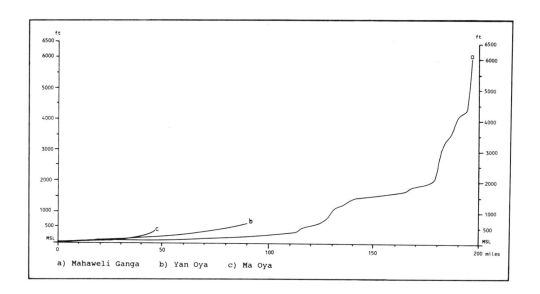

10.1.3 E-Sri Lanka

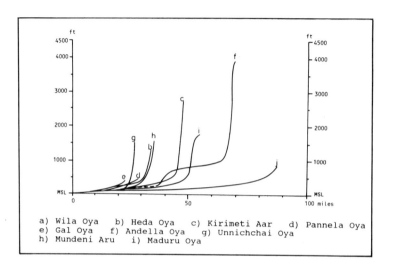

a) Wila Oya   b) Heda Oya   c) Kirimeti Aar   d) Pannela Oya
e) Gal Oya   f) Andella Oya   g) Unnichchai Oya
h) Mundeni Aru   i) Maduru Oya

10.1.4 S-Sri Lanka

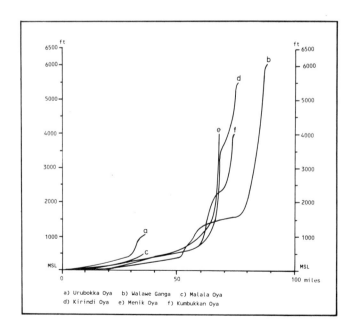

a) Urubokka Oya   b) Walawe Ganga   c) Malala Oya
d) Kirindi Oya   e) Menik Oya   f) Kumbukkan Oya

10.1.5 SW-Sri Lanka

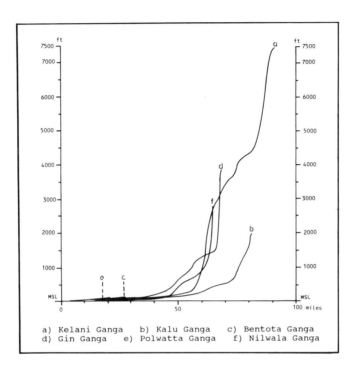

a) Kelani Ganga   b) Kalu Ganga   c) Bentota Ganga
d) Gin Ganga   e) Polwatta Ganga   f) Nilwala Ganga

10.1.6 W-Sri Lanka

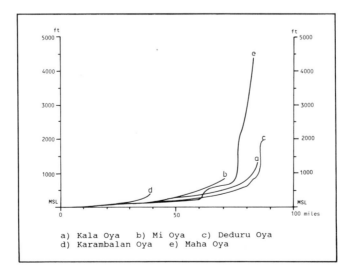

a) Kala Oya   b) Mi Oya   c) Deduru Oya
d) Karambalan Oya   e) Maha Oya

10.2 Abflußverhältnisse der Flüsse in den neun "Drainage Basins" der Insel Sri Lanka (siehe Abb. 8, 9)

(S = Mündung ins offene Meer; E = Ästuarmundung; L = Mündung in eine Lagune bzw. Name der Lagune)

10.2.1 "Drainage Basin" I

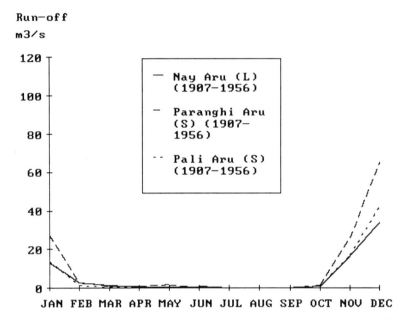

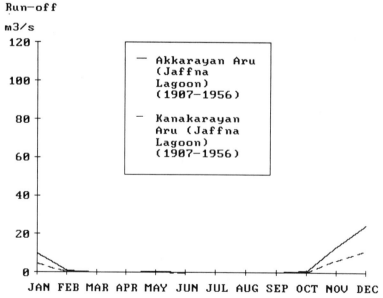

10.2.2 "Drainage Basin" II

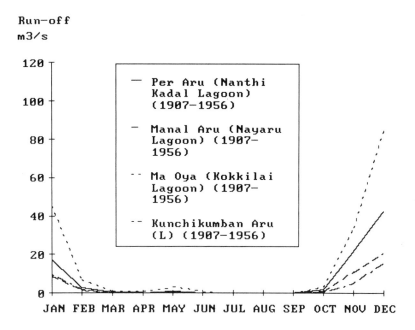

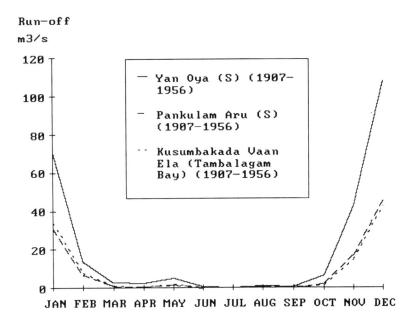

10.2.3 "Drainage Basin" III
(siehe auch Abb. 11 und Abb. 12)

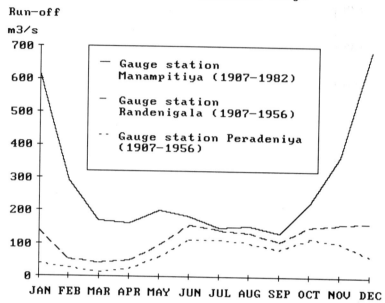

10.2.4 "Drainage Basin" IV

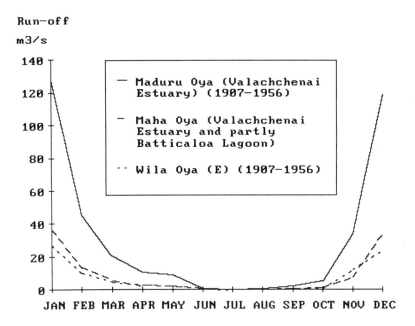

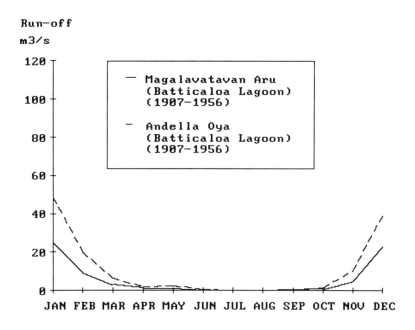

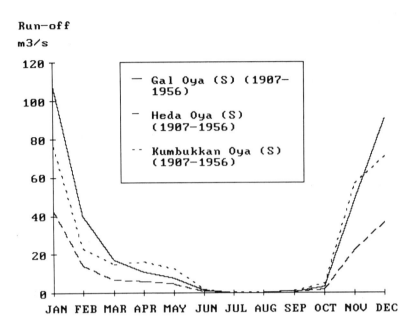

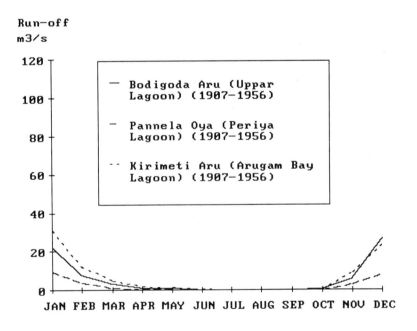

10.2.5 "Drainage Basin" V

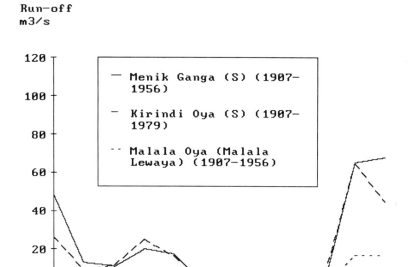

10.2.6 "Drainage Basin" VI

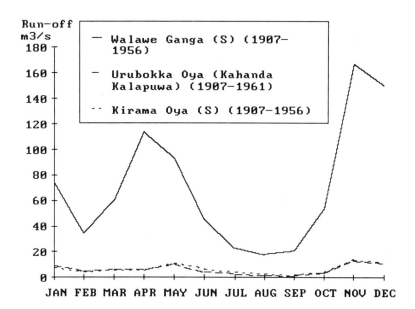

10.2.7 "Drainage Basin" VII

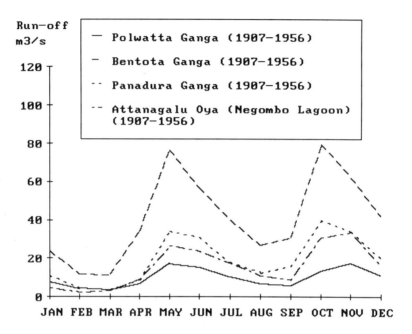

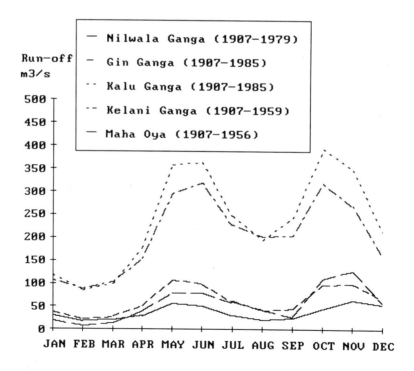

10.2.8   "Drainage Basin" VIII

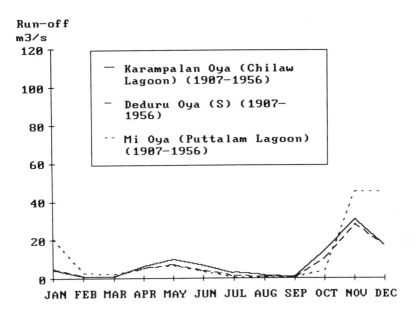

10.2.9   "Drainage Basin" IX

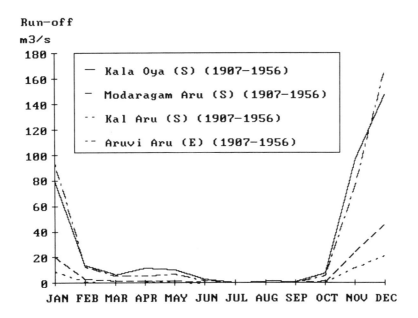

10.3 Abweichung (in %) der Jahresniederschlagssummen zwischen 1970 und 1984 vom langjährigen Mittel für die Küstenklimastationen Colombo (SW-Küste) (Feuchtzone) und Trincomalee (NE-Küste) (Trockenzone) (siehe auch Abb. 10 und Tab. 3)

(nach Daten des DEPARTMENT OF METEOROLOGY, 1971, 1972, 1983, 1985)

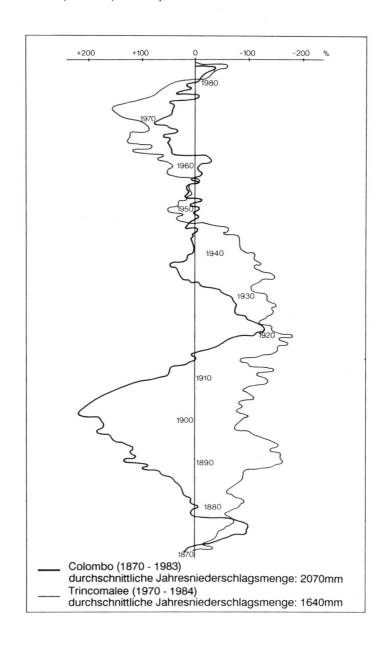

10.4 Saisonale Differenzierung mittlerer Windgeschwindigkeiten (in miles/24 hours) für ausgesuchte Küstenklimastationen der Insel Sri Lanka (1911 - 1970) (siehe auch Abb. 14)

(nach Daten des DEPARTMENT OF METEOROLOGY, 1972),

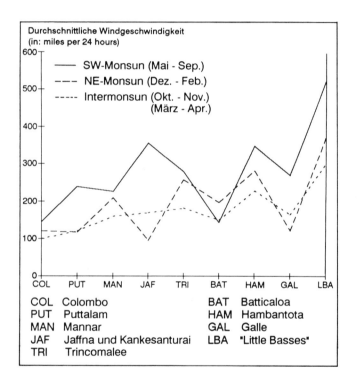

10.5 Meeresströmungs- und Wellenverhältnisse

10.5.1 Wellensetzrichtungen im "Area 30"
(siehe auch Abb. 15 und 17 und Tab. 6)

(nach: HYDROGRAPHIC DEPARTMENT, 1966, 1975, 1982; U.S. NAVY HYDROGRAPHIC OFFICE, 1960)

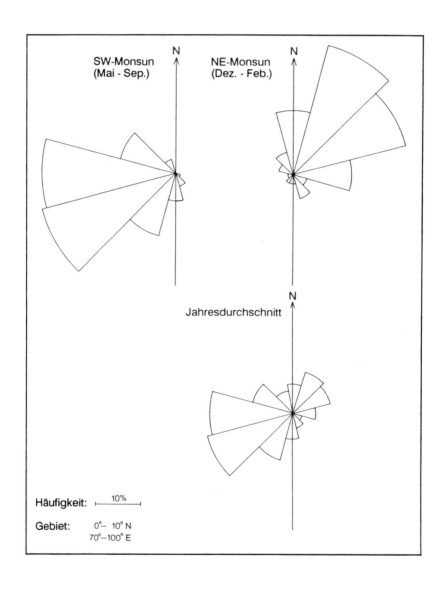

10.5.2 Wellenauflaufrichtung und Strömungssetzrichtung vor der SW-Küste Sri Lankas (siehe Abb. 17 und Tab. 6) (nach: SWAN, 1965, HYDROGRAPHIC DEPARTMENT, 1975)

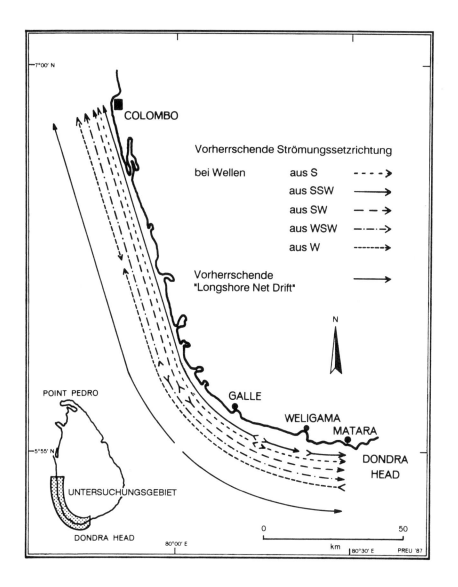

10.5.3 Grundlagen für die Berechnung signifikanter Wellenhöhen (H_s)

10.5.3.1 Verteilung (in %) signifikanter Wellenhöhen (H_s) an der SW-Küste für Colombo und Galle zwischen 1980 und 1985 (siehe auch Abb. 18)
(auf der Grundlage von Daten des CCD, 1986)

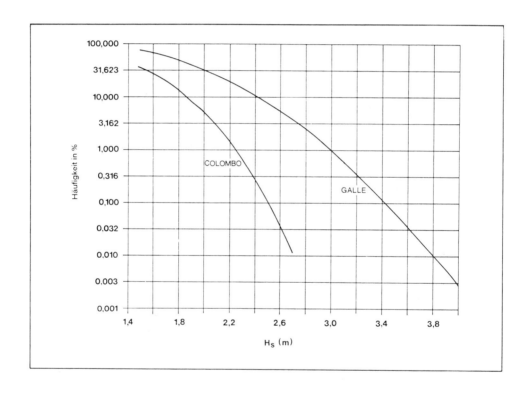

10.5.3.2 "Wave coefficient"

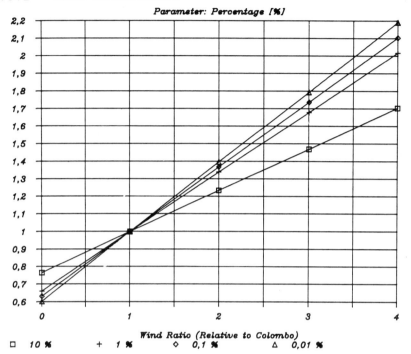

10.5.3.3 "Wind-wave-coefficient"

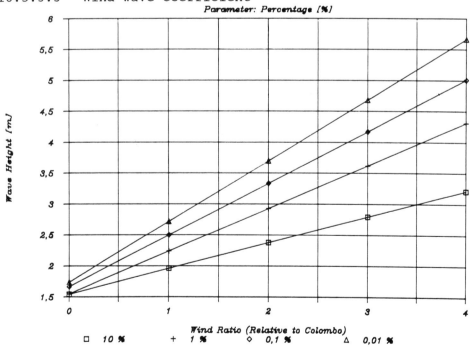

10.6 Veränderungen der Küsten Sri Lankas

10.6.1 Rezente Morphodynamik an der Mündung der Kalu Ganga (SW-Küste Sri Lankas)
(siehe auch Abb. 21 bis 24, 44, und Tab. 9)
(aus: SWAN, 1983)

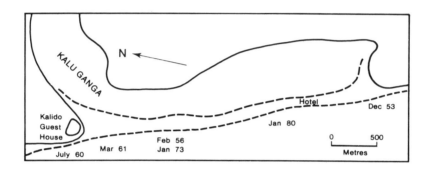

10.6.2 Historische Entwicklung ausgesuchter Küstensequenzen der SW-Küste Sri Lankas (siehe auch (siehe auch Abb. 19, 20 und 31, Anhang 10.11)
(aus SWAN, 1983)

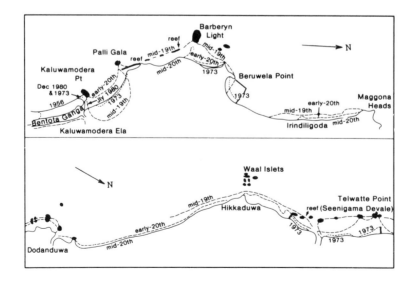

10.6.2 Historische Entwicklung ausgesuchter Küstensequenzen der SW-Küste Sri Lankas (siehe auch (siehe auch Abb. 19, 20 und 31, Anhang 10.11) (aus SWAN, 1983)

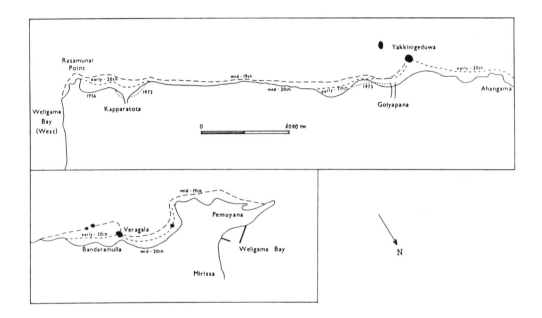

10.6.3 Rezente Morphodynamik an der W-Küste Sri Lankas im Bereich der Lagune von Puttalam

(siehe auch Abb. 26 und Anhang 10.8)

(Grundlage: persönliche Mitteilungen aus dem Survey Department, Colombo; Geländeuntersuchungen; Luftbilder; LANDSAT I-II; VERSTAPPEN, 1987)

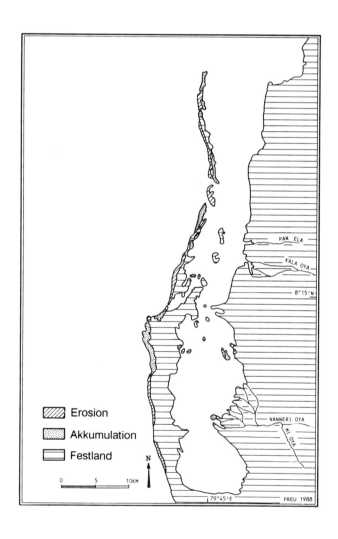

10.7 Geomorphologisches Querprofil der NW-Küste Sri Lankas im Bereich der Aruvi Aru

(siehe auch Abb. 25)

(Grundlage: COLLAR and GREENWOOD, 1978; GUNATILAKA, 1975; SPITTEL, 1969; WIJESINGHE, 1977; Luftbilder; Geländeuntersuchungen)

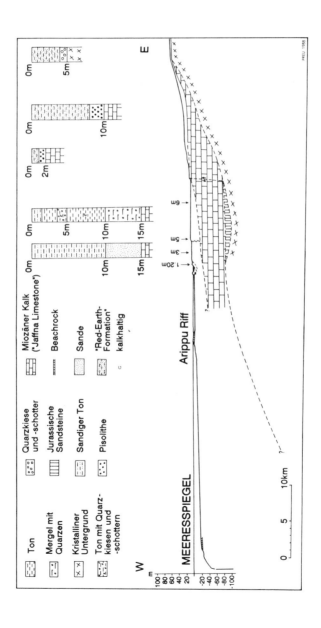

10.8 Geomorphologisches Querprofil der W-Küste Sri Lankas im S-lichen Bereich der Lagune von Puttalam (siehe auch Abb. 26)

(Grundlage: COORAY, 1968; VERSTAPPEN, 1987; Luftbilder; Geländeuntersuchungen)

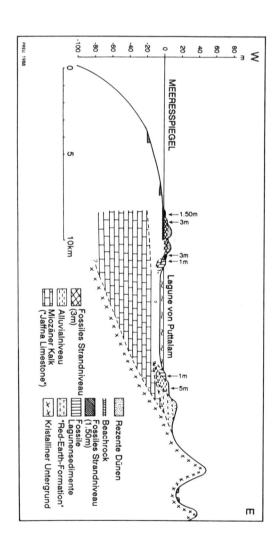

10.9 Geomorphologisches Querprofil der Küste von Colombo (SW-Küste Sri Lankas) (siehe auch Abb. 29)

(Grundlage: CCD, 1986; COORAY, 1967; WADIA, 1941a und 1941c; Luftbilder; Geländeuntersuchungen)

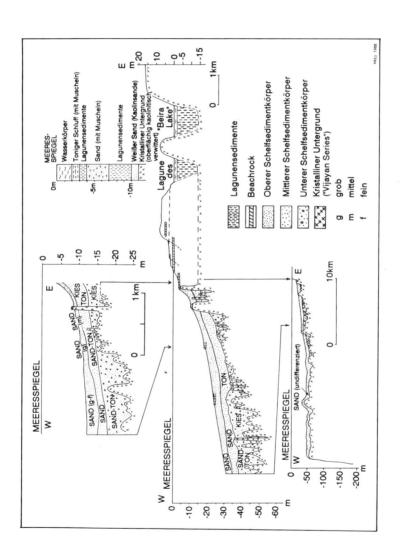

10.10 Geomorphologisches Querprofil der Küste von Hikkaduwa (SW-Küste Sri Lankas) (siehe auch Abb. 31)

(Grundlage: MERGNER and SCHEER, 1974; Luftbilder; Geländeuntersuchungen)

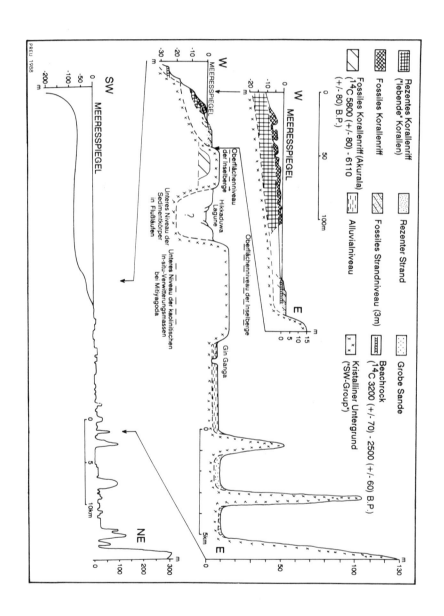

10.11 Geomorphologische Karte der Küste der Bucht von Weligama (SW-Küste Sri Lankas)

(Grundlage: Luftbilder; Geländeuntersuchungen)

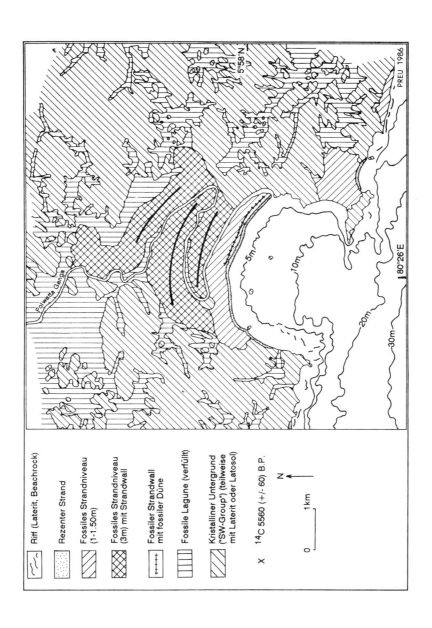

10.12 Geomorphologisches Querprofil der Küste von Matara (SW-Küste Sri Lankas) (siehe auch Abb. 32)

(Grundlage: SARATCHANDRA et al., 1986; Luftbilder; Geländeuntersuchungen)

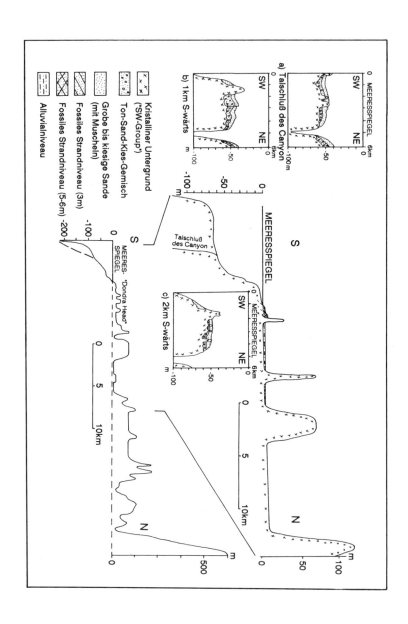

10.13　Geomorphologisches Querprofil der Küste von Kahandamodara (S-Küste Sri Lankas) (siehe auch Abb. 33)
(Grundlage: Luftbilder; Geländeuntersuchungen)

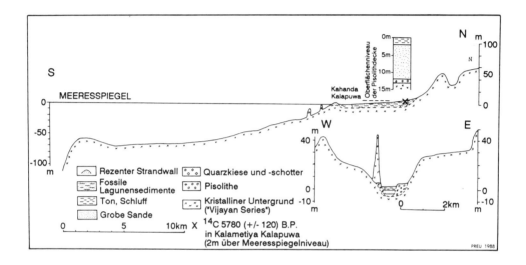

10.14　Geomorphologisches Querprofil der Küste von Kirinda (S-Küste Sri Lankas) (siehe auch Abb. 34)

(Grundlage: WIJEYANANDA et al., 1986; Luftbilder; Geländeuntersuchungen)

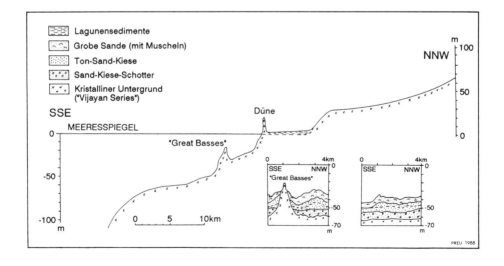

10.15 Geomorphologisches Längsprofil entlang der Mahaweli Ganga zwischen "Koddiyar Bay" und Manampitiya (siehe auch Abb. 11, 12 und 39)

(Grundlage: Luftbilder; Geländeuntersuchungen)

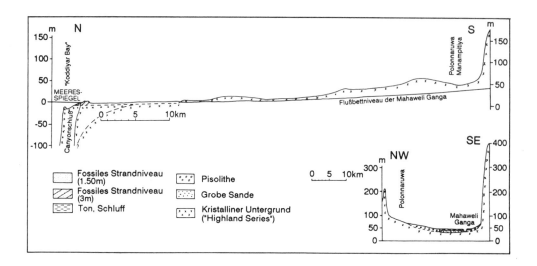